U0571808

电力工程技能综合实训

主　编　陈晓英　江明颖　吴　静
副主编　屈　丹　孙丽颖　张馨月

北京理工大学出版社
BEIJING INSTITUTE OF TECHNOLOGY PRESS

内 容 提 要

本书内容侧重于电气工程领域工程实践，全书共 6 章：第 1 章是电力安全，主要内容包括人身安全、电力安全工器具、配电线路安全事故违章现象、电力安全基础知识培训、变电站典型事故案例培训、换流站安全运行技术培训、输电线路安全运行维护培训；第 2 章是高电压试验技术，主要内容包括电气绝缘的预防性试验和高电压试验、高电压虚拟仿真试验、高电压试验仪器培训；第 3 章是输电线路检修、运行与维护，主要内容包括输电线路概念及其划分、输电线路的电压等级、输电线路的分类、架空线路的组成及各部分功能、架空线路的运行环境要求及安全生产指标、输电线路运行管理与维护、输电线路常规（停电）检修、输电线路带电作业、输电线路防雷以及典型带电作业仿真实训操作案例；第 4 章是电气设备运行与维护，主要内容包括变压器的运行与维护、高压断路器的运行与维护、隔离开关的运行与维护、电压互感器的运行与维护、电流互感器的运行与维护、高压开关柜的运行与维护以及气体绝缘开关设备的基本结构及运行与维护；第 5 章是变电站运行与维护，主要内容包括变电站一次设备的运行与维护、变电站的巡视检查、变电站异常运行及事故处理、倒闸操作、变电站防误闭锁系统、变电站的运行监控功能以及典型变电站运行与维护仿真实训操作案例；第 6 章是电力系统运行与控制，主要内容包括电力系统运行状态及约束条件、电力系统扰动与可控点、电力系统控制、电力系统频率调节与控制、电力系统电压调节与控制、配电网运行与控制、供配电系统运行监控综合试验、电力系统继电保护综合试验、IPS 运行与控制综合试验。

本书可作为高等院校电气工程类专业学生的技能实训和综合试验教材，还可作为电力系统综合自动化实训基地培训教材。

图书在版编目（CIP）数据

电力工程技能综合实训 / 陈晓英，江明颖，吴静主编. -- 北京 ：北京理工大学出版社，2025.3.
ISBN 978-7-5763-5204-7

Ⅰ. TM7

中国国家版本馆 CIP 数据核字第 2025YX4475 号

责任编辑：陆世立　　文案编辑：李　硕
责任校对：刘亚男　　责任印制：李志强

出版发行 / 北京理工大学出版社有限责任公司
社　　址 / 北京市丰台区四合庄路 6 号
邮　　编 / 100070
电　　话 / （010）68914026（教材售后服务热线）
　　　　　　（010）63726648（课件资源服务热线）
网　　址 / http://www.bitpress.com.cn

版 印 次 / 2025 年 3 月第 1 版第 1 次印刷
印　　刷 / 河北盛世彩捷印刷有限公司
开　　本 / 787 mm×1092 mm　1/16
印　　张 / 15.75
字　　数 / 376 千字
定　　价 / 95.00 元

前　言

党的二十大报告指出，要"坚持为党育人、为国育才"，国家要实现第二个百年奋斗目标，必须优先发展教育，坚持在工程实践中突出科技创新，全面提高人才培养质量。本书围绕电力工程技能实训这根主线，根据高等院校电气工程及其自动化专业学生的培养目标和电力行业发展的需求编写。本书依托辽宁工业大学新能源发电电力系统综合自动化实训基地实践平台，围绕"发电、输电、变电、配电、用电、调度"六大环节，针对电力行业的电力安全，高电压试验技术，输电线路检修、运行与维护，电气设备运行与维护，变电站运行与维护，电力系统运行与控制等方面编写实验实训内容，重点突出技能操作项目的标准、实训和现场作业的要求，紧密结合电力工程现场实际操作要求，以规范、规程和生产作业指导为依据，侧重于电气工程领域工程实践。本书可作为高等院校电气工程类专业学生的技能实训和综合试验教材，还可作为电力系统综合自动化实训基地培训教材。

本书是辽宁工业大学的立项教材，并由辽宁工业大学资助出版。本书由陈晓英、江明颖、吴静、屈丹、孙丽颖、张馨月编写，其中第1章和第2章由陈晓英编写，第3章由江明颖编写，第4章由吴静编写，第5章由屈丹编写，第6章由张馨月、江明颖、孙丽颖共同编写。

由于水平有限，本书中的疏漏在所难免，希望读者批评指正。另外，本书引用了许多参考文献中的内容，在此向其作者一并表示衷心感谢。

编　者
2025 年 3 月

目　录

第1章　电力安全

电力安全是指在电力生产中所涉及的安全，包括以下 3 个方面的内容。

（1）人身安全：杜绝人身伤亡事故。

（2）电网安全：避免出现电网瓦解和大面积停电等事故。

（3）设备安全：保证设备正常运行。

这 3 个方面是电力企业安全生产的有机组成部分，互不可分，缺一不可。

1.1　人身安全

1.1.1　触电伤害

触电伤害是指人体触及带电体后，电流对人体造成的伤害。触电伤害有"电伤"和"电击"两种，具体情况如下。

（1）电伤。电伤是指由电流的热效应、化学效应、机械效应及电流本身作用造成的人体伤害。电伤是非致命的，但会在人体皮肤表面留下明显的伤痕，常见的有灼伤、电烙印和皮肤金属化等现象。

（2）电击。电击是指电流通过人体内部造成的伤害。电击会破坏人体内部组织，影响呼吸系统、心脏及神经系统的正常功能，甚至危及生命。

在触电事故中，电击和电伤常会同时发生。

1. 影响触电危险程度的因素

1）电流类型

交流电（工频电流）的危害性大于直流电，通常 40~60 Hz 的交流电对人体危害最大。随着频率的增加，危害性将降低。当电流频率大于 2 000 Hz 时，所产生的危害明显减小，但高压高频电流对人体仍然是十分危险的。

2）电流大小

流过人体的电流越大，人体感应就越强烈，引起心室颤动所需的时间就越短，危害就越大。根据流过人体的电流的大小，以及人体呈现的感应状态分为以下 3 种（基于工频交流情况）。

（1）感觉电流：可以引起人的感觉的最小电流，大小为 1~3 mA。

（2）摆脱电流：人体触电后能自主摆脱电源的最大电流，大小约为 10 mA。

（3）致命电流：在较短的时间内危及生命的最小电流，大小约为 30 mA。

3）电流作用时间

人体触电后，通过电流的时间过长，会造成心室颤动。据统计，触电后在 1~5 min 内采取有效的急救措施，会收到非常好的效果；10 min 内急救，救活率在 60% 以上；如果超过 15 min，则救活的可能性很低。

4）电流路径

电流路径的影响很大，如果流过头部，可使人昏迷；如果流过脊椎，可能导致人瘫痪；如果流过心脏会造成心跳停止，血液循环中断。因此，从左手到胸部是最危险的电流路径，从手到手、从手到脚也是很危险的电流路径。

5）人体电阻

人体电阻不是固定不变的，如果皮肤处于干燥状态，则人体电阻一般为 100 kΩ 左右；如果皮肤处于潮湿状态，则人体电阻可能降到 1 kΩ 左右。不同的人对电流的敏感程度也不一样，一般情况下，儿童比成年人敏感，女性比男性敏感。

6）安全电压

安全电压是指人体在不戴任何防护设备的情况下，接（碰）触带电体不受电击或电伤的电压。我国制定了安全电压系列（交流有效值），分别为 42 V、36 V、24 V、12 V、6 V。

2. 触电类型

人体触电主要有直接接触触电、间接接触带电体触电以及跨步电压触电，其中直接接触触电又可分为单极触电和双极触电。

1）单极触电

当人站在地面上或其他接地体上，人体的某一部位触碰一相带电体，电流通过人体流入大地（或中性线），称为单极触电，如图 1.1（a）所示。

2）双极触电

双极触电是指人体两处同时触碰同一电源的两相带电体，如图 1.1（b）所示。双极触电加在人体上的电压为线电压，因此不论电网的中性点接地与否，其触电的危险性都最大。针对双极触电，最有效的救护措施就是立即断开电源。

3）跨步电压触电

当带电体接地时，有电流向大地流散。在以接地点为圆心、半径 20 m 的圆内形成分布电位。人站在接地点周围，两脚之间（以 0.8 m 计算）的电位差称为跨步电压 U_k，如图 1.1（c）所示，由此引起的触电事故称为跨步电压触电。高压故障接地处或有大电流流过的接地装置附近都可能出现较高的跨步电压，离接地点越近、两脚距离越大，跨步电压值就越大。一般来说，10 m 以外就没有危险了。

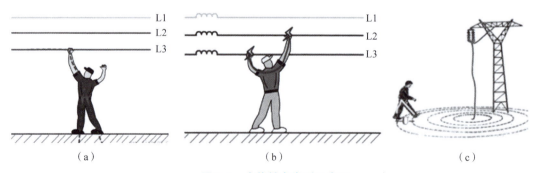

（a）　　　　　　　　　　　（b）　　　　　　　　　　　（c）

图 1.1　人体触电类型示意图

（a）单极触电；（b）双极触电；（c）跨步电压触电

产生跨步电压触电主要有以下两种情况：

（1）触电线路发生断线故障后导线接地短路，在接地点周围的地面形成电位分布不均匀的弱电场；

（2）雷击时，很大的电流伴随接地体流入大地，产生以接地体为中心的不均匀电位分布。

3. 触电事故产生的原因

造成触电事故的主要原因有以下几种：

（1）缺乏用电常识，触及带电导线；

（2）没有遵守操作规程，人体直接与带电体接触；

（3）用电设备管理不当，使绝缘损坏，发生漏电，人体碰触漏电设备外壳；

（4）高压线路落地，造成跨步电压，引起对人体的伤害；

（5）检修中，安全组织措施和安全技术措施不完善，接线错误，造成触电事故；

（6）其他偶然因素，如雷击等。

1.1.2　保护人身安全措施

在电力系统生产各环节，人身安全主要包括触电事故、高空坠落伤害、物体打击伤害、起重人身伤亡、转动机器伤害、交通伤亡等几个方面。

1. 防止触电事故措施

（1）严格执行防止触电的"五条严禁"：

① 严禁在电气设备上工作时不填写工作票，属于口头或电话命令范围的，要做好记录，并明确工作内容和安全注意事项；

② 严禁在未验电且工作地段两端未挂接地线的情况下进行高压设备作业，验电、接地都应使用合格工具；

③ 严禁约时停、送电；

④ 严禁单人在无人监护的情况下进行高压设备作业，施工前应严格遵守悬挂标示牌和装设遮拦的规定；

⑤ 严禁未经考试合格的非专业人员进行高压设备作业，已考试合格者也要由公司、电厂内具有专业资格的人员担任工作负责人。

（2）严禁未经调度同意，擅自合闸送电。

（3）严禁检修人员擅自扩大检修工作范围，到临近带电设备上去工作。

（4）到用户（如厂内生活区等）的电气设备上工作，必须执行工作票制度，必须做好防止送电到工作地段的措施，如停电、验电、装设接地线、悬挂标示牌和装设遮拦。

（5）在电抗器、电容器上工作，必须先进行放电、验电，再装设接地线。在装设接地线之前必须验明确无电压。放电、验电时，必须使用合格的绝缘工具、穿绝缘鞋、戴绝缘手套。

（6）在同杆架设的高低压线路上（生活区线路）进行高压线路停电作业前，应将低压带电线路停电。

（7）从事低压电气工作，严禁使用外壳未接地的电气工器具；严禁使用未带地线的插头插座。操作低压电气设备必须戴绝缘手套，穿绝缘鞋，严禁打赤脚；严禁用湿抹布擦拭带电的电器和电灯。

（8）移动电气作业（如临时检修电源），必须使用带触电保安器（如漏电保护空气开关）的移动电源盘（屏）。

（9）带电作业必须严格遵守有关规定，使用合格的安全工具和带电作业工具。

（10）电焊机工作时，必须遵守下列规定。

① 电焊作业人员必须持证上岗。

② 电焊作业前，应先检查设备和工具的安全可靠性。连接电焊机接地线或接零导线时，必须先将导线的一端接至接地体或零线的干线上，然后接到电焊机上。拆除的顺序相反。

③ 电焊机启动后，焊工身体不应该接触二次回路的导电体。在潮湿工作地点、夏天身上出汗或阴雨天等情况下，应在操作台附近地面上铺设橡胶绝缘垫。

④ 在金属容器内、金属构件上进行焊接时，必须保证焊工身体和焊件间的绝缘，必须采取放置橡皮垫、戴皮手套、穿绝缘鞋等专门的防护措施。

2. 防止高空坠落伤害措施

（1）高处作业必须系好安全带，杆上作业必须使用双保险，严禁在失去安全防护的情况下进行高处移位。

（2）严禁使用不合格的登高工具、安全带和保险绳。

（3）架设脚手架或简易平台工作必须由有专业经验的人员担任指挥，搭设后经检验合格方准使用。

（4）杆上有人作业时严禁调整拉线，调整拉线应由专业人员监护指挥。

（5）施工现场设置的各种安全设施必须规范，有明确标记，严禁挪动，无盖板（或已掀开）的孔洞周围必须装设遮拦物并设置警告标志。

（6）楼梯、平台、踏板等应平整、牢固，平台上均应装设高度合格的栏杆和护板。楼梯踏板尽量使用花纹板等，避免使用圆钢筋。

（7）检修或发电厂组立钢架时，必须有"三措"（组织措施、技术措施、安全保证措施），应视情况设立围栏、水平安全绳、安全网。

3. 防止物体打击伤害措施

（1）进入生产现场必须佩戴合格的安全帽。

（2）施工时，工具、材料、边角余料等严禁上下抛掷，应使用工具袋、吊笼等运输。

（3）施工中应尽量减少立体交叉作业。无法错开的垂直交叉作业，层间必须搭设严密、牢固的防护隔离设施。

4. 防止起重人身伤亡措施

（1）起重机械必须由持证的专业人员操作。

（2）起重作业必须统一指挥，并配备有专人监护。

（3）起重工器具必须定期检查试验合格，各类安全保护装置完好。

（4）严禁超铭牌起吊。

（5）起吊时，严禁人员在起重工器具下面停留、穿越。

（6）严禁人员随同起重物起吊升降。

（7）氧气瓶、氢气瓶、乙炔发生器等爆炸性物体不可起吊。

（8）埋在地下的物件不可起吊。

（9）吨位不清的物体不可起吊。

5. 防止转动机器伤害措施

（1）转动机器必须设置防护罩或遮拦物，严禁在运行中拆开。

（2）严禁用手摸齿轮、链条、皮带轴头、输煤系统等转动部分。清扫齿轮、链条和皮带、输煤系统等转动部分时，要停止设备运行。

（3）禁止直接用手在运行皮带上涂润滑油脂，一般应停车或在皮带出口端进行。

（4）检修电动设备、气动设备、输煤系统等时，必须切断电源、气源，并从控制回路或机械设备上采取防止误启动和转动的措施。

（5）转动设备启动前必须检查。

（6）严禁站在皮带上或跨越输煤机、卷扬机等运转设备的皮带或钢绳。

（7）操作机（车）床时，禁止戴手套，工作服应穿着紧束，留长发的必须盘在帽内。

6. 防止交通伤亡措施

（1）严禁无证驾驶，非专业驾驶人员严禁驾驶公务车辆，严禁私自出车。

（2）严禁酒后开车、疲劳开车、超速开车、行车打电话、开车抽烟。

（3）车辆的安全装置必须完善可靠，严禁带缺陷行驶。

（4）车辆行驶过程中，司乘人员必须系好安全带，严禁乘车人员在行车中与驾驶员长时间攀谈。

（5）汽车行驶时，随车装卸人员一般应坐在驾驶室后排，或必须坐在安全的位置上，严禁坐在车厢侧板上、驾驶室顶板上或驾驶室与货物之间，严禁站在踏板上。

（6）严禁携带易燃、易爆、剧毒、强腐蚀性等危险物品上各类公务车辆（包括上下班车和通勤车）。

（7）严禁车辆装设反雷达测速的电子装置。

（8）厂内机动车必须由考试合格的人员持证驾驶，严禁无证人员驾驶厂内车辆。

（9）严禁用各种气瓶内的介质向厂内车辆轮胎充气。

1.1.3 触电急救常识

1. 触电现场紧急处理

触电急救的要点是动作迅速、救护得法。发现有人触电，首先要尽快使触电者脱离电源，然后根据触电者的具体情况，进行相应的救治。触电以后，如果出现昏迷不省人事，甚至停止呼吸、心跳，要及时进行施救，此时人有可能处于假死，不是真正的死亡，所以要正确、迅速、持久地进行抢救。使触电者迅速脱离电源，这是触电急救的有效第一步，具体方法如下。

（1）关闭电源。立即拉开电源开关或拔掉电源插头，如果找不到电源，可用干燥的木棒、绝缘设备等将电线拨开，使触电者脱离电源。切不可用手、金属和潮湿的导电物体直接触碰触电者身体或触碰触电者接触的电线。在进行解脱电源时，要事先采取防摔措施，防止触电者脱离电源后因肌肉放松而摔倒，造成新的外伤。注意拨开电源的动作用力要适当，防止因用力过猛使带电电线击伤在场的其他人员。

（2）解开触电者的衣服领口，保持呼吸顺畅。如果嘴内有异物、血块，要尽快清理。同时，要拨打120电话，为触电者争取时间。

（3）在急救车和医护人员到来之前，检查触电者的呼吸和心跳。如果触电者已经休克，应该立即给其做人工呼吸或者胸外按压，帮助触电者心肺复苏。具体情况处理如下：

① 如果触电者呼吸停止，但心跳尚存，应施行口对口人工呼吸；

② 如果触电者心跳停止，呼吸尚存，应采取胸外心脏按压的方法；

③ 如果触电者呼吸及心跳均停止，则两种方法同时应用，先胸外按压心脏4~6次，然

后口对口人工呼吸 2~3 次，再按压心脏，反复循环进行操作。

2. 对触电者现场简单诊断

拨开电源后，触电者如果处于昏迷状态，则全身各组织严重缺氧，生命垂危，因此要尽快用简单有效的方法判别触电者的心跳、呼吸与瞳孔的情况，确定触电者是否假死。简单诊断的方法如下。

（1）观察触电者是否还存在呼吸。可用手或纤维毛放在触电者鼻孔前，感受和观察是否有气体流动，同时观察触电者的胸廓和腹部是否存在上下移动的呼吸运动。

（2）检查触电者是否还存在心跳。可直接在心前区听是否有心跳，或摸颈动脉是否有搏动。

（3）看一看瞳孔是否扩大。在正常情况下，瞳孔的大小可随外界光线的强弱变化而自动调节，使进入眼内的光线适中。在假死状态下，大脑细胞严重缺氧，机体处于死亡边缘，整个调节系统失去了作用，瞳孔便自行扩大，并且对光线强弱变化也没有反应。

3. 口对口人工呼吸法实施

（1）先使触电者仰卧，解开衣领、围巾、紧身衣服等，除去口腔中的黏液、血液、食物、假牙等杂物。

（2）将触电者头部尽量后仰，如图 1.2（a）所示，鼻孔朝天，颈部伸直。救护人一只手捏紧触电者的鼻孔，另一只手掰开触电者的嘴巴，如图 1.2（b）所示。

（3）救护人深吸气后，紧贴着触电者的嘴巴大口吹气，如图 1.2（c）所示，使其胸部膨胀。之后救护人换气，放松触电者的嘴鼻，使其自动呼气，如图 1.2（d）所示。

注意： 自然排气吹气停止后，救护人头稍偏转，并立即放松捏紧伤者鼻孔的手，让气体从伤者的肺部自然排出，此时应注意胸部复原的情况，倾听呼气的声音，观察有无呼吸道梗阻。

（4）如此反复进行，吹气 2 s，放松 3 s，大约 5 s 一个循环。吹气时要捏紧鼻孔，紧贴嘴巴，不能漏气，放松时应能使触电者自动呼气。

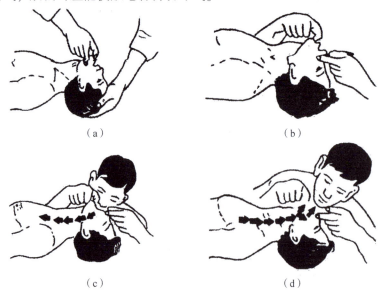

（a）　　　　　　　　　　　　（b）

（c）　　　　　　　　　　　　（d）

图 1.2　口对口人工呼吸法示意图

4. 口对口吹气注意事项

（1）口对口吹气的压力要掌握好，刚开始时可略大一点，频率稍快一些，经 10~20 次后逐步减小压力，维持胸部轻度升起即可。对幼儿吹气时，不能捏紧鼻孔，应让其自然漏气，这是为了防止压力过大，损伤触电者的肺部。

（2）吹气时间宜短，约占一次呼吸周期的 1/3，但也不能过短，否则会影响通气效果。

（3）如触电者牙关紧闭，无法撬开，可采取口对鼻吹气的方法。救护人对准触电者的鼻孔吹气。吹气时压力应稍大一些，时间也应稍长，以利于气体进入肺内。

（4）对体弱者和儿童吹气时用力应稍轻，以免肺泡破裂。

（5）按照相关国际标准，吹气量为一次 800~1 200 mL（成年人）。

5. 胸外心脏按压的实施

（1）解开触电者的衣裤，清除口腔内异物，使其胸部能自由扩张。

（2）使触电者仰卧，姿势与口对口吹气法相同，背部着地处的地面必须牢固。

（3）救护人位于触电者一边，最好是跨跪在触电者的腰部，将一只手的掌根放在心窝稍高一点的地方（掌根放在胸骨的下 1/3 部位），中指指尖对准锁骨间凹陷处边缘，如图 1.3（a）所示，另一只手压在那只手上，呈两手交叠状，如图 1.3（b）所示。如果是儿童，可用一只手。

（4）救护人找到触电者的正确压点，自上而下、垂直均衡地用力按压，压出心脏里面的血液，如图 1.3（c）所示，注意用力适当。

（5）按压后，掌根迅速放松（但手掌不要离开胸部），使触电者胸部自动复原，心脏扩张，血液又回到心脏，如图 1.3（d）所示。

口诀：掌根下压不冲击，突然放松手不离；手腕略弯压一寸，一秒一次较适宜。

  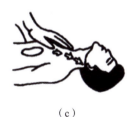 

（a） （b） （c） （d）

图 1.3 胸外心脏按压示意图

1.2 电力安全工器具

电力安全工器具是指用于防止触电、灼伤、坠落、摔跌等事故，保障工作人员人身安全的各种专用工具和器具，分为一般防护安全工器具、绝缘安全工器具、安全围栏和标示牌。其中，绝缘安全工器具又分为基本绝缘安全工器具、辅助绝缘安全工器具等种类。

1.2.1 一般防护安全工器具

一般防护安全工器具是指防护工作人员发生事故的工器具，如安全帽、安全带等，通常情况下也将脚扣、接地线、梯子、防静电服、导电鞋、防护眼镜等归入这个范畴。

1. 安全帽

1）安全帽的用途

安全帽是一种用来保护工作人员的头部，使头部免受外力冲击伤害的帽子。

2）安全帽的使用

（1）使用安全帽前应进行外观检查，检查安全帽的帽壳、帽箍、顶衬、下颚带、后扣（或帽箍扣）等组件是否完好无损，帽壳与顶衬缓冲距离为 25~50 mm。

（2）安全帽戴好后，应将后扣拧到合适位置，或将帽箍扣调整到合适的位置，锁好下颚带，防止工作中前倾后仰或其他原因造成滑落。

（3）高压静电报警安全帽使用前应检查其声响部分是否良好。

2. 安全带

安全带是预防高处作业人员坠落伤亡的个人防护用品，由腰带、围杆带、金属配件等组成。图 1.4 所示为安全带正确穿戴示意图。安全带穿戴之前和之后应进行如下检查：

（1）检查安全带是否有破损；

（2）检查穿戴安全带的地点是否安全；

（3）确保安全带没有缠绕，特别是在腿上；

（4）确保安全带各部位的牢固性；

（5）相互检查扣环的安全性；

（6）安全带穿戴之后应稍微蹲下，腰带位于腹股沟（胯部）以下 5 cm 处，松紧程度以放下手掌为宜，自我检查是否能伸手接触到后方的"D"环，后方"D"环应该放在脖子的底部肩胛骨之间。

3. 脚扣

脚扣是攀登水泥电杆的主要工具之一，如图 1.5（a）所

图 1.4 安全带正确穿戴示意图

示。正式登杆前应在杆根处用力试登，判断脚扣是否有变形和损伤。登杆前应将脚扣登板的皮带系牢，登杆过程中应根据杆径粗细，随时调整脚扣尺寸。

使用脚扣前应进行外观检查，具体检查内容如下：

（1）金属母材及焊缝无任何裂纹及可目测到的变形；

（2）橡胶防滑块（套）完好，无破损；

（3）皮带完好，无霉变、裂缝或严重变形；

（4）小爪连接牢固，活动灵活。

4. 接地线

接地线也称为安全回路线，其作用是把有可能带电金属壳上的电引到大地中，保护人身安全，如图 1.5（b）所示。

5. 梯子

梯子是由木料、竹料、绝缘材料、铝合金等材料制作的登高作业工具，如图 1.5（c）所示。使用梯子时，应注意以下问题。

（1）梯子应放置稳固，梯脚要有防滑装置。使用前，还应先进行试登，确认可靠后方可使用。

（2）有人员在梯子上工作时，梯子应有人扶持和监护。上下梯子应双手把扶，双脚接触，并面向梯子，严禁越级跳下，在任何情况下都应确保 3 个接触点（双脚单手，或双手单脚）。

（3）不要手持工具和材料攀爬梯子，垂直固定梯子应安装安全护笼，安全护笼应从梯子基部以上 2.5 m 处开始安装。

6. 防静电服

防静电服是用于在有静电的场所降低人体电位、避免服装上带高电位引起的其他危害的特种服装。

7. 导电鞋

导电鞋是由特种性能橡胶制成的，为防止静电感应电压所穿用的鞋子，如图 1.5（d）所示。

8. 防护眼镜

防护眼镜是在维护电气设备和进行检修工作时，保护工作人员不受电弧灼伤以及防止异物落入眼内的防护用具，如图 1.5（e）所示。

　　　（a）　　　　　（b）　　　　　（c）　　　　　（d）　　　　　　　（e）

图 1.5　安全防护工具

（a）脚扣；（b）接地线；（c）梯子；（d）导电鞋；（e）防护眼镜

1.2.2　基本绝缘安全工器具

用于直接操作带电设备或接触（可能接触）带电体的电力工器具即为基本绝缘安全工器具，如高压验电器、绝缘棒、绝缘隔板、携带型短路接地线、绝缘夹钳等，这类工器具和带电作业工器具的区别在于，工作过程中只短时间接触带电体或非接触带电体。

1. 高压验电器

1）高压验电器用途

高压验电器是检验正常情况下带高电压的部位是否有电的一种专用安全工器具，是电力系统常用的最基本的安全用具，如图 1.6（a）所示。

2）高压验电器使用注意事项

（1）使用前首先进行外观检查，验电器的工作电压与被测设备的电压相同。

（2）使用电容型验电器时，操作人应戴绝缘手套，穿绝缘靴（鞋），手握在护环下侧握柄部分，人体与带电部分距离应符合《国家电网公司电力安全工作规程（线路部分)》规定的安全距离。

（3）使用抽拉式电容型验电器时，绝缘杆应完全拉开。

（4）验电前，应确认验电器是否良好，可先在有电设备上进行试验。

2. 绝缘棒

1）绝缘棒用途

绝缘棒（绝缘操作杆）是用于短时间对带电设备进行操作或测量的绝缘工具，如图 1.6（b）所示，如接通或断开高压隔离开关、安装和拆除临时接地线等。

2）绝缘棒使用注意事项

（1）使用绝缘杆前，应检查绝缘杆的堵头，如发现破损，应禁止使用。

（2）使用绝缘杆时，人体应与带电设备保持足够的安全距离，并注意防止绝缘杆被人体或设备短接，以保持有效的绝缘长度。

（3）雨天在户外操作电气设备时，操作杆的绝缘部分应有防雨罩，罩的上口应与绝缘部分紧密结合，无渗漏现象。

3. 绝缘隔板

1）绝缘隔板用途

绝缘隔板是用于隔离带电部件、限制工作人员活动范围的绝缘平板，如图1.6（c）所示。

2）绝缘隔板使用注意事项

（1）在使用绝缘隔板和绝缘罩前，应检查表面是否洁净，端面不得有分层或开裂。绝缘罩还应检查内外是否整洁，应无裂纹或损伤。

（2）现场带电安放绝缘挡板及绝缘罩时，应戴绝缘手套。

（3）绝缘隔板在放置和使用中要防止脱落，必要时可用绝缘绳索将其固定。

4. 携带型短路接地线

1）携带型短路接地线用途

携带型短路接地线如图1.6（d）所示，它用来防止检修设备突然来电或邻近带电高压设备产生的感应电压对工作人员造成伤害。停电设备上装设接地线还可以起到放尽剩余电荷的作用。

2）携带型短路接地线使用注意事项

（1）接地线的两端线夹应保证接地线与导体和接地装置接触良好、拆装方便，有足够的机械强度，并在大短路电流通过时不致松动。接地线使用前，应进行外观检查，如发现绞线松股、断股，护套严重破损，夹具断裂松动等，不得使用。

（2）装设接地线时，人体不得碰触接地线或未接地的导线，以防止感应电触电。

（3）装设接地线时，应先装设接地线接地端。证实无电后，应立即接导体端，并保证接触良好。拆接地线的顺序与装设接地线顺序相反。

（4）接地线严禁用缠绕的方法进行连接。

5. 绝缘夹钳

绝缘夹钳是用来安装和拆卸高压熔断器或执行其他类似工作的工具，如图1.6（e）所示。

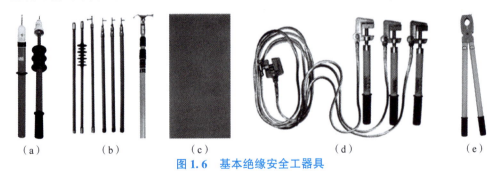

图1.6　基本绝缘安全工器具

（a）高压验电器；（b）绝缘棒；（c）绝缘隔板；（d）携带型短路接地线；（e）绝缘夹钳

1.2.3　辅助绝缘安全工器具

辅助绝缘安全工器具的绝缘强度不能承受设备或线路的工作电压，只用来加强基本绝缘安全工器具的保护作用，防止接触电压、跨步电压、泄漏电流电弧对操作人员造成伤害。严禁用辅助绝缘安全工器具直接接触高压设备带电部分。属于这一类的安全工器具有绝缘手套［见图 1.7（a）］、绝缘靴［见图 1.7（b）］、绝缘胶垫［见图 1.7（c）］等。

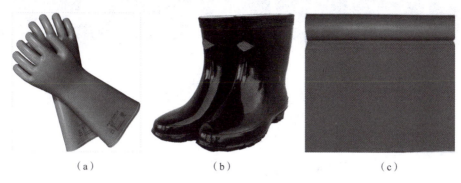

（a）　　　　　　　　　　（b）　　　　　　　　　　（c）

图 1.7　辅助绝缘安全工器具

（a）绝缘手套；（b）绝缘靴；（c）绝缘胶垫

1. 绝缘手套

绝缘手套是由特种橡胶制成的，在进行设备验电、倒闸操作、装拆接地线等工作时使用，起绝缘作用。在使用绝缘手套时，应注意以下问题。

（1）绝缘手套在使用前必须进行充气检验，如果破损，则不能使用。

（2）进行绝缘手套外观检查时，如果有裂纹、破口（漏气）、起泡、发脆等情况，则禁止使用。

（3）使用绝缘手套时，应将上衣袖口装入手套筒口内。

（4）使用后，要将绝缘手套内外污物擦洗干净，待干燥后，撒上滑石粉放置平整，且勿放于地上。

2. 绝缘靴

绝缘靴是由特种橡胶制成的，使用时要注意以下事项。

（1）使用前应检查绝缘靴外观，绝缘靴不能有外伤，且无裂纹、无漏洞、无气泡、无毛刺、无划痕等。如果发现有上述缺陷，要立即停止使用。

（2）穿绝缘靴时，要将裤管套入靴筒内，并要避免接触尖锐的物体，避免接触高温或腐蚀性物质。

3. 绝缘胶垫

绝缘胶垫是由特种橡胶制成的用于加强工作人员对地绝缘的橡胶板。如果绝缘胶垫出现割裂、破损、厚度减薄等情况，不足以保证绝缘性能时，应及时更换。

1.2.4　安全围栏

安全围栏（见图 1.8）的作用是限制工作人员的活动范围，防止无关人员误入工作场地。

1.2.5　标示牌

标示牌可以分为安全警告牌和安全警示牌。

1. 安全警告牌

安全警告牌种类及含义如图 1.9 所示。

图 1.8　安全围栏

图 1.9　安全警告牌种类及含义

（a）必须戴安全帽；（b）必须戴防毒面具；（c）必须戴防护手套；（d）必须穿防护服、戴安全帽；
（e）必须系安全带；（f）必须穿防护鞋；（g）必须加锁

2. 安全警示牌

安全警示牌种类及含义如图 1.10 所示。

图 1.10　安全警示牌种类及含义

（a）禁止靠近；（b）禁止入内；（c）禁止通行；（d）禁止攀登；（e）禁止跨越；
（f）禁止触摸；（g）禁止合闸；（h）禁止启动；（i）禁止转动；（j）禁止抛物

1.3　配电线路安全事故违章现象

1.3.1　红线禁令违章现象

红线禁令违章现象如下。

违章现象 1：没有上报日工作计划就施工。

违章现象 2：无票工作，无工作负责人。

违章现象 3：工作票未签发，工作负责人提前开展作业前的准备工作。

违章现象 4：施工现场无工作票，没有安全措施，无监理。

违章现象 5：工作负责人不在现场，作业人员擅自作业。

违章现象 6：高处作业人员无防坠措施。

违章现象 7：施工现场无防护措施。

违章现象 8：临时拉线未固定就登高作业。

违章现象 9：主变压器本体上作业人员高处作业未使用安全带。

违章现象 10：登塔前未核对线路名称及编号，误登运行塔作业。

违章现象 11：铁塔地脚螺钉未紧固，作业人员登塔作业。

违章现象 12：塔上作业人员未使用安全带、延长绳。

1.3.2　严重违章现象

1. 管理违章现象

违章现象 1：现场勘查记录与实际工作范围不符。

违章现象 2：一张勘查记录填写两个编号。

违章现象 3：施工现场的作业条件与工作票、勘查记录、施工方案不符。

违章现象 4：运维人员未参与现场勘查。

违章现象 5：勘查记录没有附图。

违章现象 6：工作许可人不具备工作票和工作许可资格。

2. 行为违章现象

违章现象 1：高电压试验未设封闭式围栏。

违章现象 2：作业人员未正确佩戴安全帽。

违章现象 3：在路口作业时，周围未设置围栏和标示牌，未设专人看守。

违章现象 4：带电工作时使用金属梯子。

违章现象 5：工作票未办理延期手续，终结时间超出工期。

违章现象 6：现场剪树作业未按要求佩戴安全帽。

违章现象 7：作业现场为住宅区，人员、车辆较多，现场未布防。

违章现象 8：搭设跨越架不规范（如无斜撑、无扫地杆）。

违章现象 9：作业人员在现场吸烟。

3. 装置违章现象

违章现象 1：预留孔洞边未使用密目防护网进行封堵。

违章现象 2：现场使用的梯凳不合格。

违章现象 3：配电线路杆号牌缺失。

违章现象 4：隔离开关"五防"闭锁功能失效。

违章现象 5：吊装作业钢丝绳有断股、扭结、散股现象。

违章现象 6：绝缘手套试验超周期，人为手动涂改试验日期。

违章现象 7：现场摆放的绝缘手套、验电器无试验标签。

违章现象 8：电缆沟内塌方，支撑钢管下部变形。

1.3.3　一般违章现象

1. 管理违章现象

违章现象 1：作业现场灭火器不合格，指针已到黄色欠压区。

违章现象 2：未严格进行安全措施审核就签发工作票。

违章现象 3：现场作业人员无证施工。

违章现象 4：操作票、工作票未按照两票管理规定进行装订。

违章现象 5：工作票中所列施工人员没有上岗资质。

违章现象 6：现场工作票内容与工作计划内容不符。

违章现象 7：工作票人数与实际签名人数不符。

2. 行为违章现象

违章现象 1：掏挖基础施工完成后，未及时对孔洞进行封堵处理。

违章现象 2：作业人员未按要求穿工作服。

违章现象 3：现场作业使用绑接的梯子。

违章现象 4：施工现场的基坑、孔洞周围未装设遮拦物或设置警告标志。

违章现象 5：车辆内安全工器具、绝缘工具和其他材料混装运输。

违章现象 6：施工电源线随意埋设在施工道路中，埋设不满足要求。

违章现象 7：工作人员未戴绝缘手套进行倒闸操作。

违章现象 8：工作人员高处作业时，随意将工具搁在高处。

违章现象 9：安全围栏、安全标示牌悬挂错误。

违章现象 10：施工现场工器具、材料摆放混乱，无灭火器。

违章现象 11：工作票签发人和工作负责人为同一人。

1.4　电力安全基础知识培训

电力安全基础知识培训项目依托辽宁工业大学新能源发电电力系统综合自动化实训基地的电力安全远程多媒体培训系统虚拟仿真平台，实训内容包括急救知识培训、安全工器具培训、习惯性违章表现培训、安全标志和标识培训等内容，该实训软件基于三维仿真和多媒体、数据库等相关技术，可实现自我学习和技能鉴定的目标。

1.4.1　急救知识培训

1. 培训目的

（1）掌握触电急救流程。

（2）掌握触电分类处理方法。

（3）掌握脱电后处理方法。

（4）掌握心肺复苏法。

2. 培训内容

（1）触电急救知识培训（触电急救流程、现场急救、低压和高压触电、脱电后处理、心肺复苏）。

（2）其他常见急救知识培训（高温中暑、毒蛇咬伤）。

3. 电力安全培训系统启动

1）启动远程多媒体培训系统

该系统的启动有以下两种方法。

第一种方法：双击桌面图标［见图 1.11（a）］，会出现如图 1.11（c）所示界面。

第二种方法：双击浏览器图标［见图 1.11（b）］，在地址栏输入"192.168.1.9：90"后，会出现如图 1.11（c）所示界面。

（a）　　　　　（b）　　　　　　　　　　　（c）

图1.11　远程多媒体培训系统启动方法

2）电力安全培训系统登录

在图1.11（c）所示的"用户名"处输入"1"，"密码"处输入"1"，单击"登录"按钮，然后选择"电力系统安全培训"选项，即可进入电力安全培训系统，如图1.12所示。

4. 急救知识培训内容

进入电力安全培训系统后，选择"电力安全基础知识"选项，然后选择"急救知识培训"选项，如图1.13所示，即可进行触电急救和其他常见急救知识培训，学生可自主学习。

图1.12　电力安全培训系统

图1.13　急救知识培训

急救知识培训内容如图1.14所示，选择"触电急救知识培训"，即可进入相应界面，主要包括触电急救概述、触电情景再现、触电急救流程、分类处理及急救方法讲解等，如图1.15所示。

图1.14　急救知识培训内容

图1.15　触电急救知识培训内容

5. 思考题

（1）发现有人触电应如何处理？

（2）低压触电应如何处理？

（3）高压触电脱离电源时应注意哪些问题？

（4）对于低压触电事故，可采取哪些方法使触电者脱离电源？

（5）触电者脱离电源后现场如何急救？

（6）触电急救的基本原则和注意事项是什么？

1.4.2　电力安全工器具培训

1. 培训目的

（1）掌握和了解电力安全工器具的种类。

（2）掌握电力安全工器具的正确用法。

（3）掌握电力安全工器具维护保养知识。

2. 培训内容

（1）电力安全工器具的种类及用途。

（2）电力安全工器具的技术要求和检查方法。

（3）电力安全工器具的使用和存放。

3. 电力安全培训系统启动

1）启动远程多媒体培训系统

用前面介绍的方法启动该系统。

2）电力安全培训系统登录

在"用户名"处输入"1"，"密码"处输入"1"，单击"登录"按钮，然后选择"电力系统安全培训"选项，即可进入电力安全培训系统。

4. 电力安全工器具培训内容

进入电力安全培训系统后，选择"电力安全基础知识"选项，然后选择"安全工器具培训"选项（见图1.13），即可进行安全工器具培训，学生可自主学习。

安全工器具培训内容如图1.16所示，主要包括安全工器具介绍、安全工器具的技术要求和检查方法、安全工器具的使用和存放等。

图1.16　安全工器具培训内容

5. 思考题

（1）基本绝缘安全工器具包括哪些？

（2）辅助绝缘安全工器具包括哪些？

（3）一般防护安全工器具包括哪些？

（4）安全围栏（网）和标示牌有哪些？

（5）安全帽使用时间一般是多久？

（6）使用高压验电器的注意事项是什么？

1.4.3 习惯性违章表现培训

1. 培训目的

（1）了解习惯性违章表现（作业性违章、指挥性违章、管理性违章、Ⅰ类违章、Ⅱ类违章、Ⅲ类违章）。

（2）了解变电站运行部分典型误操作。

（3）了解变电站检修部分典型误操作。

2. 培训内容

（1）习惯性违章表现（作业性违章、指挥性违章、管理性违章、Ⅰ类违章、Ⅱ类违章、Ⅲ类违章）。

（2）变电站运行部分典型误操作［误分、误合断路器，误入带电间隔，带电（挂）接地线，带接地线合刀闸、开关］。

（3）变电站检修部分典型误操作（检修人员误碰设备、检修人员误入带电间隔、检修人员违章整定保护定值、无票作业）。

3. 电力安全培训系统启动

1）启动远程多媒体培训系统

用前面介绍的方法启动该系统。

2）电力安全培训系统登录

在"用户名"处输入"1"，"密码"处输入"1"，单击"登录"按钮，然后选择"电力系统安全培训"选项，即可进入电力安全培训系统。

4. 习惯性违章表现培训内容

进入电力安全培训系统后，选择"电力安全基础知识"选项，然后选择"习惯性违章表现"选项（见图1.13），即可进行习惯性违章表现培训，学生可自主学习。

习惯性违章表现培训内容如图1.17所示，主要包括作业性违章、指挥性违章、管理性违章、Ⅰ类违章、Ⅱ类违章、Ⅲ类违章等。

图1.17 习惯性违章表现培训内容

5. 思考题

（1）作业性违章表现有哪些？

（2）指挥性违章表现有哪些？

（3）管理性违章表现有哪些？

（4）Ⅰ类、Ⅱ类、Ⅲ类违章是如何划分的？

1.4.4 安全标志、标识培训

1. 培训目的

（1）掌握安全标志、标识的种类。

（2）掌握安全标志、标识的技术要求。

（3）掌握安全标志、标识的使用。

2. 培训内容

（1）安全标志、标识的种类。

（2）安全标志、标识的技术要求。

（3）安全标志、标识的使用。

3. 电力安全培训系统启动

1）启动远程多媒体培训系统

用前面介绍的方法启动该系统。

2）电力安全培训系统登录

在"用户名"处输入"1"，"密码"处输入"1"，单击"登录"按钮，然后选择"电力系统安全培训"选项，即可进入电力安全培训系统。

4. 安全标志、标识培训内容

进入电力安全培训系统后，选择"电力安全基础知识"选项，然后选择"安全标志、标识"选项（见图1.13），即可进行安全标志、标识培训，学生可自主学习。

安全标志、标识培训内容主要包括"禁止攀登，高压危险""禁止合闸，有人工作""止步，高压危险""禁止合闸，线路有人工作""禁止合闸""在此工作""从此上下""从此进出"等。

5. 思考题

（1）"禁止攀登，高压危险"挂在何处？

（2）"禁止合闸，有人工作"挂在何处？

（3）"止步，高压危险"挂在何处？

（4）"禁止合闸，线路有人工作"挂在何处？

（5）"禁止合闸"挂在何处？

1.5　变电站典型事故案例培训

1.5.1　变电站运行部分典型事故案例培训

1. 培训目的

（1）了解变电站运行部分可能发生的事故对供电造成的危害。

（2）掌握造成变电站运行部分事故的原因以及具体事故案例。

（3）提高安全意识。

2. 培训内容

（1）误分、误合断路器。

（2）误入带电间隔。

（3）带电（挂）接地线。

（4）带接地线合刀闸、开关。

3. 电力安全培训系统启动

1）启动远程多媒体培训系统

用前面介绍的方法启动该系统。

2）电力安全培训系统登录

在"用户名"处输入"1"，"密码"处输入"1"，单击"登录"按钮，然后选择"电力系统安全培训"选项，即可进入电力安全培训系统。

4. 变电站运行典型事故培训内容

进入电力安全培训系统后，选择"典型事故案例培训"选项（见图 1.12），然后选择"运行部分案例"选项，如图 1.18 所示，即可进行运行部分案例培训，学生可自主学习。

图 1.18　典型事故案例培训内容

运行部分案例培训内容包括误分、误合断路器，误入带电间隔，带电（挂）接地线，带接地线合刀闸、开关等。

5. 思考题

（1）变电站运行部分典型事故有哪些？

（2）在日常工作中，如何避免事故发生？

1.5.2　变电站检修部分典型事故案例培训

1. 培训目的

（1）掌握变电站检修人员常见的违章行为。

（2）掌握变电站检修部分常见的事故。

（3）提高工作人员的安全意识。

2. 培训内容

（1）检修人员误碰设备。

（2）检修人员误入带电间隔。

（3）违章整定保护定值。

（4）无票作业。

3. 电力安全培训系统启动

1）启动远程多媒体培训系统

用前面介绍的方法启动该系统。

2）电力安全培训系统登录

在"用户名"处输入"1"，"密码"处输入"1"，单击"登录"按钮，然后选择"电力系统安全培训"选项，即可进入电力安全培训系统。

4. 变电站检修部分典型事故培训内容

进入电力安全培训系统后，选择"典型事故案例培训"选项，然后选择"检修部分案例"选项（见图 1.18），即可进行检修部分事故案例培训，学生可自主学习。

检修部分案例培训内容包括检修人员误碰设备、检修人员误入带电间隔、违章整定保护定值、无票作业等。

5. 思考题

（1）变电站检修部分典型事故有哪些？

（2）在日常工作中，如何避免事故发生？

1.6 换流站安全运行技术培训

1.6.1 换流站组成及设备知识培训

1. 培训目的

（1）了解直流输电特点及组成。

（2）掌握换流站中直流一次设备、交流一次设备、直流控制保护设备、交流控制保护设备、辅助系统的组成及功能。

（3）掌握换流站中换流变压器、断路器、隔离开关、交流控制保护设备、设备外绝缘、站用电设备、水冷系统、直流控制保护设备的结构及功能。

2. 培训内容

（1）换流站中直流一次设备、交流一次设备、直流控制保护设备、交流控制保护设备、辅助系统的组成及功能。

（2）换流站中换流变压器、断路器、隔离开关、交流控制保护设备、设备外绝缘、站用电设备、水冷系统、直流控制保护设备的结构及功能。

3. 电力安全培训系统启动

1）启动远程多媒体培训系统

用前面介绍的方法启动该系统。

2）换流站培训系统登录

在"用户名"处输入"1"，"密码"处输入"1"，单击"登录"按钮，然后选择"换流站多媒体互动培训"选项，即可进入换流站培训系统，如图1.19所示。

4. 换流站及典型设备培训内容

1）直流输电特点及组成培训

进入换流站培训系统后，选择"换流站介绍"选项，即可进入如图1.20所示的换流站系统组成培训界面，依次选择图中4个选项，学生可进行相应培训内容的自主学习。

图1.19 换流站培训系统

图1.20 换流站系统组成培训界面

2）换流站典型设备培训

进入换流站培训系统后，选择"换流站典型设备介绍"选项，即可进入如图 1.21 所示的换流站典型设备培训界面，依次选择图中 5 个选项，学生可进行相应培训内容的自主学习。

图 1.21　换流站典型设备培训界面

5. 思考题

（1）换流站一次设备组成及功能是什么？

（2）在换流站应配置什么控制保护设备？

1.6.2　换流站设备异常及故障处理培训

1. 培训目的

（1）了解换流站换流变压器、断路器、隔离开关、交流控制保护设备、设备外绝缘、站用电设备、水冷系统、直流控制保护设备等的异常故障。

（2）掌握换流变压器、断路器、隔离开关、交流控制保护设备、设备外绝缘、站用电设备、水冷系统、直流控制保护设备等发生异常现象后的处理方法。

2. 培训内容

（1）换流变压器油温高报警处理、压力释放阀动作处理、交流引线差动保护动作处理、大差保护动作处理。

（2）断路器储能异常报警处理、SF$_6$（六氟化硫）气体压力低报警处理。

（3）交流隔离开关拒动处理、直流隔离开关拒动处理。

（4）交流 500 kV 线路保护动作处理、交流 500 kV 线路保护电流互感器断线处理、交流 500 kV 母线保护动作处理。

（5）户外直流场设备放电处理、站用电进线失压故障处理、水冷系统内冷水温度高故障处理、主循环泵泄漏故障处理。

（6）直流控制保护设备 MACH2 系统主机故障处理、直流极母线保护动作处理等。

3. 电力安全培训系统启动

1）启动远程多媒体培训系统

用前面介绍的方法启动该系统。

2）换流站培训系统登录

在"用户名"处输入"1"，"密码"处输入"1"，单击"登录"按钮，然后选择"换流站多媒体互动培训"选项，即可进入换流站培训系统。

4. 换流站设备异常及故障处理培训内容

进入换流站培训系统后，选择"设备异常及故障处理培训"选项，即可进入如图 1.22 所示的换流站设备异常及故障处理培训界面，依次选择图中的 8 个选项，学生可以进行相应设备异常及故障处理培训内容的自主学习。

图 1.22　换流站设备异常及故障处理培训界面

5. 思考题

（1）换流变压器常见故障有哪些？如何处理？

（2）站用电进线失压处理流程是什么？

（3）什么情况下会出现户外直流场设备放电？其处理流程是什么？

1.7　输电线路安全运行维护培训

1. 培训目的

（1）了解输电线路杆塔基础维护技术。

（2）了解电力电缆的运输与保管。

（3）掌握 35 kV 及以下电缆终端与中间接头的制作。

（4）掌握架空电力线路绝缘子及其连接金具的更换。

（5）掌握配电台架安装。

2. 培训内容

（1）杆塔基础的维护，包括护土、排积水、加压防上拔、抗沉降。

（2）架空线路巡视，包括杆塔拉线与基础巡视、导线及避雷线巡视、导线及避雷线连接件巡视、绝缘子及其连接金具巡视、沿线保护区内巡视、接地网检查。

（3）35 kV 及以下电缆终端与中间接头的制作。

（4）配电台架的结构及安装。

（5）电力电缆的运输与保管。

（6）更换绝缘子的操作步骤。

3. 输电线路安全运行维护培训系统启动

1）启动远程多媒体培训系统

用前面介绍的方法启动该系统。

2）输电线路安全运行维护系统登录

在"用户名"处输入"1"，"密码"处输入"1"，单击"登录"按钮，然后选择"电力系统一次设备仿真软件"／"输电线路"选项，即可进入输电线路培训系统，如图 1.23所示。

4. 输电线路培训内容

1）杆塔基础的维护培训

进入输电线路培训系统，选择"架空输电线路杆塔及其基础"选项，即可进行护土、排积水、加压防上拔、抗沉降等相应内容的培训。

图 1.23　输电线路培训系统

2）电力电缆相关知识培训

进入输电线路培训系统后，选择"电力电缆"选项，即可进行电力电缆的理论、结构、运输与保管等内容的培训以及技能测试。

3）35 kV 及以下电缆终端头与中间头制作

进入输电线路培训系统后，选择"35 kV 及以下电缆终端头及中间头"选项，即可进行相应的理论、常用工具器材、终端头制作、中间头制作等内容的培训以及技能测试。

4）配电台架结构及安装

进入输电线路培训系统后，选择"配电台架"选项，即可进行配电台架的结构、配电台架安装等内容的培训以及技能测试。

5. 思考题

（1）送电线路主要由哪几部分组成？

（2）架空线路定期巡视的目的是什么？巡视周期是多少？巡视范围如何？

（3）杆塔基础维护内容有哪些？

（4）架空线路巡视内容有哪些？

（5）架空线路一年四季检查的侧重点各是什么？

第 2 章　高电压试验技术

实践表明，在电力系统的各种事故中，有很大一部分是由过高的电压造成设备绝缘损坏引起的。当绝缘有缺陷时，若不及时发现排除，会导致设备损坏，造成停电事故。而且，电气设备在长期的运行中，也不可避免会产生绝缘老化，一旦发生绝缘老化，则会对电气设备的安全运行造成隐患。近年来，我国开始大力发展超高压、特高压输电技术，直流 ±800 kV、交流 1 000 kV 的输电电压等级都是非常高的，很多技术问题没有任何可借鉴的经验。电压等级的提高对电气设备绝缘的可靠性提出了更高的要求，这些要求必须依靠先进而完善的试验体系及试验方法才能满足。高电压与绝缘技术是一门理论与试验紧密结合的学科，由于其依赖的电介质理论尚不够完善，因此高电压与电气绝缘的很多问题必须通过试验来解释。

高电压试验技术可分为电气绝缘预防性试验和高电压试验两大类。其中，电气绝缘预防性试验是非破坏性试验，是在较低的电压下或用其他不会损坏绝缘的办法来测量各种特性参数，主要包括测量绝缘电阻、泄漏电流、介质损耗角正切等，其目的是判断内部有无绝缘缺陷。高电压试验（也称为耐压试验）属于破坏性的试验，主要包括工频高电压试验、直流高电压试验、冲击高电压试验等。这一类试验电压很高，对绝缘考验非常严格，能直接发现危险性较大的集中性缺陷，能保证绝缘有一定的耐电强度，该试验是在电气绝缘预防性试验合格的基础上才进行的。

2.1　电气绝缘的预防性试验

目前，电气绝缘的预防性试验已成为保证现代电力系统安全可靠运行的重要措施之一。这种试验除了新设备投入运行前进行，更多时候是在运行中对各种电气设备的绝缘性能进行检查，以便及早发现绝缘缺陷，及时更换或修复，防患于未然。电气绝缘的预防性试验的种类包括绝缘电阻与吸收比的测量、泄漏电流的测量、介质损耗角正切值的测量、局部放电的检测、绝缘油性能检测。

2.1.1　绝缘电阻与吸收比的测量

1. 绝缘电阻

绝缘电阻是一切电介质和绝缘结构的绝缘状态最基本的综合性特性参数，是反映绝缘性能的最基本的指标之一。通常用绝缘电阻表（也称兆欧表）来测量绝缘电阻，这是一种简单易行的方法，常在设备维护检修时进行。通常规定以加压后 1 min 时测得的电阻值作为试样的绝缘电阻。

2. 绝缘介质的吸收比

在电气设备中，大多采用组合绝缘和层式结构，因此在直流电压下会有明显的吸收现象，使外电路中出现一个随时间衰减的吸收电流。如果在电流衰减过程中的两个瞬间测得两个电流值或两个相应的绝缘电阻值，可利用其比值（吸收比）来检验绝缘介质是否严重受潮或存在局部缺陷。通常规定 60 s 和 15 s 时绝缘电阻值的比值为绝缘介质的吸收比 K，即 $K = R_{60}/R_{15}$，一般认为 $K < 1.3$ 可判定绝缘介质受潮。当然，只有试样电容比较大时，吸收现象才明显，才能用来判断绝缘性能状况。除受潮外，当绝缘介质有严重集中性缺陷时，K 值也可以反映出来。例如，当发电机定子绝缘介质局部发生裂纹，形成了贯通性导电通道时，K 值便大大降低，接近 1。对各类高压电气设备绝缘所要求的绝缘电阻值、吸收比 K 值，在 DL/T 596—2021《电力设备预防性试验规程》中有明确的规定。

3. 测量绝缘电阻和吸收比时应注意的问题

（1）试验前，应将试样接地放电一定时间，避免试样上存留残余电荷而造成误差，试验后也应这样做，确保安全。对容量较大的试样，一般要求接地放电 5~10 min。

（2）高压测试连接线应尽量保持架空，确需使用支撑时，要确认支撑物的绝缘性能对试样绝缘测量结果的影响极小。

（3）测量吸收比时，应待电源电压稳定后再接入试样，并开始计时。

（4）对带有绕组的试样，应先将被测绕组首尾短接，再接到 L 端子，其他非被测绕组也应先首尾短接后，再接到应接端子上。

（5）绝缘电阻与试样温度有十分显著的关系。试样温度升高时，绝缘电阻大致按指数率降低，吸收比的值也会有所改变。所以，测量绝缘电阻时，应准确记录当时的试样温度，在比较时要取相应温度时的值来进行。

（6）每次测试结束时，应在保持兆欧表电源电压的条件下，先断开 L 端子与试样的连线，以免试样对兆欧表反向放电，损坏仪表。

4. 测量绝缘电阻能有效地发现的绝缘缺陷

这些缺陷包括总体绝缘质量欠佳、绝缘介质受潮、两极间有贯穿性的导电通道、绝缘介质表面情况不良等。

5. 测量绝缘电阻不能发现的绝缘缺陷

这些缺陷包括绝缘介质中的局部缺陷（如非贯穿性的局部损伤、含有气泡、分层脱开等）、绝缘介质的老化等。

6. 兆欧表

兆欧表是一种便携式的仪器，用于测量电气设备的绝缘电阻，可以分为数字式兆欧表和手摇式兆欧表，以欧姆为单位直接显示，因此也称为欧姆表。

（1）数字式兆欧表：具有很高的测量精度，一个人易于操作，数字显示屏使读取数值变得容易，坚固耐用且使用安全，易维护，轻巧便携，需要用外部电源（即干电池）供电。目前常用兆欧表的电压有 500 V、1 000 V、2 500 V、5 000 V 等几种。对于额定电压为 1 000 V 或以上的设备，应使用 2 500 V 或 5 000 V 的兆欧表进行测试。

（2）手摇式兆欧表：不需要外部电源即可运行。使用手摇式兆欧表时，应注意以下几点。

① 手摇式兆欧表的转速应由慢到快，转速不能时快时慢。当达到 120 r/min 时，应保持稳定。转速稳定后，表盘上的指针方能稳定，此时指针的指示即为测得的绝缘电阻的阻值。

使用手摇式兆欧表时，应水平放置。

② 根据被测对象的额定电压，选择不同电压的兆欧表。

③ 测量时，使用的绝缘导线应为单根多股软导线，测量线不得扭结或搭接，且应悬空放置。手摇式兆欧表与端子的连接应紧密可靠，与设备的连接一般应使用鱼嘴夹，以免引起测量误差。

④ 测量前，应使设备或线路断开电源，有仪表回路的要将仪表断开，然后进行放电。对于大型变压器、大型电动机等，在其测量完毕后也应放电，放电时间一般为 2~3 min。对于高压设备及线路，放电时间应加长。

⑤ 使用手摇式兆欧表前，应进行校验。当接线端为开路时，摇转手摇式兆欧表，指针应在"∞"位。将 E 端子和 L 端子短接起来，缓慢摇动手摇式兆欧表，指针应在"0"位。校验时，当指针指在"∞"或"0"位时，指针不应晃动。

⑥ 测量过程中，指针指向"0"位时，说明试样已被破坏，应停止摇动手摇式兆欧表，以免其由于短路而烧坏。测量过程中，当指针稳定在某一值时，即可在不大于 30 s 的时间内读数，最长不得超过 1 min。

⑦ 正在使用的设备通常应在刚停止运转时进行测量，以便使测量结果符合运行温度时的绝缘电阻。禁止在雷电时或在邻近有带高压导体的设备时进行测量。只有在设备不带电又不可能受其他电源感应而带电时，才能进行测量。

目前，数字式兆欧表已经基本上取代了手摇式兆欧表。数字式兆欧表输出功率大、带载能力强、抗干扰性能好、操作简单；量程可自动转换，面板一目了然，轻触按键即可操作，使测量更加方便；电源可以交直流两用；测量结果由 LCD 数字显示，读数直观，消除了视觉误差；仪表开启高压键后 1 min 自动报警，并锁定显示值 5 s，以便计算吸收比，使绝缘电阻测量简单易行。

2.1.2 泄漏电流的测量

1. 泄漏电流测量原理

测量泄漏电流的原理与测量绝缘电阻相似，都是利用微安表测量流过被测试样的泄漏电流，但测量泄漏电流所加的直流电压较高（10 kV 及以上），因此能更有效地发现一些集中性缺陷。一方面，加在试样上的直流电压要比兆欧表的工作电压高得多，故能发现兆欧表所不能发现的某些缺陷；另一方面，由于施加在试样上的直流电压是逐渐增大的，因此可以在升压过程中监视泄漏电流的增长动向。在电压升到规定的值后，要保持 1 min 再读出最后的泄漏电流值。在这段时间内，可观察泄漏电流是否随时间的延续而变大。当绝缘介质良好时，泄漏电流应保持稳定，且其值很小。

2. 泄漏电流测量试验接线

图 2.1 所示是测量泄漏电流试验接线示意图。R 为保护电阻，以限制初始充电电流和故障短路电流不超过整流元件和变压器的允许值，通常采用水电阻。整流元件 VD 一般采用高压硅堆，稳压电容器 C 的电容一般取 0.1 μF，其目的是减小直流高电压的脉动幅度。如果试样是电容量较大的发电机、电缆等设备时，可不加稳压电容器。

交流电源经调压器接到试验变压器 T 的一次绕组上，其电压用电压表 PV1 测量，试验变压器输出的交流高压经高压整流元件 VD 接在稳压电容器 C 上。整流所得的直流高电压可用高压静电电压表 PV2 测得，而泄漏电流则以接在试样 TO 高压侧或接地侧的微安表来测量。

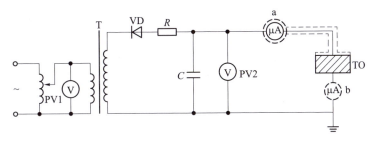

图 2.1　测量泄漏电流试验接线示意图

3. 微安表接线位置

当试样的一极固定接地，且接地线不易解开时，微安表可接在高压侧，如图 2.1 中的 a 处。这时读数和切换量程有些不便，且应特别注意安全。在这种情况下，微安表及其接往试样 TO 的高压连线均应加等电位屏蔽，如图 2.1 中虚线所示，使这部分对地杂散电流（泄漏电流、电晕电流）不流过微安表，以减小测量误差。当试样的两极都可以做到不直接接地时，微安表就可以接在试样低压侧和大地之间，如图 2.1 中的 b 处。这时读数方便、安全，回路高压部分对外界物体的杂散电流入地时都不会流过微安表，故不必设屏蔽。

4. 微安表保护

测量泄漏电流用的微安表是很灵敏、很脆弱的仪表，需要并联一个保护用的放电管 V（见图 2.2）。当流过微安表的电流超过某一定值时，电阻 R 上的电压降将引起放电管放电，而达到保护微安表的目的。电感线圈 L 在试样意外击穿时能限制电流脉冲并加速放电管的动作，其值为 0.1～1.0 H。并联电容器 C 可使微安表的指示更加稳定。为了尽量减小微安表损坏的可能性，平时用开关 S 将其短接，只在需要读数时才打开。

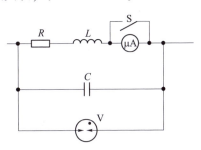

图 2.2　微安表 μA 保护回路示意图

2.1.3　介质损耗角正切值的测量

介质的功率损耗 P 与介质损耗角正切值 $\tan \delta$（又称介质损耗因数）成正比，因此 $\tan \delta$ 是绝缘品质的重要指标。测量 $\tan \delta$ 是判断电气设备绝缘状态的一种有效的方法。$\tan \delta$ 能反映绝缘介质的整体性缺陷（如整体老化）和小电容试样的严重局部性缺陷。由 $\tan \delta$ 随电压而变化的曲线，可判断绝缘介质是否受潮、含有气泡及老化的程度。但是，测量 $\tan \delta$ 不能灵敏地反映大容量发电机、变压器和电力电缆（它们的电容量都很大）绝缘介质中的局部性缺陷，这时应尽可能将这些设备分解成几个部分，然后分别测量它们的 $\tan \delta$。

1. $\tan \delta$ 测量方法及基本原理

通常采用高压交流平衡电桥（又称西林电桥）方法测量 $\tan \delta$，测量电路如图 2.3 所示。如图 2.3（a）所示为正接法，如图 2.3（b）所示为反接法，当电气设备的金属外壳直接放在接地底座上，即试样的一极往往是固定接地时，需要采用反接法，二者原理一样。下面以图 2.3（a）为例进行说明，C_x 和 R_x 为被测试样的等效并联电容器与电阻，构成桥臂 AC 段阻抗；C_N 为平衡试样电容器 C_x 的标准电容，构成 CB 段阻抗，记为 Z_N；R_3 是电阻比例臂，

构成 AD 段阻抗，记为 Z_3；R_4 和 C_4（平衡损耗角正切的可变电容器）构成 BD 段阻抗，记为 Z_4。

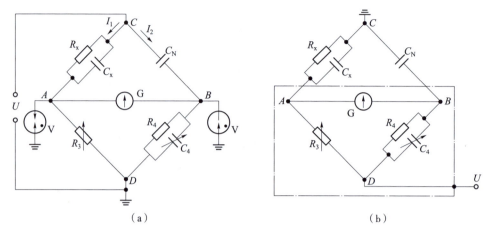

图 2.3　西林电桥方法测量 tan δ
（a）正接法；（b）反接法

根据电容平衡原理，当电桥达到平衡时，满足：

$$Z_x Z_4 = Z_N Z_3 \tag{2-1}$$

由图 2.3 可得

$$\frac{1}{Z_x} = \frac{1}{R_x} + j\omega C_x \qquad Z_N = \frac{1}{j\omega C_N}$$

$$Z_3 = R_3 \qquad \frac{1}{Z_4} = \frac{1}{R_4} + j\omega C_4$$

将 4 个桥臂阻抗表达式代入式（2-1），并将实部与虚部分别列出等式，解所得方程，有

$$C_x = \frac{R_4}{R_3} C_N \frac{1}{1 + \tan^2 \delta} \tag{2-2}$$

$$\tan \delta_x = \omega C_4 R_4 \tag{2-3}$$

试样的损耗角正切值 $\tan \delta_x = \dfrac{1}{\omega C_x R_x}$，当 $\tan \delta_x < 0.1$ 时，试样电容器可利用式（2-2）计算：

$$C_x = \frac{R_4}{R_3} C_N \tag{2-4}$$

因此，如果桥臂电阻 R_3、R_4 和电容器 C_N、C_4 已知，就可以求得试样电容器和介质损耗角正切值，计算出 C_x 后，根据试样与电极的尺寸，再计算其相对介电常数。

因为电介质的 tan δ 有时会随着电压的升高而起变化，所以西林电桥的工作电压 U 不宜太低，通常在预防性试验中采用 5~10 kV。更高的电压也不宜采用，因为那样会增加仪器的绝缘难度，影响操作安全。

2. 西林电桥的电磁干扰消除措施

在现场进行测量时，试样和桥体往往处在周围带电部分的电场作用范围之内，虽然电桥本体及连接线都采取了屏蔽，但通常无法做到全部屏蔽，还是会受到电磁干扰。为消除或减小由电场干扰引起的误差，可以采取下列措施。

（1）加设屏蔽。用金属屏蔽罩或网把试样与干扰源隔开，但这在实际上往往难以做到。

（2）采用移相电源。如图 2.4 所示，测量前先将 R_4 短接，将 R_3 调到最大值，使干扰电流尽量通过检流计，并调节移相电源的相角和电压幅值，使检流计指示为最小，退去电源电压，保持移相电源的相位，拆除 BD 间的短接线，然后正式开始测量。

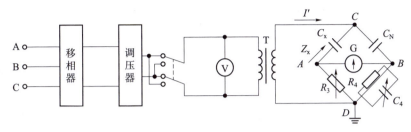

图 2.4　移相电源消除电磁干扰接线示意图

（3）倒相法。这种方法比较简单，测量时将电源正接和反接各测一次，得到两组结果，然后计算，求得 $\tan \delta$ 和 C_x。

$$C_x = \frac{C_1 + C_2}{2} \qquad \tan \delta = \frac{C_1 \tan \delta_1 + C_2 \tan \delta_2}{C_1 + C_2}$$

3. 西林电桥的其他影响因素

1）温度的影响

温度对 $\tan \delta$ 的影响很大，具体的影响程度随绝缘材料和结构的不同而不同。一般来说，$\tan \delta$ 随温度的增高而增大。现场试验时的绝缘温度是不一定的，所以为了便于比较，应将在各种温度（通常在 $10 \sim 30$ ℃条件下进行）下测得的 $\tan \delta$ 换算到 20 ℃时的值。

2）试验电压的影响

一般来说，良好的绝缘介质在额定电压范围内，其 $\tan \delta$ 几乎保持不变，如图 2.5 的曲线 1 所示。如果绝缘介质内部存在空隙或气泡，情况就不同了。当所加电压尚不足以使气泡电离时，其 $\tan \delta$ 与电压的关系与良好绝缘没有什么差别，但当所加电压大到能引起气泡电离或发生局部放电时，$\tan \delta$ 开始随 U 的升高而迅速增大。电压回落时的电离要比电压升高时的电离更强一些，因此会出现闭环状曲线，如图 2.5 的曲线 2 所示。如果绝缘介质受潮，则电压较低时的 $\tan \delta$ 就已相当大，电压升高时，$\tan \delta$ 更将急剧增大。电压回

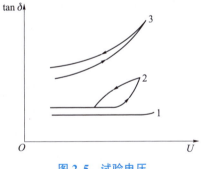

图 2.5　试验电压
对 $\tan \delta$ 的影响

落时，$\tan \delta$ 也要比电压上升时更大一些，因而形成不闭合的分叉曲线，如图 2.5 的曲线 3 所示，主要原因是介质的温度因发热而上升了。因此，图 2.5 中的曲线 1 表示良好的绝缘介质，曲线 2 表示绝缘介质中存在气隙，曲线 3 表示绝缘介质受潮。

3）试样电容量的影响

对于电容量较小的试样（如套管、互感器等），测量 $\tan \delta$ 能有效地发现局部集中性缺陷和整体分布性缺陷。但对电容量较大的试样（如大中型发电机、变压器、电力电缆、电力电容器等），测量 $\tan \delta$ 只能发现整体分布性缺陷。因为局部集中性缺陷所引起的介质损耗增大，这时只占总损耗的一个很小的部分，所以用测量 $\tan \delta$ 的方法来判断绝缘状态就不灵敏了。对于可以分解成几个彼此绝缘部分的试样，可分别测量其各个部分的 $\tan \delta$，这样能

更有效地发现缺陷。

4）试样表面泄漏的影响

试样表面泄漏电阻总是与试样等值电阻 R_x 并联，显然会影响所测得的 $\tan\delta$ 值，这在试样的 C_x 较小时尤需注意。为了排除或减小这种影响，在测试前应清除绝缘介质表面的污渍和水分，必要时还可在绝缘介质表面上装设屏蔽极。

2.1.4 局部放电的检测

当电气设备内部绝缘介质发生局部放电时，将伴随着出现许多现象。有些现象属于电的，如电脉冲、介质损耗的增大和电磁波辐射；有些现象属于非电的，如光、热、噪声、气体压力的变化和化学变化。这些现象都可以用来判断是否发生局部放电，因此检测的方法也可以分为电气检测法和非电气检测法两类。

在多数情况下，非电气检测法都不够灵敏，属于定性测量，即只能判断是否存在局部放电，而不能进行定量分析。而且有些非电气检测法必须借助设备才能进行，很不方便。目前得到广泛应用而且比较成功的方法是电气检测法，即测量绝缘介质中的气隙发生放电时的电脉冲，它不仅可以判断局部有无放电，还可以判定放电的强弱。

1. 电气检测法

当发生局部放电时，试样两端会出现一个几乎是瞬时的电压变化，在检测回路中引起一个高频脉冲电流，将它变换成电压脉冲后，就可以用示波器等测量其波形或幅值。由于其大小与视在放电量成正比，因此通过校准就能得出视在放电量。此方法灵敏度高，应用广泛。

2. 非电气检测法

1）噪声检测法

用人的听觉检测局部放电是最原始的方法之一，这种方法灵敏度很低，且带有试验人员的主观因素。后来改用微声器或其他传感器和超声波探测仪等进行非主观性的声波和超声波检测，常用来进行放电定位。

局部放电产生的声波和超声波频率从数十赫兹到数十兆赫兹不等，所以应选频率中所占范围较大的作为测量频率，以提高检测的灵敏度。近年来，采用超声波探测仪的情况越来越多，其特点是抗干扰能力相对较强、使用方便，可以在运行中或耐压试验时检测局部放电，适合预防性试验的要求。它的工作原理：当绝缘介质内部发生局部放电时，在放电处产生的超声波向四周传播，直达电气设备外壳的表面，在设备外壁贴装压电元件，在超声波的作用下，压电元件的两个端面上会出现交变的束缚电荷，引起端部金属电极上电荷的变化，或在外电路中引起交变电流，由此指示设备内部是否发生了局部放电。

2）光检测法

沿面放电和电晕放电常用光检测法进行检测量，效果很好。绝缘介质内部发生局部放电时，会释放光子而产生光辐射。只有在介质透明的情况下，才能使用这种方法。有时可用光电倍增器或影像亮化器等辅助仪器来增加检测的灵敏度。

3）化学分析法

用气相色谱仪对绝缘油中溶解的气体进行气相色谱分析，是20世纪70年代发展起来的检测方法。通过分析绝缘油中溶解的气体成分和含量，能够判断电气设备内部隐藏的缺陷类型。这种方法的优点是能够发现充油电气设备中一些用其他检测方法不易发现的局部性缺陷（包括局部放电）。例如，当设备内部有局部过热或局部放电等缺陷时，其附近的油就会分

解产生烃类气体及 H_2、CO、CO_2 等气体，它们不断溶解到油中，局部放电所引起的气相色谱特征就是 C_2H_2 和 H_2 气体的含量较大。此法灵敏度相当高，操作简便，且设备不需要停电，适合在线绝缘检测，因而获得了广泛应用。

2.1.5　绝缘油性能检测

在高压电气设备中，绝缘油得到了广泛应用，如电力变压器、电力电容器、电流互感器（Current Transformer，CT）、电压互感器（Potential Transformer，PT）（油浸）等。在这些设备中，电气设备的主要部件均浸在绝缘油中，绝缘油还将填充到容器的各个部分，将设备中的空气排除，起到绝缘和散热的作用。

目前，我国使用较多的绝缘油是变压器油。变压器油是从石油中分馏后经精制而成的碳氢化合物的混合物，其中主要是烷属烃和环烷属烃。烷属烃和环烷属烃都是饱和的，其分子结构中没有双键，不易与氧或其他物质产生化学反应，性能很稳定，这就保证了变压器油能在电气设备中稳定地运行。

除变压器油外，还有多种绝缘油（液体绝缘材料），如电容器油、硅油、十二烷基苯电缆油、蓖麻油、二芳基乙烷（S油）等。虽然不同种类的绝缘油各有特点，如有的介电常数大，有的绝缘强度高，有的介质损耗因数小等，但各种绝缘油的试验方法基本都是相同的。下面以变压器油为例，来说明绝缘油的试验方法。

变压器油的试验内容很多，除电气性能的试验外，还有许多物理、化学性能的试验。其中，电气性能的试验包括电阻率的测量、介质损耗因数的测量、介电常数的测量、电气强度的试验等；物理、化学性能的试验包括酸值试验、凝固点试验、闪火点试验、黏度试验、变压器油的气相色谱分析和液相色谱分析等。下面介绍其中两种常做的试验。

1. 电气强度试验

电气强度试验是变压器油的一项常规试验，用来检验变压器油被水分和其他悬浮物质物理污染的程度。

电气强度试验方法：将变压器油倒入专门设备油杯中，以一定速率上升的交流电压加在油杯上，直至变压器油击穿，变压器油击穿时的电压，即为此次变压器油的击穿电压。根据 GB/T 507—2002《绝缘油　击穿电压测定法》的规定，变压器油电气强度试验要求如下。

1）试验装置

试验变压器产生的波形应为正弦波，其峰值因数应在 $\sqrt{2}(1\pm5\%)$ 的范围内。装置应有良好的接地，试验线路应有保护电阻，以减小由于变压器油击穿时的电流，并防止产生振荡和变压器油的分解（通常由击穿电流引起）。另外，变压器一次侧应有自动跳闸的过电流保护装置，以防止因变压器油击穿而引起变压器长时间的短路。电压的调节方法有很多，多为接触式调压器调压，最好采用自动升压系统，因为手动调压不易使电压匀速增长。测量击穿电压的单位为 kV（有效值），也可用峰值电压除以 $\sqrt{2}$ 得到有效值。

2）试验油杯

试验油杯由杯体和电极两部分组成。油杯有两种类型：一种是球形电极的油杯，另一种是球盖形电极的油杯。油杯的杯体是由玻璃、塑料制成的透明容器或由电工陶瓷制成的容器，有效容积为 300～500 mL，杯体以密闭为宜。电极由磨光的铜、黄铜、青铜或不锈钢材料制成，呈球形，其直径为 12.5～13 mm。电极的表面应光滑，一旦电极表面有由放电引起的凹坑，就应更换或打磨电极。

3）试验过程

（1）取油样：应用洁净的容器从桶装或听装容器的底部抽取油样。

（2）将油样慢慢倒入洁净的油杯中，要尽量避免形成气泡。

（3）在油杯的两个电极上施加 50 Hz 交流电压，电压以 2 kV/s 的速度增加，直至变压器油发生击穿。变压器油的击穿电压就是当电极之间产生第一个火花时达到的电压。当变压器油中产生恒定的电弧时，高压变压器的一次侧应能自动断开电路，一般断开的时间应不大于 0.2 s。如果发生电极间瞬时的火花，则采用人工断开电路。

注意：每个试样应进行 6 次击穿试验，以 6 次击穿电压的算术平均值作为试验的电气强度。试样倒入油杯后，应保证变压器油中无气泡后方能进行试验，装油后最迟 10 min 内必须进行试验。变压器油击穿后，应用清洁、干燥的玻璃棒轻轻搅动变压器油，无气泡后再进行试验，或间隔 5 min 进行下次试验。试验时的油温应与室温相同，作为判断油的质量的试验应在 15~20 ℃ 之间进行，试验时大气的相对湿度应不高于 75%。

2. 油中溶解气体的气相色谱分析

新绝缘油中溶解的气体主要是空气，即 N_2（约占 71%）和 O_2（约占 28%）。浸绝缘油的电气设备在出厂高电压试验和在平时正常运行过程中，绝缘油和有机绝缘材料会逐渐老化，绝缘油中也就可能溶解微量或少量的 H_2、CO、CO_2 或烃类气体，但其量一般不会超过某些经验参考值（随不同的设备而异）。当电器中存在局部过热、电弧放电或某些内部故障时，绝缘油或固体绝缘材料会发生裂解，产生较大量的各种烃类气体和 H_2、CO、CO_2 等气体，这类气体称为故障特征气体，绝缘油中也就会溶解较多量的这类气体。

绝缘物质不同，故障性质不同，分解产生的气体也不同。因此，分析绝缘油中溶解气体的成分、含量及其随时间增长的规律，就可以鉴别故障的性质、程度及其发展情况。这对于测定缓慢发展的潜伏性故障是很有效的，而且可以不停电进行，具体步骤：先将油中溶解的气体脱出，再送入气相色谱仪，对不同气体进行分离和定量分析，以探查有无故障。

2.2 电气绝缘的高电压试验

电气设备的绝缘材料在运行中除了长期受到工作电压（工频交流电压或直流电压）的作用，还会受到大气过电压和内部过电压等可能出现的各种过电压的侵袭。为了检验电气设备的绝缘强度，使其不仅能在正常的工作电压下安全可靠地运行，而且能耐受各种过电压，在电气设备出厂时、安装调试时或大修后，需要进行各种高电压试验。在高电压试验室内应能模拟出这些试验电压（包括工频交流高压、直流高电压、雷电冲击高压、操作冲击高压等），从而考验各种绝缘材料耐受这些高电压的能力。

与电气绝缘的预防性试验（非破坏性试验）相比，高电压试验具有直观、可信度高、要求严格等特点。因为它具有破坏性试验的性质，所以一般放在非破坏性试验项目合格通过之后进行，以减少不必要的损失。电气绝缘的高电压试验主要包括工频高电压试验、直流高电压试验、冲击高电压试验等。

2.2.1　试验变压器

试验变压器是高电压试验室最基本的、不可缺少的设备，它通常被当作电源使用。

1. 试验变压器的特点

（1）试验变压器与电力变压器相比，工作原理上没有什么不同，主要特点是电压比较高，但容量较小。因为试验变压器需要供给较高的试验电压，而试样绝缘则相当于较小的电容负荷。

（2）试验变压器一般被设计为单相的，且大多数为油浸式，有金属壳及绝缘壳两类。金属壳变压器又可分为单套管和双套管两种。

（3）由于试验变压器常用来给试样上施加高压，并确定试样加上电压后是否发生绝缘击穿，因此在多数情况下其高压侧额定电流在 0.1~1 A 范围内变化。电压在 250 kV 及以上时，高压侧额定电流一般为 1 A。对于大多数试样而言，试验变压器都可以满足试验要求，如要进行污闪等试验，则要求有更大的电流输出。

（4）试验变压器高压绕组大多数做成多层绕组，层间绝缘部分由电缆纸和绝缘材料制成的圆筒组成。

（5）试验变压器的工作时间短，在额定电压下满载运行的时间更短。因此，不需要像电力变压器那样装设散热管及其他附加散热装置。

（6）试验变压器的结构和尺寸主要取决于绝缘性能的要求。因为电压高，需要采用较厚的绝缘层及较宽的间隙距离，所以试验变压器的漏磁通较大，短路电抗值也较大。

（7）试验变压器在工作时不会受到高幅值过电压的作用，其绝缘性能可以采取较小的裕度，绝缘性能的出厂试验电压一般比额定电压高 10%~20%。

2. 试验变压器的容量及计算

试验变压器的容量由被测试样在最不利的试验条件下（如淋雨时）需要的电流来确定。经验表明，对于试验电容不大（大约 1 000 pF）的试样，额定电压在 100~150 kV 的变压器，高压绕组的电流应按 0.2~0.3 A 设计；对于 500 kV 的变压器，高压绕组的电流按 0.5 A 设计；对于更高电压的变压器，高压绕组的电流按 1 A 及以上来设计。试验变压器容量 P 的计算公式为

$$P = 2\pi f C U^2 \tag{2-5}$$

式中，U 为试验电压（kV）；C 为试样电容量（μF）；P 为试验变压器容量（V·A）；f 为试样频率（Hz）。

3. 试验变压器的串级装置

由于受到体积和质量的限制，单个试验变压器的额定电压不可能做得太高。当所需工频电压很高，如超过 750 kV 时，往往采用串级线路把几台试验变压器串联起来，这在技术上和经济上都比较合理。数台试验变压器串联的办法就是将它们的高压绕组串联起来，使它们的高压侧电压叠加后得到很高的输出电压，而每台变压器的绝缘性能要求和结构可大大简化，减轻绝缘难度，降低总价格。图 2.6 所示为由单高压套管试验变压器组成的自耦式串级变压器，这是目前最常用的串联方式。串联台数越多，整套串联试验变压器的总漏抗值急剧增加，试验变压器的串联台数一般不超过 3 台。

4. 试验变压器的调压

试验变压器的电压必须从零调节到指定值，调节需要依靠连到试验变压器一次绕组电路

中的调压器来进行，调压器应该满足以下基本要求。

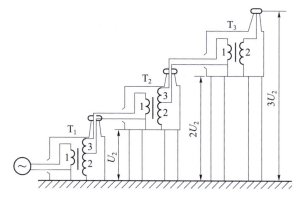

图 2.6　由单高压套管试验变压器组成的自耦式串级变压器

（1）电压应该平滑地调节，在有滑动触头的调压器中，不应该发生火花。

（2）调压器应在试验变压器的输入端提供从零到额定值的电压，电压具有正弦波形且没有畸变。

（3）调压器的容量应不小于试验变压器的容量。

调节电压最好的设备是电动发电机组，它由安装在一个轴上的三相同步发电机和直流或交流电动机组成，电压的调节用改变发电机的励磁来实现。更简单和便宜的调压设备是感应调压器，它们有的做成带移动式绕组的变压器或自耦变压器形式，有的做成制动的带转子绕组的异步电动机形式（电位调整器）。感应调压器的特点是调压平稳，并且没有滑动触头，它们采用了各种消除高次谐波的方法，如在制动电动机的定子和转子上安置斜槽，以保证被调节的电压具有接近正弦的波形。目前已生产出了多种不同容量的感应调压器，但实际生产中一般广泛采用试验室类型自耦调压器来进行小容量试验设备的调压。

2.2.2　雷电及操作冲击电压标准波形

1. 雷电标准波形

雷云放电引起的大气过电压的波形是随机的，在试验室中用冲击电压发生器来模拟雷电过电压时，则必须采用标准波形，如图 2.7 所示。图中，T_1 为波前时间，T_2 为半峰值时间。目前，国际上大多数国家对雷电标准波形规定：$T_1 = 1.2(1 \pm 30\%)$ μs，$T_2 = 50(1 \pm 20\%)$ μs。O_1 为名义零点，且国际上都采用图示的方法获取名义零点，波前时间 T_1 和半峰值时间（波长时间）T_2 都从 O_1 算起。对于操作冲击波，则都是从真实原点算起。

2. 操作冲击电压波形

电力系统在操作或发生事故时，因状态突然发生变化引起电感器和电容器回路的振荡产生的过电压，称为操作过电压。操作过电压幅值与波形显然跟电力系统的参数有密切关系，这一点与雷电过电压不同，后者一般取决于接地电阻，与系统电压等级无关。操作过电压则不然，由于其过渡过程的振荡基值即系统运行电压，因此电压等级越高，操作过电压的幅值也越高。在不同的振荡过程中，振荡幅值最高可达最大相电压峰值的 3~4 倍。因此为保证安全运行，需要考查高压电气设备绝缘材料耐受操作过电压的能力。在早期的工程实践中，采用工频电压试验来考查绝缘材料耐受操作过电压的能力。但后来的研究表明，长间隙在操作冲击波作用下的击穿电压比工频击穿电压低。因此目前的试验标准规定，对额定电压在

300 kV 以上的高压电气设备，要进行操作冲击电压试验，这说明操作冲击电压下的击穿只对长间隙才有重要意义。

操作过电压波形是随着电压等级、系统参数、设备性能、操作性质、操作时机等因素变化的。国际上普遍采用 250/2 500 μs 的操作冲击电压标准波形，我国也采用了这个标准波形，如图 2.8 所示。图中原点为实际零点，U 为电压值，图中 $U/U_{max} = 1.0$ 处为电压 U 的峰值。波形特征参数：波前时间 $T_{cr} = 250$ μs，允许误差为 $\pm 20\%$；半峰值时间 $T_2 = 2 500$ μs，允许误差为 $\pm 60\%$；峰值允许误差 $\pm 3\%$；90% 峰值以上持续时间 T_d 未规定。

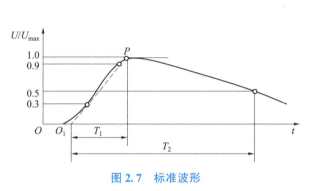

图 2.7　标准波形

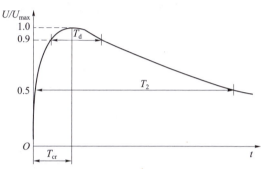

图 2.8　250/2 500 μs 操作冲击电压标准波形

2.2.3　工频高电压试验

1. 工频高电压试验的用途

进行工频高电压试验时，对电气设备绝缘材料施加比工作电压高得多的试验电压，这些试验电压反映了电气设备的绝缘水平，通过试验能够有效发现导致绝缘材料抗电强度降低的各种缺陷。因此，工频高电压试验可用来确定电气设备绝缘耐受电压的水平，判断电气设备能否继续运行，是避免电气设备在运行中发生绝缘事故的重要手段。

2. 工频高电压试验的适用情况

（1）工频高电压试验必须在一系列非破坏性试验之后进行。只有经过非破坏性试验合格后，才允许进行工频高电压试验。

（2）对于 220 kV 及以下的电气设备，一般用工频高电压试验来考验其耐受工作电压和操作过电压的能力，用全波雷电冲击电压试验来考验其耐受大气过电压的能力。

3. 工频高电压试验的注意事项及相关规定

（1）工频高电压试验时间要适当，既能保证全面观察被测试样的情况，也能使设备隐藏的绝缘缺陷来得及暴露，还要避免因为时间过长而引起不必要的绝缘损伤，使本来合格的绝缘材料发生热击穿。

（2）国家标准规定，进行工频高电压试验时，在绝缘材料上施加工频试验电压后，要求持续 1 min。运行经验表明，凡经受住 1 min 工频高电压试验的电气设备，一般都能保证安全运行。

（3）工频高电压试验相对比较简单，通常把该试验列为大部分电气设备的出厂试验项目。

（4）工频高电压试验所用电压可查阅《电力设备预防性试验规程》，该规程对各类电气设备的试验电压都有具体的规定。

4. 工频高电压试验基本接线图

工频高压可由试验变压器（或串级变压器）产生，试验电压必须能在很大的范围内均匀地加以调节，需要使用调压器，即变压器的低压绕组应由调压器来供电。调压器应能按规定的升压速度连续、平稳地调节电压，使高压侧电压在 $0 \sim U$（试验电压）的范围内变化。

图 2.9 所示为工频高电压试验的基本接线图。图中，AV 为调压器，实现电压调节；PV1 为电压表，测量低压侧电压；T 为工频高压装置，通常为试验变压器或串级变压器；R_1 为变压器保护电阻，通常采用水电阻；R_2 为测量球隙保护电阻；PV2 为高压静电电压表；TO 为试样；F 为测量球隙；L_f 和 C_f 串联组成谐波滤波器，抑制波形畸变。

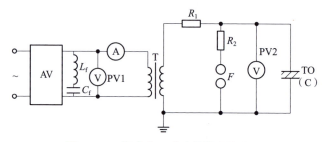

图 2.9　工频高电压试验的基本接线图

5. 工频高电压试验方法

（1）按规定的升压速度提升作用在试样 TO 上的电压。

试验时，升压必须从零开始，不允许冲击合闸。升压速度在 40% 试验电压以内，可不受限制，其后应均匀升压，速度约为 $3\%U/s$。

（2）当试验电压上升到所需的试验电压 U 时，开始计算时间。试验电压保持时间为 1 min，让有缺陷的试样来得及发展局部放电或完全击穿。

（3）如果在试验期间没有发现绝缘击穿或局部损伤（可通过声响、分解出气体、冒烟、电压表指针剧烈摆动、电流表指示急剧增大等异常现象进行判断），就可以认为该试样的工频高电压试验合格。

6. 工频高电压试验注意事项

1）防止工频高电压试验中可能出现的过电压

（1）工频高电压试验中过电压产生原因。

① "容升" 现象会引起过电压。

在工频高电压试验中，大多数试样是电容性的。当试验变压器施加工频高压时，往往会在试样上产生 "容升" 效应，将电压提高，即实际作用到试样上的电压值会超过高压侧所应输出的电压值。而且，试样的电容量以及试验变压器的漏抗越大，"容升" 现象越明显，这是应尽量避免的。

② 突然加压或突然断电会引起过电压。

若对一次绕组突然加压，而不是由零逐渐升高电压，或者当输出电压较高时突然切断电源，都有可能在试验回路中产生过电压。

上述两种原因造成的过电压都有可能使试样被击穿，特别是高气压下气体间隙和油间隙多次的击穿和重燃会引起更高的过电压。

（2）防止产生过电压的方法。

在变压器出线端与试样之间串联一适当阻值的保护电阻，可以限制过电压产生。保护电阻的数值不会太大或太小，阻值太小短路电流过大，起不到应有的保护作用，阻值太大会在正常工作时由于负载电流而有较大的电压降和功率损耗，从而影响加在试样上的电压值。保护电阻的阻值可按 0.10 Ω/V 选取，并且应有足够的功率和足够的长度，以保证在试样被击穿时不会发生沿面闪络。

2）试验电压的波形畸变与改善措施

（1）试验电压的波形畸变原因。

造成试验变压器输出波形畸变的最主要原因是试验变压器或调压装置的铁芯在使用到磁化曲线的饱和段时，励磁电流呈非正弦波。这样，输入电源电压的波形本身不标准会造成试验电压波形的畸变。

（2）抑制波形畸变措施。

工频放电（或击穿）一般取决于电压的幅值，当工频试验电压波形畸变时，电压幅值与有效值之比不再是 $\sqrt{2}$，但是在进行工频高电压试验中，有些测量电压的仪表所测得的是电压有效值，如果根据有效值乘 $\sqrt{2}$ 求出试验电压的幅值，就会造成较大的试验误差，因此要采取措施抑制波形畸变。

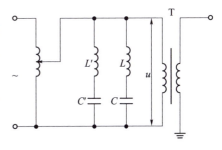

图 2.10　抑制波形畸变接线图

如图 2.10 所示，在试验变压器的一次绕组并联一个 LC 串联谐振回路，若主要减弱 3 次谐波，则 LC 回路可按 $3\omega L = 1/(3\omega C')$ 来选择其参数（式中，ω 为基波角频率），若还存在 5 次谐波分量，再并联一个 $L'C'$ 串联谐振回路，并按 $5\omega L = 1/(5\omega C')$ 来选择其参数，滤波电容器 C 一般可选 6~10 μF。

7. 工频高电压试验中常用调压装置

1）自耦调压器特点及适用场合

（1）自耦调压器调压的特点为调压范围广、功率损耗小、漏抗小、对波形的畸变少、体积小、价格低廉。

（2）自耦调压器被普遍应用于试验变压器的功率不大（单相不超过 10 kV·A）的情况，当试验变压器的功率较大时，由调压器滑动触头的发热、部分线匝被短路等引起的问题较严重，此时这种调压方式不适用。

2）移卷调压器特点及适用场合

（1）移卷式调压器调压不存在滑动触头及直接短路线匝的问题，故容量可做得很大，且可以平滑无级调压。但移卷调压器的漏抗较大，且随调压过程而变化，这样会使空载励磁电流发生变化，试验时有可能出现电压谐振现象，出现过电压。

（2）移卷调压器的调压方式被广泛地应用在对波形的要求不十分严格、额定电压为 100 kV 及以上的试验变压器上。

3）感应调压器特点及适用场合

特制的单相感应式调压器的性能与移卷式调压器相似，但输出波形畸变较大，本身的感抗也较大，且价格较高，故一般较少采用。

4）电动-发电机组特点及适用场合

（1）使用电动-发电机组调压方式能得到很好的正弦电压波形和均匀的电压调节，不受电网电压质量的影响。如果采用直流电动机作为原动机，还可以调节试验电压的频率。这种调压方式所需的投资及运行费用较大，运行和管理的技术水平也要求较高。

（2）电动-发电机组调压方式只适用于对试验要求很严格的大型试验基地。

2.2.4 直流高电压试验

1. 直流高电压试验的适用情况

（1）电气设备常需进行直流电压下的绝缘试验，如泄漏电流测量试验。

（2）一些大容量的交流设备，如电力电缆，也常用直流高电压试验来代替工频高电压试验。

（3）直流高电压输电所用的电气设备必须进行直流高电压试验。

（4）目前在发电机、电动机、电缆、电容器的绝缘预防性试验中广泛进行直流高电压试验。

2. 直流高电压试验的特点

利用直流高电压对电气设备进行耐压试验有重要的实际意义。直流高电压试验是考验电气设备的电气强度的试验，它能反映设备受潮、劣化和局部缺陷等多方面的问题。它和工频高电压试验相比主要有以下一些特点。

（1）直流下没有电容电流，要求电源容量很小，加上可用串级的方法产生直流高电压，所以试验设备可以做得比较轻巧，适合现场预防性试验的要求。特别是对容量较大的试样，如果做工频高电压试验，需要较大容量的试验设备，在一般情况下不易实现。做直流高电压试验时，只需要供给绝缘泄漏电流（最高只达毫安级），因此试验设备可以做得体积小而轻便，适合现场预防性试验的要求。

（2）在进行直流高电压试验时，可以同时测量泄漏电流，由所得的 U-I 曲线能有效地显示绝缘材料内部的集中性缺陷或受潮，提供有关绝缘状态的补充信息。

（3）直流高电压试验比工频高电压试验更能发现电动机端部的绝缘缺陷，其原因是直流条件下没有电容电流流经线棒绝缘材料，因而没有电容电流在半导体防晕层上造成的电压降，故端部绝缘材料上分到的电压较高，有利于发现该处绝缘缺陷。

（4）在直流高电压下，局部放电较弱，不会加快有机绝缘材料的分解或老化变质，在某种程度上带有非破坏性试验的性质。

同工频高电压试验相比，直流高电压试验的缺点是由于交、直流条件下绝缘材料内部的电压分布不同，因此不如工频高电压试验接近实际情况，即不能用直流高电压完全代替工频高电压进行耐压试验，两者应配合使用。

3. 直流高电压的产生

为了获得直流高电压，最常用的方式就是变压器和整流装置的组合，另外还有通过静电方式产生直流高电压。在高电压试验室中，通常采用将工频高电压经高压整流器变换成直流高电压的方法，而且利用倍压整流原理制成的直流高电压串级装置（或称串级直流高电压发生器）能产生更高的直流试验电压。

1）半波整流回路

图 2.11 所示为半波整流回路及输出电压波形。图中，T 为高电压试验变压器，VD 为整流元件（高压硅堆），C 为滤波电容器，R 为限流（保护）电阻，R_L 为负载电阻，U_T 为试验变压器 T 的输出电压，U_{max}、U_{min} 为输出直流电压的最大值、最小值。半波整流回路中的保护电阻 R，用于限制当负载电阻（或滤波电容器）被击穿（或闪络）时或者当电源向滤

波电容器突然充电时通过高压硅堆和变压器的电流，避免损坏高压硅堆和变压器。

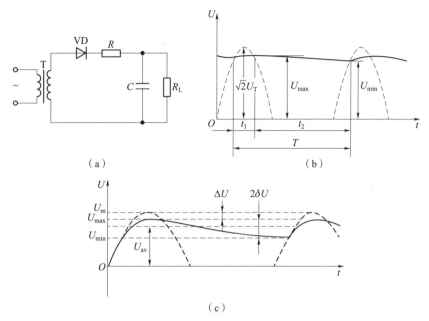

图 2.11　半波整流回路及输出电压波形

整流回路有 3 个基本参数。

（1）额定平均输出电压（算术平均值）$U_d = \dfrac{U_{max} + U_{min}}{2}$。

（2）额定平均输出电流（平均值）$I_d = \dfrac{U_d}{R_L}$。

（3）电压脉动系数（纹波系数）$S = \dfrac{\delta U}{U_d}$，$\delta U = \dfrac{U_{max} - U_{min}}{2} \approx \dfrac{U_d}{2fR_L C}$（直流电压的纹波系数 S 应不大于 3%）。

2）倍压整流回路

采用半波整流回路能够获得的最高直流电压等于电源交流电压的幅值 U_m，但在电源不变的情况下，采用倍压整流回路即可获得等于（2~3）U_m 的直流电压。如图 2.12 所示，该电路可视为两个半波电路的叠加（电路参数计算参照半波电路），所以输出电压为变压器二次电压的 2 倍。

图 2.12 所示的倍压整流电路对变压器 T 有特殊要求，T 的二次电压仍为 U_T，但其两个输出端对地绝缘电压不同，点 A 对地绝缘电压为 $2U_T$，而点 A′对地绝缘电压为 U_T。输出电压为变压器二次电压的 2 倍。图 2.13 所示的最常用的倍压整流电路，变压器一端接地，另一端为 U_T，对绝缘无特殊要求，硅堆的反向峰值电压为 $2\sqrt{2}\,U_T$，电容器 C_1 的工作电压为 $\sqrt{2}\,U_T$，C_2 的工作电压为 $2\sqrt{2}\,U_T$，输出电压也为 $2\sqrt{2}\,U_T$。

3）串级直流高电压发生器

在进行直流耐压试验时，有时需要很高的直流电压，需要利用如图 2.14（a）所示的倍压整流电路作为基本单元，多级串联起来即可组成一台串级直流高电压发生器，如图 2.14（b）所示，产生很高的直流电压。

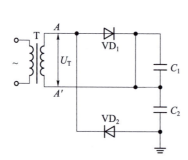

图 2.12 电源变压器两端对地
绝缘的倍压整流电路

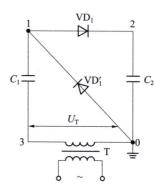

图 2.13 电源变压器一端
接地的倍压整流电路

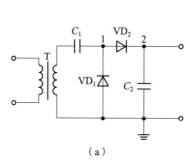

（a）

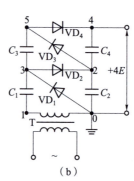

（b）

图 2.14 倍压整流电路及其串联组成的串级直流高电压发生器

由图 2.14（b）可知，当点 1 电位为负时，整流元件 VD_1 截止，VD_2 导通，电源经 VD_1 向电容器 C_1 充电，点 3 电位为正，点 1 电位为负，电容器 C_1 上最大可能达到的电位差接近于 U_m，此时点 3 的电位接近于地电位。当电源电压由 $-U$ 逐渐升高时，点 3 的电位也随之被抬高，此时 VD_1 截止。当点 3 和点 2 的电位比为正时（开始时 C_2 尚未充电，点 2 电位为零），VD_2 导通，电源经 C_1、VD_2 向 C_2 充电，点 2 电位逐渐升高（对地为正），电容器 C_2 上最大可能达到的电位差接近于 $2U_m$。当电源电压由 $+U$ 逐渐下降时，点 3 电位即随之下降。当点 3 电位低于点 2 电位时，整流元件 VD_2 截止，VD_3 导通，C_2 经 VD_3 向 C_3 充电。当点 1 电位继续下降到对地为负时，电容器 C_3 上最大可能达到的电位差接近于 $2U_m$，当电源电压再次变正后，电源电压和 C_1 与 C_3 上的电压串联通过 VD_4 向 C_4 充电，使电容器 C_4 上最大可能达到的电位差接近于 $2U_m$。重复上述过程，完成试验。

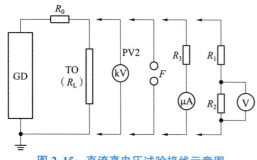

图 2.15 直流高电压试验接线示意图

将上述单元电路串联起来，可以实现多级倍压整流电路。当这种电路串联级数增加时，电压降落和脉动系数将急剧增大。

4. 直流高电压试验接线

图 2.15 所示为直流高电压试验接线示意图，图中 GD 为直流高电压发生器，R_0 为保护电阻，TO 为试样，F 为保护球隙。

2.2.5 冲击高电压试验

1. 冲击高电压试验适用情况

对于电压等级高于 220 kV 的高压电气设备，必须做冲击高电压试验，通常在型式试验、出厂试验和大修后都需进行冲击高电压试验。

2. 冲击高电压试验方法

冲击高电压包括操作冲击高电压和雷电冲击高电压，两种冲击高电压试验方法一样，主要分为内绝缘 3 次冲击法和外绝缘 15 次冲击法。图 2.16 为冲击耐压试验接线示意图。

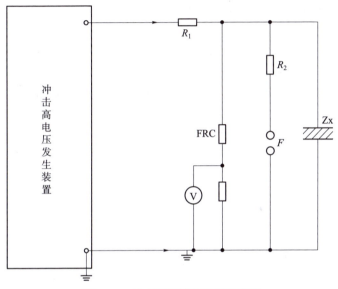

图 2.16 冲击耐压试验接线示意图

1）内绝缘 3 次冲击法

对于一般的电气设备，对其施加 3 次正极性和 3 次负极性雷电冲击试验电压。如果是变压器和电抗器类设备，还要进行雷电冲击截波（1.2/2~5 μs）耐压试验。

2）外绝缘 15 次冲击法

对电气设备施加正、负极性冲击全波试验电压各 15 次，相邻两次冲击的时间间隔不小于 1 min。在每组 15 次冲击的试验中，如果击穿或闪络的次数不超过 2 次，即可认为该试验成功。

注意：在试样两端并联一球隙，使球隙的放电电压整定值比试验电压高 15%~20%（变压器和电抗器类试样）或 5%~10%（其他试样）。

2.3 高电压虚拟仿真试验

高电压虚拟仿真试验项目依托辽宁工业大学新能源发电电力系统综合自动化实训基地的高电压试验虚拟仿真平台，可以进行变压器（包括 110 kV、220 kV、500 kV 3 个电压等级）、断路器（包括 35 kV、220 kV、500 kV 3 个电压等级）、避雷器（包括 110 kV、

220 kV、500 kV 3 个电压等级）、隔离开关（包括 110 kV、220 kV、500 kV 3 个电压等级）、电压互感器（包括 35 kV、220 kV、500 kV 3 个电压等级）、电流互感器（包括 35 kV、110 kV、220 kV 3 个电压等级）等电气设备的虚拟仿真试验。

2.3.1 110 kV 变压器例行试验

1. 试验目的

（1）了解 110 kV 变压器例行试验的试验条件。

（2）掌握 110 kV 变压器例行试验的基本内容。

（3）掌握 110 kV 变压器的套管绝缘电阻、高/中压对低压及地介损、绕组直流电阻测量试验的基本方法。

（4）掌握检验变压器是否有整体受潮或劣化现象以及整体性绝缘缺陷的方法。

2. 试验内容

本试验基于高电压试验虚拟仿真平台，完成 110 kV 变压器的例行试验，具体试验内容包括以下几个方面。

（1）110 kV 变压器套管绝缘电阻测量试验。

（2）110 kV 变压器高/中压对低压及地介损测量试验。

（3）110 kV 变压器绕组直流电阻测量试验。

3. 试验预习要求

（1）110 kV 变压器例行试验包括哪些内容？

（2）110 kV 变压器例行试验需要使用什么仪器设备？

（3）110 kV 变压器例行试验前准备工作是什么？

（4）画出 110 kV 变压器 A 相套管绝缘电阻测量试验接线示意图。

4. 试验步骤

1）虚拟仿真平台的启动及使用

（1）虚拟仿真平台软件启动。

双击桌面上的"高电压试验"图标，进入电气设备试验选项，选择"变压器（110 kV）"选项，如图 2.17 所示进行相应的试验。

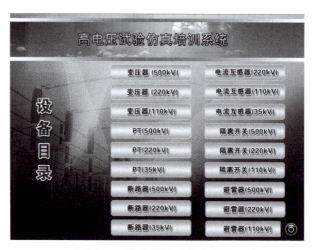

图 2.17　高电压试验仿真项目

（2）键盘和鼠标操作说明。

① 键盘部分。按住〈W〉、〈S〉、〈A〉、〈D〉、〈Q〉、〈E〉键，可以前、后、左、右、下、上移动，完成虚拟现场试验人员的试验操作控制，同时按住〈Shift〉键，可以加速移动。

② 鼠标部分。单击鼠标左键，可以完成菜单按钮的选择操作，用鼠标左键双击设备组件，可以选中组件，并将视角移到使其处于显示器中心的位置。按住鼠标右键并移动鼠标，可以完成自由观察视角的方向变换。滚动鼠标滚轮，可以完成自由观察视角的拉近和拉远操作。

（3）高电压试验虚拟仿真平台工具栏操作说明

高电压试验虚拟仿真平台工具栏中各按钮含义如图2.18所示。

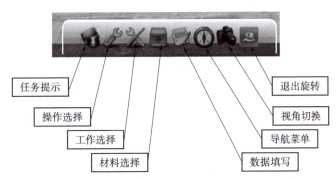

图2.18 高电压试验虚拟仿真平台工具栏中各按钮含义

2）参考试验步骤（基于A相进行仿真模拟试验）

（1）接线操作。

首先，单击"接线操作"按钮，并通过键盘以及鼠标操作，控制虚拟试验人员进入相应的试验场景，选择相应的试验接线以及相应的接线点进行接线操作。

（2）试验操作。

启动仪表电源，设置测试电压以及功能，单击"高压启动键"，进行试验。

（3）试验后操作。

试验后，关闭电源，进行放电、拆线等操作。

注意：进行试验步骤操作时，要先双击鼠标左键，再确认选项，进行相应的试验操作步骤。

3）110 kV变压器例行试验操作步骤

（1）110 kV变压器套管绝缘电阻试验。

① 选择"接线操作"/"短接线（高压）"/"高压套管端A"/"高压套管端B"/"高压套管端C"/"高压套管端O"（考题答案选B）/"短接线（中压）"/"中压套管端A"/"中压套管端B"/"中压套管端C"/"中压套管端O"（考题答案选C）/"短接线（低压）"/"低压套管端A"/"低压套管端B"/"低压套管端C"（考题答案选C）/"中压端接地线"/"短接线"/"接地端"（考题答案选A）/"低压端接地线"/"短接线"/"接地端"（考题答案选A）/"仪器接地线"/"仪器接地端口"/"接地端"（考题答案选C）/"高压线"/"仪器高压接口"/"短接线"（考题答案选C）选项。

② 选择"操作"/"仪器电源键"/"量程选择键"/"功能选择键"选项，将量程和功能分别设置为"5 000 V"和"R"，然后单击"高压启动键"。

③ 双击"仪器电源键"关闭电源，选择"放电"/"放电棒"/"短接线"/"拆线"选项，单击试验接线，进行拆除，试验结束。

（2）110 kV 变压器高/中压对低压及地介损测量。

① 选择"接线操作"/"短接线（高压）"/"高压套管端 A"/"高压套管端 B"/"高压套管端 C"/"高压套管端 O"/"短接线（中压）"/"中压套管端 A"/"中压套管端 B"/"中压套管端 C"/"中压套管端 O"/"短接线（低压）"/"低压套管端 A"/"低压套管端 B"/"低压套管端 C"/"中压端接地线"/"短接线"/"接地端"/"低压端接地线"/"短接线"/"接地端"/"仪器接地线"/"仪器接地端口"/"接地端"/"高压线"/"仪器高压接口"/"短接线"/"仪器电源线 01"/"仪器电源接口"选项。

② 选择"操作"/"仪器电源键"/"→"选项，将液晶屏上功能选择线移动到蓝框位置，单击"↑"键，将参数设置成 10 kV，设置完成后将鼠标指针切换到"启动"/"内高压允许开关"/"启丨停"选项，开始测量。

③ 单击"内高压允许开关"，双击"总电源开关"关闭电源，选择"放电"/"放电棒"/"短接线"/"拆线"选项，单击试验接线，进行拆除，试验结束。

（3）110 kV 变压器绕组直流电阻测量。

① 选择"接线操作"/"仪器接地线 01"/"仪器接地点"/"接地端"/"高压红色接线 01"/"高压 I 接口"/"高压 V 接口"/"高压套管端 A"/"中性点黑色接线 01"/"中性点 I 接口"/"中性点 V 接口"/"高压套管端 O"/"电源线 01"/"电源接口"选项。

② 选择"操作"/"电源开关"/"← →"选项，设定分接为"1P"，单击"电流键"，选择电流 40 A，单击"测试键"。

③ 双击"电源开关"关闭电源，选择"放电"/"放电棒"/"高压套管端 A"/"拆线"选项，单击试验接线，进行拆除，试验结束。

5. 试验后任务

（1）写出 110 kV 变压器套管绝缘电阻测量试验步骤。

（2）写出 110 kV 变压器高/中压对低压及地介损测量试验步骤。

（3）写出 110 kV 变压器绕组直流电阻测量试验步骤。

（4）简述如何通过例行试验来判断 110 kV 变压器的绝缘性能。

2.3.2 220 kV 变压器例行试验

1. 试验目的

（1）了解 220 kV 变压器例行试验的试验条件。

（2）掌握 220 kV 变压器例行试验的基本内容。

（3）掌握 220 kV 变压器的套管绝缘电阻、高/中压对低压及地介损、绕组直流电阻测量试验的基本方法。

（4）掌握检验变压器是否有整体受潮或劣化现象以及整体性绝缘缺陷的方法。

2. 试验内容

本试验基于高电压试验虚拟仿真平台，完成 220 kV 变压器的例行试验，具体试验内容包括以下几个方面。

（1）220 kV 变压器套管绝缘电阻测量试验。

（2）220 kV 变压器高/中压对低压及地介损测量试验。

（3）220 kV 变压器绕组直流电阻测量试验。

3. 试验预习要求

（1）220 kV 变压器例行试验包括哪些内容？

（2）220 kV 变压器例行试验需要使用什么仪器设备？

（3）220 kV 变压器例行试验前准备工作是什么？

（4）画出 220 kV 变压器 A 相套管绝缘电阻测量试验接线示意图。

4. 试验步骤

1）虚拟仿真平台的启动及使用

（1）虚拟仿真平台软件启动。

双击桌面上的"高电压试验"图标，进入电气设备试验选项，选择"变压器（220 kV）"选项，如图 2.17 所示，进行相应的试验。

（2）键盘和鼠标操作说明。

① 键盘部分。按住〈W〉、〈S〉、〈A〉、〈D〉、〈Q〉、〈E〉键，可以前、后、左、右、下、上移动，完成虚拟现场试验人员的试验操作控制，同时按住〈Shift〉键，可以加速移动。

② 鼠标部分。单击鼠标左键，可以完成菜单按钮的选择操作，用鼠标左键双击设备组件，可以选中组件，并将视角移到使其处于显示器中心的位置。按住鼠标右键并移动鼠标，可以完成自由观察视角的方向变换。滚动鼠标滚轮，可以完成自由观察视角的拉近和拉远操作。

（3）高电压试验虚拟仿真平台工具栏操作说明。

高电压试验虚拟仿真平台工具栏中各按钮含义如图 2.17 所示。

2）参考试验步骤（基于 A 相进行仿真模拟试验）

（1）接线操作。

单击"接线操作"按钮，并通过键盘以及鼠标操作，控制虚拟试验人员进入相应的试验场景，选择相应的试验接线以及相应的接线点进行试验接线。

（2）试验操作。

启动仪表电源，设置测试电压以及功能，单击"高压启动键"，进行试验。

（3）试验后操作。

试验后，关闭电源，进行放电、拆线等操作。

注意：进行试验步骤操作时，要先双击鼠标左键，再确认选项，进行相应的试验操作步骤。

3）220 kV 变压器例行试验操作步骤

（1）220 kV 变压器套管绝缘电阻测量。

① 选择"接线操作"/"短接线（高压）"/"高压套管端 A"/"高压套管端 B"/"高压套管端 C"/"高压套管端 O"（考题答案选 B）/"短接线（中压）"/"中压套管端 A"/"中压套管端 B"/"中压套管端 C"/"中压套管端 O"（考题答案选 C）/"短接线（低压）"/"低压套管端 A"/"低压套管端 B"/"低压套管端 C"（考题答案选 C）/"中压端接地线"/"短接线"/"接地端"（考题答案选 A）/"低压端接地线"/"短接线"/"接地端"（考题答案选 A）/"仪器接地线"/"仪器接地端口"/"接地端"（考题答案选 C）/"高压线"/"仪器高压接口"/"短接线"（考题答案选 C）选项。

② 选择"操作"/"仪器电源键"/"量程选择键"/"功能选择键"选项，将量程和功能分别设置为"5 000 V"和"R"，然后单击"高压启动键"。

③ 选择"仪器电源键"/"放电"/"放电棒""短接线""拆线"选项，单击试验接线，进行拆除，试验结束。

（2）220 kV 变压器绕组直流电阻测量。

① 选择"接线操作"/"仪器接地线 01"/"仪器接地点"/"接地端"/"高压红色接线 01"/"高压 I 接口"/"高压 V 接口"/"高压套管端 A"/"中性点黑色接线 01"/"中性点 I 接口"/"中性点 V 接口"/"高压套管端 O"/"电源线 01"/"电源接口"选项。

② 选择"操作"/"电源开关"/"← →"选项，设定分接为"1P"，单击"电流键"，选择电流 40 A，单击"测试键"。

③ 双击"电源开关"关闭电源，选择"放电"/"放电棒"/"高压套管端 A"/"拆线"选项，单击试验接线，进行拆除，试验结束。

（3）220 kV 变压器高/中压对低压及地介损测量。

① 选择"接线操作"/"短接线（高压）"/"高压套管端 A"/"高压套管端 B"/"高压套管端 C"/"高压套管端 O"/"短接线（中压）"/"中压套管端 A"/"中压套管端 B"/"中压套管端 C"/"中压套管端 O"/"短接线（低压）"/"低压套管端 A"/"低压套管端 B"/"低压套管端 C"/"中压端接地线"/"短接线"/"接地端"/"低压端接地线"/"短接线"/"接地端"/"仪器接地线"/"仪器接地端口"/"接地端"/"高压线"/"仪器高压接口"/"短接线"/"仪器电源线 01"/"仪器电源接口"选项。

② 选择"操作"/"仪器电源键"/"→"选项，将液晶屏上功能选择线移动到蓝框位置，单击"↑"键，将参数设置成 10 kV，设置完成后将光标切换到"启动"/"内高压允许开关"/"启 I 停"选项，开始测量。

③ 单击"内高压允许开关"，双击"总电源开关"，选择"放电"/"放电棒""短接线"/"拆线"选项，单击试验接线，进行拆除，试验结束。

5. 试验后任务

（1）写出 220 kV 变压器套管绝缘电阻测量试验步骤。

（2）写出 220 kV 变压器高/中压对低压及地介损测量试验步骤。

（3）写出 220 kV 变压器绕组直流电阻测量试验步骤。

（4）简述如何通过例行试验来判断 220 kV 变压器的绝缘性能。

2.3.3 500 kV 变压器例行试验

1. 试验目的

（1）了解 500 kV 变压器例行试验的试验条件。

（2）掌握 500 kV 变压器例行试验的基本内容。

（3）掌握 500 kV 变压器的高/中压对低压及地绝缘电阻、低压对高/中压及地绝缘电阻、中压套管末屏绝缘电阻、铁芯对地绝缘电阻、高/中压对低压及地介损、低压对高/中压及地介损、高压绕组直阻测量、中压绕组直阻测、低压绕组直阻测量试验的基本方法。

（4）掌握检验变压器是否有整体受潮或劣化现象以及整体性绝缘缺陷的方法。

2. 试验内容

本试验基于高电压试验虚拟仿真平台，完成 500 kV 变压器的例行试验，具体试验内容包括以下几个方面。

（1）500 kV 变压器高/中压对低压及地绝缘电阻测量试验。

（2）500 kV 变压器低压对高/中压及地绝缘电阻测量试验。

（3）500 kV 变压器中压套管末屏绝缘电阻测量试验。

（4）500 kV 变压器铁芯对地绝缘电阻测量试验。

（5）500 kV 变压器高/中压对低压及地介损测量试验。

（6）500 kV 变压器低压对高/中压及地介损测量试验。

（7）500 kV 变压器高压绕组直阻测量试验。

（8）500 kV 变压器中压绕组直阻测量试验。

（9）500 kV 变压器低压绕组直阻测量试验。

3. 试验预习要求

（1）500 kV 变压器例行试验包括哪些内容？

（2）500 kV 变压器例行试验需要使用什么仪器设备？

（3）500 kV 变压器例行试验前准备工作是什么？

4. 试验步骤

1）虚拟仿真平台的启动及使用

（1）虚拟仿真平台软件启动。

双击桌面上的"高电压试验"图标，进入电气设备试验选项，选择"变压器（500 kV）"选项，如图 2.17 所示，进行相应的试验。

（2）键盘和鼠标操作说明。

① 键盘部分。按住〈W〉、〈S〉、〈A〉、〈D〉、〈Q〉、〈E〉键，可以前、后、左、右、下、上移动，完成虚拟现场试验人员的试验操作控制，同时按住〈Shift〉键，可以加速移动。

② 鼠标部分。单击鼠标左键，可以完成菜单按钮的选择操作，用鼠标左键双击设备组件，可以选中组件，并将视角移到使其处于显示器中心的位置。按住鼠标右键并移动鼠标，可以完成自由观察视角的方向变换。滚动鼠标滚轮，可以完成自由观察视角的拉近和拉远操作。

（3）高电压试验虚拟仿真平台工具栏操作说明。

高电压试验虚拟仿真平台工具栏中各按钮含义如图 2.18 所示。

2）参考试验步骤（基于 A 相进行仿真模拟试验）

（1）接线操作。

单击"接线操作"按钮，并通过键盘以及鼠标操作，控制虚拟试验人员进入相应的试验场景，选择相应的试验接线以及相应的接线点进行试验接线。

（2）试验操作。

启动仪表电源，设置测试电压以及功能，单击"高压启动键"，进行试验。

（3）试验后操作。

试验后，关闭电源，进行放电、拆线等操作。

注意：进行试验步骤操作时，要先双击鼠标左键，再确认选项，进行相应的试验操作步骤。

3）500 kV 变压器例行试验操作步骤

（1）500 kV 变压器高/中压对低压及地绝缘电阻测量。

① 选择"接线操作"/"高中压短接线 01"/"操作杆"/"高压接点"/"中性点"/"中压接点"/"低压接线 01"/"低压接点 1"/"低压接点 2"/"低压接地线 01"/"低压短接线 02"/"接地点 02"/"低压测试线 01"/"低压短接线 02"/"接地点 02"/"高压测试线 01"/"仪器高压接口"/"高中压短接线 02"选项。

② 选择"操作"/"仪器电源键"/"量程选择键"/"功能选择键"选项，将量程和功能分别设置为"5 000 V"和"R"，然后单击"高压启动键"。

③ 双击"仪器电源键"关闭电源，选择"放电"/"放电棒"/"高中压短接线 02"/"拆线"选项，单击试验接线，进行拆除，试验结束。

（2）500 kV 变压器低压对高/中压及地绝缘电阻测量。

① 选择"接线操作"/"高中压短接线 01"/"操作杆"/"高压接点"/"中性点"/"中压接点"/"低压接线 01"/"低压接点 1"/"低压接点 2"/"高压接地线 01"/"高中压短接线 02"/"接地点 01"/"仪器接地线 01"/"仪器接地端口"/"接地点 01"/"低压测试线 01"/"仪器高压接口"/"低压短接线 02"选项。

② 选择"操作"/"仪器电源键"/"量程选择键"/"功能选择键"选项，将量程和功能分别设置为"5 000 V"和"R"，然后单击"高压启动键"。

③ 双击"仪器电源键"关闭电源，选择"放电"/"放电棒"/"低压短接线 02"/"拆线"选项，单击试验接线，进行拆除，试验结束。

（3）500 kV 变压器中压套管末屏绝缘电阻测量。

① 选择"接线操作"/"仪器接地线 01"/"仪器接地端口"/"接地点 01"/"低压测试线 01"/"仪器高压接口"/"末屏端子（中压接点下方）"选项。

② 选择"操作"/"仪器电源键"/"量程选择键"/"功能选择键"选项，将量程和功能分别设置为"5 000 V"和"R"，然后单击"高压启动键"。

③ 双击"仪器电源键"关闭电源，选择"放电"/"放电棒"/"末屏端子"/"拆线"选项，单击试验接线，进行拆除，试验结束。

（4）500 kV 变压器铁芯对地绝缘电阻测量。

① 选择"接线操作"/"铁芯接地线"/"低压测试线 01"/"仪器接地端口"/"接地点 01"/"高压测试线 01"/"仪器高压接口"/"铁芯接头"选项。

② 选择"操作"/"仪器电源键"/"量程选择键"/"功能选择键"选项，将量程和功能分别设置为"5 000 V"和"R"，然后单击"高压启动键"。

③ 双击"仪器电源键"关闭电源，选择"放电"/"放电棒"/"铁芯接头"/"拆线"选项，单击试验接线，进行拆除，试验结束。

（5）500 kV 变压器高/中压对低压及地介损测量。

① 选择"接线操作"/"高压短接线 01"/"操作杆"/"高压接点"/"中性点"/"中压接点"/"低压短接线 01"/"低压接点 1"/"低压接点 2"/"低压接地线 01"/"低压短接线 02"/"接地点 02"/"低压测试线 01"/"仪器接地端口"/"接地线 01"/"高压测试线 01"/"高压测试线 01"/"高压短接线 02"/"仪器电源线 01"/"仪器电源接口"选项。

② 选择"操作"/"仪器电源键"/"→"选项，将液晶屏上功能选择线移动到蓝框位置，单击"↑"键，将参数设置成 10 kV，设置完成后将光标切换到"启动"/"内高压允许开关"/"启 I 停"，开始测量。

③ 单击"内高压允许开关"，双击"总电源开关"关闭电源，选择"放电"/"放电

棒"/"高压短接线 02"/"拆线"选项，单击所有试验接线，进行拆除，试验结束。

（6）500 kV 变压器低压对高/中压及地介损测量。

① 选择"接线操作"/"高压短接线 01"/"操作杆"/"高压接点"/"中性点"/"中压接点"/"低压短接线 01"/"低压接点 1"/"低压接点 2"/"高压接地线 01"/"高压短接线 02"/"接地点 01"/"低压测试线 01"/"仪器接地端口"/"接地线 01"/"高压测试线 01"/"高压测试线 01"/"低压短接线 02"/"仪器电源线 01"/"仪器电源接口"选项。

② 选择"操作"/"仪器电源键"/"→"选项，将液晶屏上功能选择线移动到蓝框位置，单击"↑"键，将参数设置成 10 kV，设置完成后将光标切换到"启动"/"内高压允许开关"/"启 | 停"，开始测量。

③ 单击"内高压允许开关"，双击"总电源开关"关闭电源，选择"放电"/"放电棒"/"高压短接线 02"/"拆线"选项，单击所有试验接线，进行拆除，试验结束。

（7）500 kV 变压器高压绕组直阻测量。

① 选择"接线操作"/"仪表接地线 01"/"仪表接地点"/"接地点 01"/"中性点接线 01"/"中性点 I 接口"/"中性点 V 接口"/"操作杆"/"中性点"/"高压接线 01"/"高压 I 接口"/"高压 V 接口"/"操作杆"/"高压接点"/"电源线 01"/"电源接口"选项。

② 选择"操作"/"电源开关"/"← →"选项，设定分接为"1P"，单击"电流键"，选择电流 40 A，单击"测试键"。

③ 双击"电源开关"关闭电源，选择"放电"/"放电棒"/"高压接点"/"拆线"选项，单击试验接线，进行拆除，试验结束。

（8）500 kV 变压器中压绕组直阻测量试验。

① 选择"接线操作"/"仪器接地线 01"/"仪器接地点"/"接地点 01"/"中性点接线 01"/"中性点 I 接口"/"中性点 V 接口"/"操作杆"/"中性点"/"中压接线 01"/"高压 I 接口"/"高压 V 接口"/"操作杆"/"中压接点"/"电源线 01"/"电源接口"选项。

② 选择"操作"/"电源开关"/"← →"选项，设定分接为"1P"，单击"电流键"，选择电流 40 A，单击"测试键"。

③ 双击"电源开关"关闭电源，选择"放电"/"放电棒"中压接点"/"拆线"选项，单击试验接线，进行拆除，试验结束。

（9）500 kV 变压器低压绕组直阻测量试验。

① 选择"接线操作"/"仪器接地线 01"/"仪器接地点"/"接地点 01"/"低压黑色接线 01"/"中性点 I 接口"/"中性点 V 接口"/"操作杆"/"低压接点 2"/"低压红色接线 01"/"高压 I 接口"/"高压 V 接口"/"操作杆"/"低压接点 1"/"电源线 01"/"电源接口"选项。

② 选择"操作"/"电源开关"/"← →"选项，设定分接为"1P"，单击"电流键"，选择电流 40 A，单击"测试键"。

③ 双击"电源开关"关闭电源，选择"放电"/"放电棒"/"低压接点 1"/"拆线"选项，单击试验接线，进行拆除，试验结束。

5. 试验后任务

（1）写出 500 kV 变压器高/中压对低压及地绝缘电阻测量试验步骤。

（2）写出 500 kV 变压器中压套管末屏绝缘电阻测量试验步骤。

（3）写出 500 kV 变压器高/中压对低压及地介损测量试验步骤。

（4）写出 500 kV 变压器铁芯对地绝缘电阻测量试验步骤。

（5）写出 500 kV 变压器高压绕组直阻测量试验步骤。

（6）简述如何通例行试验来判断 500 kV 变压器的绝缘性能。

2.3.4　35 kV 断路器例行试验

1. 试验目的

（1）了解 35 kV 断路器例行试验的试验条件。

（2）掌握 35 kV 断路器例行试验的基本内容。

（3）掌握 35 kV 断路器的导电回路电阻、整体对地绝缘电阻、断口间绝缘电阻测量试验的基本方法。

（4）掌握检验断路器是否有整体受潮或劣化现象以及整体性绝缘缺陷的方法。

2. 试验内容

本试验基于高电压试验虚拟仿真平台，完成 35 kV 断路器的例行试验，具体试验内容包括以下几个方面。

（1）35 kV 断路器导电回路电阻测量试验。

（2）35 kV 断路器整体对地绝缘电阻测量试验。

（3）35 kV 断路器断口间绝缘电阻测量试验。

3. 试验预习要求

（1）35 kV 断路器例行试验包括哪些内容？

（2）35 kV 断路器例行试验需要使用什么仪器设备？

（3）35 kV 断路器例行试验前准备工作是什么？

（4）画出 35 kV 断路器 A 相断口间绝缘电阻测量试验接线示意图。

4. 试验步骤

1）虚拟仿真平台的启动及使用

（1）虚拟仿真平台软件启动。

双击桌面上的"高电压试验"图标，进入电气设备试验选项，选择"断路器（35 kV）"选项，如图 2.17 所示，进行相应的试验。

（2）键盘和鼠标操作说明。

① 键盘部分。按住〈W〉、〈S〉、〈A〉、〈D〉、〈Q〉、〈E〉键，可以前、后、左、右、下、上移动，完成虚拟现场试验人员的试验操作控制，同时按住〈Shift〉键，可以加速移动。

② 鼠标部分。单击鼠标左键，可以完成菜单按钮的选择操作，用鼠标左键双击设备组件，可以选中组件，并将视角移到使其处于显示器中心的位置。按住鼠标右键并移动鼠标，可以完成自由观察视角的方向变换。滚动鼠标滚轮，可以完成自由观察视角的拉近和拉远操作。

（3）高电压试验虚拟仿真平台工具栏操作说明。

高电压试验虚拟仿真平台工具栏中各按钮含义如图 2.18 所示。

2）参考试验步骤（基于 A 相进行仿真模拟试验）

（1）接线操作。

单击"接线操作"按钮，并通过键盘以及鼠标操作，控制虚拟试验人员进入相应的试验场景，选择相应的试验接线以及相应的接线点进行试验接线。

（2）试验操作。

启动仪表电源，设置测试电压以及功能，单击"高压启动键"，进行试验。

（3）试验后操作。

试验后，关闭电源，进行放电、拆线等操作。

注意：进行试验步骤操作时，要先双击鼠标左键，再确认选项，进行相应的试验操作步骤。

3）35 kV 断路器例行试验操作步骤

（1）35 kV 断路器整体对地绝缘电阻测量。

① 选择"接线操作"/"仪表黑色接线"/"断路器接地点"/"仪表黑色接线"/"仪表正极接线点"/"仪表红色接线"/"仪表负极接线点"/"仪表红色接线"/"断路器高压引线端子"选项。

② 选择"操作"/"电源按钮"/"量程选择键"/"功能选择键"选项，将量程和功能分别设置为"5 000 V"和"R"，然后单击"高压启动键"。

③ 双击"电源按钮"关闭电源，选择"放电"/"放电棒"/"拆线"选项，单击试验接线，进行拆除，试验结束。

（2）35 kV 断路器断口间绝缘电阻测量。

① 选择"接线操作"/"仪表黑色接线"/"断路器接地点"/"仪表黑色接线"/"仪表正极接线点"/"仪表红色接线"/"仪表负极接线点"/"仪表红色接线"/"断路器断口下引线端子"/"断路器断口上引线端子接地线"/"断路器断口上引线端子"/"断路器接地点"选项。

② 选择"操作"/"电源按钮"/"量程选择键"/"功能选择键"选项，将量程和功能分别设置为"5 000 V"和"R"，然后单击"高压启动键"。

③ 双击"电源按钮"关闭电源，选择"放电"/"放电棒"/"拆线"选项，单击试验接线，进行拆除，试验结束。

（3）35 kV 断路器导电回路电阻测量。

① 选择"接线操作"/"仪表接地线"/"接地点"/"仪表接地线"/"仪表接地点"/"正极电压电流接线"/"正极电压接点"/"正极电流接点"/"正极电压电流接线"/"正极电压电流接点"/"负极电压电流接线"/"负极电压接点"/"负极电流接点"/"负极电压电流接线"/"负极电压电流接点"/"电源线"/"电源"/"仪表电源接点"选项。

② 选择"操作"/"总电源开关"/"↑"选项，切换试验电流和测量时间，单击"设置键"进入数值设置，单击"→"键变化数值，设置完成后单击"确认键"，最终设置为试验电流 100 A，测量时间为 90 s，单击"测试键"，开始测试。

③ 双击"总电源开关"关闭电源，选择"放电"/"放电棒"/"拆线"选项，单击试验接线，进行拆除，试验结束。

5. 试验后任务

（1）写出 35 kV 断路器导电回路电阻测量试验步骤。

（2）写出 35 kV 断路器整体对地绝缘电阻测量试验步骤。

（3）写出 35 kV 断路器断口间绝缘电阻测量试验步骤。

（4）简述如何通过例行试验来判断 35 kV 断路器的绝缘性能。

2.3.5　220 kV 断路器例行试验

1. 试验目的

（1）了解 220 kV 断路器例行试验的试验条件。

（2）掌握 220 kV 断路器例行试验的基本内容。

（3）掌握 220 kV 断路器的导电回路电阻、整体对地绝缘电阻、断口间绝缘电阻测量试验的基本方法。

（4）掌握检验断路器是否有整体受潮或劣化现象以及整体性绝缘缺陷的方法。

2. 试验内容

本试验基于高电压试验虚拟仿真平台，完成 220 kV 断路器的例行试验，具体试验内容包括以下几个方面。

（1）220 kV 断路器导电回路电阻测量试验。

（2）220 kV 断路器整体对地绝缘电阻测量试验。

（3）220 kV 断路器断口间绝缘电阻测量试验。

3. 试验预习要求

（1）220 kV 断路器例行试验包括哪些内容？

（2）220 kV 断路器例行试验需要使用什么仪器设备？

（3）220 kV 断路器例行试验前准备工作是什么？

（4）画出 220 kV 断路器 A 相断口间绝缘电阻测量试验接线示意图。

4. 试验步骤

1）虚拟仿真平台的启动及使用

（1）虚拟仿真平台软件启动。

双击桌面上的"高电压试验"图标，进入电气设备试验选项，选择"断路器（220 kV）"选项，如图 2.17 所示，进行相应的试验。

（2）键盘和鼠标操作说明。

① 键盘部分。按住〈W〉、〈S〉、〈A〉、〈D〉、〈Q〉、〈E〉键，可以前、后、左、右、下、上移动，完成虚拟现场试验人员的试验操作控制，同时按住〈Shift〉键，可以加速移动。

② 鼠标部分。单击鼠标左键，可以完成菜单按钮的选择操作，用鼠标左键双击设备组件，可以选中组件，并将视角移到使其处于显示器中心的位置。按住鼠标右键并移动鼠标，可以完成自由观察视角的方向变换。滚动鼠标滚轮，可以完成自由观察视角的拉近和拉远操作。

（3）高电压试验虚拟仿真平台工具栏操作说明。

高电压试验虚拟仿真平台工具栏中各按钮含义如图 2.18 所示。

2）参考试验步骤（基于 A 相进行仿真模拟试验）

（1）接线操作。

单击"接线操作"按钮，并通过键盘以及鼠标操作，控制虚拟试验人员进入相应的试验场景，选择相应的试验接线以及相应的接线点进行试验接线。

（2）试验操作。

启动仪表电源，设置测试电压以及功能，单击"高压启动键"，进行试验。

（3）试验后操作。

试验后，关闭电源，进行放电、拆线等操作。

注意：进行试验步骤操作时，要先双击鼠标左键，再确认选项，进行相应的试验操作步骤。

3）220 kV 断路器例行试验操作步骤

（1）220 kV 断路器整体对地绝缘电阻测量。

① 选择"接线操作"/"仪表黑色接线线夹"/"断路器接地点"/"仪表黑色接线柱"/"仪表正极接线点"/"仪表红色接线柱"/"仪表负极接线点"/"仪表红色接线线夹"/"断路器断口下引线端子"选项。

② 选择"操作"/"电源按钮"/"量程选择键"/"功能选择键"选项，将量程和功能分别设置为"5 000 V"和"R"，然后单击"高压启动键"。

③ 双击"总电源开关"关闭电源，选择"放电"/"放电棒"/"拆线"选项，单击试验接线，进行拆除，试验结束。

（2）220 kV 断路器断口间绝缘电阻测量。

① 选择"接线操作"/"仪表黑色接线线夹"/"断路器接地点"/"仪表黑色接线柱"/"仪表正极接线点"/"仪表红色接线柱"/"仪表负极接线点"/"仪表红色接线线夹"/"断路器断口下引线端子"/"断路器断口上引线端子接地线"/"断路器断口上引线端子"/"断路器接地点"选项。

② 选择"操作"/"电源按钮"/"量程选择键"/"功能选择键"选项，将量程和功能分别设置为"5 000 V"和"R"，然后单击"高压启动键"。

③ 双击"总电源开关"关闭电源，选择"放电"/"放电棒"/"拆线"选项，单击试验接线，进行拆除，试验结束。

（3）220 kV 断路器导电回路电阻测量。

① 选择"接线操作"/"仪表接地线"/"接地点"/"仪表接地线"/"仪表接地点"/"正极电压电流接线"/"正极电压接点"/"正极电流接点"/"正极电压电流接线"/"正极电压电流接点"/"负极电压电流接线"/"负极电压接点"/"负极电流接点"/"负极电压电流接线"/"一次绕组高压接点"/"电源线"/"电源"/"仪表电源接点"选项。

② 选择"操作"/"总电源开关"/"↑"选项，切换试验电流和测量时间，单击"设置键"进入数值设置，单击"→"键变化数值，设置完成后单击"确认键"，最终设置为试验电流 100 A，测量时间为 90 s，单击"测试键"，开始测试。

③ 双击"总电源开关"关闭电源，选择"放电"/"放电棒"/"拆线"选项，单击试验接线，进行拆除，试验结束。

5. 试验后任务

（1）写出 220 kV 断路器导电回路电阻测量试验步骤。

（2）写出 220 kV 断路器整体对地绝缘电阻测量试验步骤。

（3）写出 220 kV 断路器断口间绝缘电阻测量试验步骤。

（4）简述如何通过例行试验来判断 220 kV 断路器的绝缘性能。

2.3.6　500 kV 断路器例行试验

1. 试验目的

（1）了解 500 kV 断路器例行试验的试验条件。

（2）掌握 500 kV 断路器例行试验的基本内容。

（3）掌握 500 kV 断路器的导电回路电阻、整体对地绝缘电阻、断口间绝缘电阻测量试验的原理与基本试验方法。

（4）掌握检验断路器是否有整体受潮或劣化现象以及整体性绝缘缺陷的方法。

2. 试验内容

本试验基于高电压试验虚拟仿真平台，完成 500 kV 断路器的例行试验，具体试验内容包括以下几个方面。

（1）500 kV 断路器导电回路电阻测量试验。

（2）500 kV 断路器整体对地绝缘电阻测量试验。

（3）500 kV 断路器断口间绝缘电阻测量试验。

3. 试验预习要求

（1）500 kV 断路器例行试验包括哪些内容？

（2）500 kV 断路器例行试验需要使用什么仪器设备？

（3）500 kV 断路器例行试验前准备工作是什么？

（4）画出 500 kV 断路器 A 相断口间绝缘电阻测量试验接线示意图。

4. 试验步骤

1）虚拟仿真平台的启动及使用

（1）虚拟仿真平台软件启动。

双击桌面上的"高电压试验"图标，进入电气设备试验选项，选择"断路器（500 kV）"选项，如图 2.17 所示，进行相应的试验。

（2）键盘和鼠标操作说明。

① 键盘部分。按住〈W〉、〈S〉、〈A〉、〈D〉、〈Q〉、〈E〉键，可以前、后、左、右、下、上移动，完成虚拟现场试验人员的试验操作控制，同时按住〈Shift〉键，可以加速移动。

② 鼠标部分。单击鼠标左键，可以完成菜单按钮的选择操作，用鼠标左键双击设备组件，可以选中组件，并将视角移到使其处于显示器中心的位置。按住鼠标右键并移动鼠标，可以完成自由观察视角的方向变换。滚动鼠标滚轮，可以完成自由观察视角的拉近和拉远操作。

（3）高电压试验虚拟仿真平台工具栏操作说明。

高电压试验虚拟仿真平台工具栏中各按钮含义如图 2.18 所示。

2）参考试验步骤（基于 A 相进行仿真模拟试验）

（1）接线操作。

单击"接线操作"按钮，并通过键盘以及鼠标操作，控制虚拟试验人员进入相应的试验场景，选择相应的试验接线以及相应的接线点进行试验接线。

（2）试验操作。

启动仪表电源，设置测试电压以及功能，单击"高压启动键"，进行试验。

（3）试验后操作。

试验后，关闭电源，进行放电、拆线等操作。

注意：进行试验步骤操作时，要先双击鼠标左键，再确认选项，进行相应的试验操作步骤。

3）550 kV 断路器例行试验操作步骤

（1）500 kV 断路器整体对地绝缘电阻测量。

① 选择"接线操作"/"仪表黑色接线线夹"/"A 相接地"/"仪表黑色接线柱"/"仪表正极接线点"/"仪表红色接线柱"/"仪表负极接线点"/"仪表红色接线线夹"/"均压环"选项。

② 选择"操作"/"电源按钮"/"量程选择键"/"功能选择键"选项，将量程和功能分别设置为"5 000 V"和"R"，然后单击"高压启动键"。

③ 双击"总电源开关"关闭电源，选择"放电"/"放电棒"/"拆线"选项，单击试验接线，进行拆除，试验结束。

（2）500 kV 断路器断口间绝缘电阻测量。

① 选择"接线操作"/"仪表黑色接线线夹"/"A 相接地"/"仪表黑色接线柱"/"仪表正极接线点"/"短接线"/"短接点"/"A 相接地"/"仪表红色接线柱"/"仪表负极接线点"/"仪表红色接线线夹"/"均压环"选项。

② 选择"操作"/"电源按钮"/"量程选择键"/"功能选择键"选项，将量程和功能分别设置为"5 000 V"和"R"，然后单击"高压启动键"。

③ 双击"总电源开关"关闭电源，选择"放电"/"放电棒"/"拆线"选项，单击试验接线，进行拆除，试验结束。

（3）500 kV 断路器导电回路电阻测量。

① 选择"接线操作"/"仪表接地线"/"接地点"/"仪表接地线"/"仪表接地点"/"正极电压电流接线"/"正极电压接点"/"正极电流接点"/"正极电压电流接线"/"均压环"/"负极电压电流接线"/"负极电压接点"/"负极电流接点"/"负极电压电流接线"/"一次绕组高压接点"/"电源线"/"电源"/"仪表电源接点"选项。

② 选择"操作"/"总电源开关"/"↑"选项，切换试验电流和测量时间，单击"设置键"进入数值设置，单击"→"键变化数值，设置完成后单击"确认键"，最终设置为试验电流 100 A，测量时间为 90 s，单击"测试键"，开始测试。

③ 双击"总电源开关"关闭电源，选择"放电"/"放电棒"/"拆线"选项，单击试验接线，进行拆除，试验结束。

5. 试验后任务

（1）写出 500 kV 断路器导电回路电阻测量试验步骤。

（2）写出 500 kV 断路器整体对地绝缘电阻测量试验步骤。

（3）写出 500 kV 断路器断口间绝缘电阻测量试验步骤。

（4）简述如何通过例行试验来判断 500 kV 断路器的绝缘性能。

2.3.7　110 kV 避雷器例行试验

1. 试验目的

（1）了解 110 kV 避雷器例行试验的试验条件。

（2）掌握 110 kV 避雷器例行试验的基本内容。

（3）掌握 110 kV 避雷器绝缘电阻、底座绝缘电阻测量试验的基本方法。

（4）掌握检验避雷器是否有整体受潮或劣化现象以及整体性绝缘缺陷的方法。

2. 试验内容

本试验基于高电压试验虚拟仿真平台，完成 110 kV 避雷器的例行试验，具体试验内容包括以下几个方面。

（1）110 kV 避雷器绝缘电阻测量试验。

（2）110 kV 避雷器底座绝缘电阻测量试验。

3. 试验预习要求

（1）110 kV 避雷器例行试验包括哪些内容？

（2）110 kV 避雷器例行试验需要使用什么仪器设备？

（3）110 kV 避雷器例行试验前准备工作是什么？

4. 试验步骤

1）虚拟仿真平台的启动及使用

（1）虚拟仿真平台软件启动。

双击桌面上的"高电压试验"图标，进入电气设备试验选项，选择"避雷器（110 kV）"选项，如图 2.17 所示，进行相应的试验。

（2）键盘和鼠标操作说明。

① 键盘部分。按住〈W〉、〈S〉、〈A〉、〈D〉、〈Q〉、〈E〉键，可以前、后、左、右、下、上移动，完成虚拟现场试验人员的试验操作控制，同时按住〈Shift〉键，可以加速移动。

② 鼠标部分。单击鼠标左键，可以完成菜单按钮的选择操作，用鼠标左键双击设备组件，可以选中组件，并将视角移到使其处于显示器中心的位置。按住鼠标右键并移动鼠标，可以完成自由观察视角的方向变换。滚动鼠标滚轮，可以完成自由观察视角的拉近和拉远操作。

（3）高电压试验虚拟仿真平台工具栏操作说明。

高电压试验虚拟仿真平台工具栏中各按钮含义如图 2.18 所示。

2）参考试验步骤（基于 A 相进行仿真模拟试验）

（1）接线操作。

单击"接线操作"按钮，并通过键盘以及鼠标操作、控制虚拟试验人员进入相应的试验场景，选择相应的试验接线以及相应的接线点进行试验接线。

（2）试验操作。

启动仪表电源，设置测试电压以及功能，单击"高压启动键"，进行试验。

（3）试验后操作。

试验后，关闭电源，进行放电、拆线等操作。

注意：进行试验步骤操作时，要先双击鼠标左键，再确认选项，进行相应的试验操作步骤。

3）110 kV 避雷器例行试验操作步骤

（1）110 kV 避雷器绝缘电阻测量。

① 选择"接线操作"/"短接线"/"接地点"/"避雷器本体短接点"/"仪器接地线"/"接地点"/"仪器接地线"/"仪器地线接口"（考题答案选 B）/"仪器试验线"/"仪器试验线接口"/"仪器试验线"/"操作杆"/"避雷器试验点"选项。

② 选择"操作"/"仪器电源按钮"/"量程选择键"/"功能选择键"选项，将量程和功能分别设置为"5 000 V"和"R"，然后单击"高压启动键"。

③ 双击"仪器电源按钮"关闭电源，选择"放电"/"放电棒"/"拆线"选项，单击试

验接线，进行拆除，试验结束。

（2）110 kV 避雷器底座绝缘电阻测量。

① 选择"接线操作"/"仪器接地线"/"接地点"/"仪器接地线"/"仪器地线接口"（考题答案选 B）/"仪器试验线"/"仪器试验线接口"/"仪器试验线"/"操作杆"/"避雷器底座试验点"选项。

② 选择"操作"/"仪器电源按钮"/"量程选择键"/"功能选择键"选项，将量程和功能分别设置为"5 000 V"和"R"，然后单击"高压启动键"。

③ 双击"仪器电源按钮"关闭电源，选择"放电"/"放电棒"/"拆线"选项，单击试验接线，进行拆除，试验结束。

5. 试验后任务

（1）写出 110 kV 避雷器绝缘电阻测量试验步骤。

（2）写出 110 kV 避雷器底座绝缘电阻测量试验步骤。

（3）简述如何通过例行试验来判断 110 kV 避雷器的绝缘性能。

2.3.8　220 kV 避雷器例行试验

1. 试验目的

（1）了解 220 kV 避雷器例行试验的试验条件。

（2）掌握 220 kV 避雷器例行试验的基本内容。

（3）掌握 220 kV 避雷器的绝缘电阻、底座绝缘电阻测量试验的原理与基本试验方法。

（4）掌握检验避雷器是否有整体受潮或劣化现象以及整体性绝缘缺陷的方法。

2. 试验内容

本试验基于高电压试验虚拟仿真平台，完成 220 kV 避雷器的例行试验，具体试验内容包括以下几个方面。

（1）220 kV 避雷器绝缘电阻测量试验。

（2）220 kV 避雷器底座绝缘电阻测量试验。

3. 试验预习要求

（1）220 kV 避雷器例行试验包括哪些内容？

（2）220 kV 避雷器例行试验需要使用什么仪器设备？

（3）220 kV 避雷器例行试验前的准备工作是什么？

（4）画出 220 kV 避雷器 A 相绝缘电阻测量试验接线示意图。

4. 试验步骤

1）虚拟仿真平台的启动及使用

（1）虚拟仿真平台软件启动。

双击桌面上的"高电压试验"图标，进入电气设备试验选项，选择"避雷器（220 kV）"选项，如图 2.17 所示，进行相应的试验。

（2）键盘和鼠标操作说明。

① 键盘部分。按住〈W〉、〈S〉、〈A〉、〈D〉、〈Q〉、〈E〉键，可以前、后、左、右、下、上移动，完成虚拟现场试验人员的试验操作控制，同时按住〈Shift〉键，可以加速移动。

② 鼠标部分。单击鼠标左键，可以完成菜单按钮的选择操作，用鼠标左键双击设备组

件，可以选中组件，并将视角移到使其处于显示器中心的位置。按住鼠标右键并移动鼠标，可以完成自由观察视角的方向变换。滚动鼠标滚轮，可以完成自由观察视角的拉近和拉远操作。

（3）高电压试验虚拟仿真平台工具栏操作说明。

高电压试验虚拟仿真平台工具栏中各按钮含义如图 2.18 所示。

2）参考试验步骤（基于 A 相进行仿真模拟试验）

（1）接线操作。

单击"接线操作"按钮，并通过键盘以及鼠标操作，控制虚拟试验人员进入相应的试验场景，选择相应的试验接线以及相应的接线点进行试验接线。

（2）试验操作。

启动仪表电源，设置测试电压以及功能，单击"高压启动键"，进行试验。

（3）试验后操作。

试验后，关闭电源，进行放电、拆线等操作。

注意：进行试验步骤操作时，要先双击鼠标左键，再确认选项，进行相应的试验操作步骤。

3）220 kV 避雷器例行试验操作步骤

（1）220 kV 避雷器绝缘电阻测量。

① 选择"接线操作"/"仪器接地线 01"/"避雷器接地点"/"仪器接地端口"（考题答案选 B)/"高压测试线"/"仪器高压接口"/"避雷器高压端接头"选项。

② 选择"操作"/"仪器电源按钮"/"量程选择键"/"功能选择键"选项，将量程和功能分别设置为"5 000 V"和"R"，然后单击"高压启动键"。

③ 选择"仪器电源按钮"/"放电"/"放电棒"/"避雷器高压端接头"/"拆线"选项，单击试验接线，进行拆除，试验结束。

（2）220 kV 避雷器底座绝缘电阻测量。

① 选择"接线操作"/"仪器接地线 01"/"避雷器接地点"/"仪器接地端口"（考题答案选 B)/"高压测试线""仪器高压接口""避雷器底座接头"选项。

② 选择"操作"/"仪器电源按钮"/"量程选择键"/"功能选择键"选项，将量程和功能分别设置为"5 000 V"和"R"，然后单击"高压启动键"。

③ 选择"仪器电源按钮"/"放电"/"放电棒"/"避雷器底座接头"/"拆线"选项，单击试验接线，进行拆除，试验结束。

5. 试验后任务

（1）写出 220 kV 避雷器绝缘电阻测量试验步骤。

（2）写出 220 kV 避雷器底座绝缘电阻测量试验步骤。

（3）简述如何通过例行试验来判断 220 kV 避雷器绝缘性能。

2.3.9 500 kV 避雷器例行试验

1. 试验目的

（1）了解 500 kV 避雷器例行试验的试验条件。

（2）掌握 500 kV 避雷器例行试验的基本内容。

（3）掌握 500 kV 避雷器绝缘电阻、底座绝缘电阻测量试验的基本方法。

（4）掌握检验避雷器是否有整体受潮或劣化现象以及整体性绝缘缺陷的方法。

2. 试验内容

本试验基于高电压试验虚拟仿真平台，完成 500 kV 避雷器的例行试验，具体试验内容包括以下几个方面。

（1）500 kV 避雷器绝缘电阻测量试验。

（2）500 kV 避雷器底座绝缘电阻测量试验。

3. 试验预习要求

（1）500 kV 避雷器例行试验包括哪些内容？

（2）500 kV 避雷器例行试验需要使用什么仪器设备？

（3）500 kV 避雷器例行试验前准备工作是什么？

4. 试验步骤

1）虚拟仿真平台的启动及使用

（1）虚拟仿真平台软件启动。

双击桌面上的"高电压试验"图标，进入电气设备试验选项，选择"避雷器（500 kV）"选项，如图 2.17 所示，进行相应的试验。

（2）键盘和鼠标操作说明。

① 键盘部分。按住〈W〉、〈S〉、〈A〉、〈D〉、〈Q〉、〈E〉键，可以前、后、左、右、下、上移动，完成虚拟现场试验人员的试验操作控制，同时按住〈Shift〉键，可以加速移动。

② 鼠标部分。单击鼠标左键，可以完成菜单按钮的选择操作，用鼠标左键双击设备组件，可以选中组件，并将视角移到使其处于显示器中心的位置。按住鼠标右键并移动鼠标，可以完成自由观察视角的方向变换。滚动鼠标滚轮，可以完成自由观察视角的拉近和拉远操作。

（3）高电压试验虚拟仿真平台工具栏操作说明。

高电压试验虚拟仿真平台工具栏中各按钮含义如图 2.18 所示。

2）参考试验步骤（基于 A 相进行仿真模拟试验）

（1）接线操作。

单击"接线操作"按钮，并通过键盘以及鼠标操作，控制虚拟试验人员进入相应的试验场景，选择相应的试验接线以及相应的接线点进行试验接线。

（2）试验操作。

启动仪表电源，设置测试电压以及功能，单击"高压启动键"，进行试验。

（3）试验后操作。

试验后，关闭电源，进行放电、拆线等操作。

注意：进行试验步骤操作时，要先双击鼠标左键，再确认选项，进行相应的试验操作步骤。

3）500 kV 避雷器例行试验操作步骤

（1）500 kV 避雷器绝缘电阻测量。

① 选择"接线操作"/"短接线"/"接地点"/"本体端接点"/"仪器接地线"/"接地点"/"仪器接地线"/"仪器地线接口"/"仪器试验线"/"仪器试验线接口"/"仪器试验线"/"操作杆"/"隔离开关试验点"选项。

② 选择"操作"/"仪器电源按钮"/"量程选择键"/"功能选择键"选项，将量程和功能分别设置为"5 000 V"和"R"，然后单击"高压启动键"。

③ 双击"仪器电源按钮"关闭电源，选择"放电"/"放电棒"/"拆线"选项，单击试验接线，进行拆除，试验结束。

（2）500 kV 避雷器底座绝缘电阻测量。

① 选择"接线操作"/"仪器接地线"/"接地点"/"仪器接地线"/"仪器地线接口"（考题答案选 B)/"仪器试验线"/"仪器试验线接口"/"仪器试验线"/"隔离开关试验点"选项。

② 选择"操作"/"仪器电源按钮"/"量程选择键"/"功能选择键"选项，将量程和功能分别设置为"5 000 V"和"R"，然后单击"高压启动键"。

③ 双击"仪器电源按钮"关闭电源，选择"放电"/"放电棒"/"拆线"选项，单击试验接线，进行拆除，试验结束。

5. 试验后任务

（1）写出 500 kV 避雷器绝缘电阻测量试验步骤。

（2）写出 500 kV 避雷器底座绝缘电阻测量试验步骤。

（3）简述如何通过例行试验来判断 500 kV 避雷器的绝缘性能。

2.3.10　110 kV 隔离开关例行试验

1. 试验目的

（1）了解 110 kV 隔离开关例行试验的试验条件。

（2）掌握 110 kV 隔离开关例行试验的基本内容。

（3）掌握 110 kV 隔离开关绝缘电阻、回路电阻测量试验的基本方法。

（4）掌握检验隔离开关是否有整体受潮或劣化现象以及整体性绝缘缺陷的方法。

2. 试验内容

本试验基于高电压试验虚拟仿真平台，完成 110 kV 隔离开关的例行试验，具体试验内容包括以下几个方面。

（1）110 kV 隔离开关绝缘电阻测量试验。

（2）110 kV 隔离开关回路电阻测量试验。

3. 试验预习要求

（1）110 kV 隔离开关例行试验包括哪些内容？

（2）110 kV 隔离开关例行试验需要使用什么仪器设备？

（3）110 kV 隔离开关例行试验前准备工作是什么？

4. 试验步骤

1）虚拟仿真平台的启动及使用

（1）虚拟仿真平台软件启动。

双击桌面上的"高电压试验"图标，进入电气设备试验选项，选择"隔离开关（110 kV）"选项，如图 2.17 所示，进行相应的试验。

（2）键盘和鼠标操作说明。

① 键盘部分。按住〈W〉、〈S〉、〈A〉、〈D〉、〈Q〉、〈E〉键，可以前、后、左、右、下、上移动，完成虚拟现场试验人员的试验操作控制，同时按住〈Shift〉键，可以加速移动。

② 鼠标部分。单击鼠标左键，可以完成菜单按钮的选择操作，用鼠标左键双击设备组件，可以选中组件，并将视角移到使其处于显示器中心的位置。按住鼠标右键并移动鼠标，可以完成自由观察视角的方向变换。滚动鼠标滚轮，可以完成自由观察视角的拉近和拉远操作。

（3）高电压试验虚拟仿真平台工具栏操作说明。

高电压试验虚拟仿真平台工具栏中各按钮含义如图 2.18 所示。

2）参考试验步骤（基于 A 相进行仿真模拟试验）

（1）接线操作。

单击"接线操作"，并通过键盘以及鼠标操作，控制虚拟试验人员进入相应的试验场景，选择相应的试验接线以及相应的接线点进行试验接线。

（2）试验操作。

启动仪表电源，设置测试电压以及功能，单击"高压启动键"，进行试验。

（3）试验后操作。

试验后，关闭电源，进行放电、拆线等操作。

注意：进行试验步骤操作时，要先双击鼠标左键，再确认选项，进行相应的试验操作步骤。

3）110 kV 隔离开关例行试验操作步骤

（1）110 kV 隔离开关绝缘电阻测量。

① 选择"接线操作"/"仪器接地线"/"接地点"/"仪器接地线"/"仪器地线接口"（考题答案选 B)/"仪器试验线"/"仪器试验线接口"/"仪器试验线"/"操作杆"/"试验点"选项。

② 选择"操作"/"仪器电源按钮"/"量程选择键"/"功能选择键"选项，将量程和功能分别设置为"5 000 V"和"R"，然后单击"高压启动键"。

③ 双击"仪器电源按钮"关闭电源，选择"放电"/"放电棒"/"拆线"选项，单击试验接线，进行拆除，试验结束。

（2）110 kV 隔离开关回路电阻测量。

① 选择"接线操作"/"仪表接地线"/"接地点"/"仪表接地线"/"仪表地线接口"（考题答案选 B)/"负极试验线"/"U、I-"/"负极试验线"/"操作杆"/"试验点一"/"正极试验线"/"I+、U+"/"正极试验线"/"操作杆"/"试验点二"/"电源线"/"仪表电源插口"选项。

② 选择"操作"/"总电源开关"/"↑"选项，切换试验电流和测量时间，单击"设置键"进入数值设置，单击"→"键变化数值，设置完成后单击"确认键"，最终设置为试验电流 100 A，测量时间为 60 s，单击"测试键"，开始测试。

③ 双击"总电源开关"关闭电源，选择"放电"/"放电棒"/"拆线"选项，单击试验接线，进行拆除，试验结束。

5. 试验后任务

（1）写出 110 kV 隔离开关绝缘电阻测量试验步骤。

（2）写出 110 kV 隔离开关回路电阻测量试验步骤。

（3）简述如何通过例行试验来判断 110 kV 隔离开关的绝缘性能。

2.3.11　220 kV 隔离开关例行试验

1. 试验目的

（1）了解 220 kV 隔离开关例行试验的试验条件。

（2）掌握 220 kV 隔离开关例行试验的基本内容。

（3）掌握 220 kV 隔离开关绝缘电阻、回路电阻测量试验的基本方法。

（4）掌握检验隔离开关是否有整体受潮或劣化现象以及整体性绝缘缺陷的方法。

2. 试验内容

本试验基于高电压试验虚拟仿真平台，完成 220 kV 隔离开关的例行试验，具体试验内容包括以下几个方面。

（1）220 kV 隔离开关绝缘电阻测量试验。

（2）220 kV 隔离开关回路电阻测量试验。

3. 试验预习要求

（1）220 kV 隔离开关例行试验包括哪些内容？

（2）220 kV 隔离开关例行试验需要使用什么仪器设备？

（3）220 kV 隔离开关例行试验前准备工作是什么？

4. 试验步骤

1）虚拟仿真平台的启动及使用

（1）虚拟仿真平台软件启动。

双击桌面上的"高电压试验"图标，进入电气设备试验选项，选择"隔离开关（220 kV）"选项，如图 2.17 所示，进行相应的试验。

（2）键盘和鼠标操作说明。

① 键盘部分。按住〈W〉、〈S〉、〈A〉、〈D〉、〈Q〉、〈E〉键，可以前、后、左、右、下、上移动，完成虚拟现场试验人员的试验操作控制，同时按住〈Shift〉键，可以加速移动。

② 鼠标部分。单击鼠标左键，可以完成菜单按钮的选择操作，用鼠标左键双击设备组件，可以选中组件，并将视角移到使其处于显示器中心的位置。按住鼠标右键并移动鼠标，可以完成自由观察视角的方向变换。滚动鼠标滚轮，可以完成自由观察视角的拉近和拉远操作。

（3）高电压试验虚拟仿真平台工具栏操作说明。

高电压试验虚拟仿真平台工具栏中各图标含义如图 2.18 所示。

2）参考试验步骤（基于 A 相进行仿真模拟试验）

（1）接线操作。

单击"接线操作"按钮，并通过键盘以及鼠标操作，控制虚拟试验人员进入相应的试验场景，选择相应的试验接线以及相应的接线点进行试验接线。

（2）试验操作。

启动仪表电源，设置测试电压以及功能，单击"高压启动键"，进行试验。

（3）试验后操作。

试验后，关闭电源，进行放电、拆线等操作。

注意：进行试验步骤操作时，要先双击鼠标左键，再确认选项，进行相应的试验操作步骤。

3）220 kV 隔离开关例行试验操作步骤

（1）220 kV 隔离开关绝缘电阻测量。

① 选择 "接线操作"/"仪器接地线"/"接地点"/"仪器接地线"/"仪器地线接口"/"仪器试验线"/"仪器试验线接口"/"仪器试验线"/"操作杆"/"试验点" 选项。

② 选择 "操作"/"仪器电源按钮"/"量程选择键"/"功能选择键" 选项，将量程和功能分别设置为 "5 000 V" 和 "R"，然后单击 "高压启动键"。

③ 双击 "仪器电源按钮" 关闭电源，选择 "放电"/"放电棒"/"拆线" 选项，单击试验接线，进行拆除，试验结束。

（2）220 kV 隔离开关回路电阻测量。

① 选择 "接线操作"/"仪表接地线"/"接地点"/"仪表接地线"/"仪表地线接口"（考题答案选 B）/"负极试验线"/"U−、I−"/"负极试验线"/"操作杆"/"试验点一"/"正极试验线"/"I+、U+"/"正极试验线"/"操作杆"/"试验点二"/"电源线"/"仪表电源插口" 选项。

② 选择 "操作"/"总电源开关"/"↑" 选项，切换试验电流和测量时间，单击 "设置键" 进入数值设置，单击 "→" 键变化数值，设置完成后单击 "确认键"，最终设置为试验电流 100 A，测量时间为 60 s，单击 "测试键"，开始测试。

③ 双击 "总电源开关" 关闭电源，选择 "放电"/"放电棒"/"拆线" 选项，单击试验接线，进行拆除，试验结束。

5. 试验后任务

（1）写出 220 kV 隔离开关绝缘电阻测量试验步骤。

（2）写出 220 kV 隔离开关回路电阻测量试验步骤。

（3）简述如何通过例行试验来判断 220 kV 隔离开关的绝缘性能。

2.3.12　500 kV 隔离开关例行试验

1. 试验目的

（1）了解 500 kV 隔离开关例行试验的试验条件。

（2）掌握 500 kV 隔离开关例行试验的基本内容。

（3）掌握 500 kV 隔离开关绝缘电阻、回路电阻测量试验的基本方法。

（4）掌握检验隔离开关是否有整体受潮或劣化现象以及整体性绝缘缺陷的方法。

2. 试验内容

本试验基于高电压试验虚拟仿真平台，完成 500 kV 隔离开关的例行试验，具体试验内容包括以下几个方面。

（1）500 kV 隔离开关绝缘电阻测量试验。

（2）500 kV 隔离开关回路电阻测量试验。

3. 试验预习要求

（1）500 kV 隔离开关例行试验包括哪些内容？

（2）500 kV 隔离开关例行试验需要使用什么仪器设备？

（3）500 kV 隔离开关例行试验前准备工作是什么？

4. 试验步骤

1）虚拟仿真平台的启动及使用

（1）虚拟仿真平台软件启动。

双击桌面上的"高电压试验"图标，进入电气设备试验选项，选择"隔离开关（500 kV）"选项，如图2.17所示，进行相应的试验。

（2）键盘和鼠标操作说明。

① 键盘部分。按住〈W〉、〈S〉、〈A〉、〈D〉、〈Q〉、〈E〉键，可以前、后、左、右、下、上移动，完成虚拟现场试验人员的试验操作控制，同时按住〈Shift〉键，可以加速移动。

② 鼠标部分。单击鼠标左键，可以完成菜单按钮的选择操作，用鼠标左键双击设备组件，可以选中组件，并将视角移到使其处于显示器中心的位置。按住鼠标右键并移动鼠标，可以完成自由观察视角的方向变换。滚动鼠标滚轮，可以完成自由观察视角的拉近和拉远操作。

（3）高电压试验虚拟仿真平台工具栏操作说明。

高电压试验虚拟仿真平台工具栏中各按钮含义如图2.18所示。

2）参考试验步骤（基于A相进行仿真模拟试验）

（1）接线操作。

单击"接线操作"按钮，并通过键盘以及鼠标，操作、控制虚拟试验人员进入相应的试验场景，选择相应的试验接线以及相应的接线点进行试验接线。

（2）试验操作。

启动仪表电源，设置测试电压以及功能，单击"高压启动键"，进行试验。

（3）试验后操作。

试验后，关闭电源，进行放电、拆线等操作。

注意：进行试验步骤操作时，要先双击鼠标左键，再确认选项，进行相应的试验操作步骤。

3）500 kV隔离开关例行试验操作步骤

（1）500 kV隔离开关绝缘电阻测量。

① 选择"接线操作"/"仪器接地线"/"接地点"/"仪器接地线"/"仪器地线接口"（考题答案选B)/"仪器试验线"/"仪器试验线接口"/"仪器试验线"/"操作杆"/"试验点"选项。

② 选择"操作"/"仪器电源按钮"/"量程选择键"/"功能选择键"选项，将量程和功能分别设置为"5 000 V"和"R"，然后单击"高压启动键"。

③ 双击"仪器电源按钮"关闭电源，选择"放电"/"放电棒"/"拆线"选项，单击试验接线，进行拆除，试验结束。

（2）500 kV隔离开关回路电阻测量。

① 选择"接线操作"/"仪表接地线"/"接地点"/"仪表接地线"/"仪表地线接口"（考题答案选B)/"负极试验线"/"U−、I−"/"负极试验线"/"操作杆"/"试验点一"/"正极试验线"/"I+、U+"/"正极试验线"/"操作杆"/"试验点二"/"电源线"/"仪表电源插口"选项。

② 选择"操作"/"总电源开关"/"↑"选项，切换试验电流和测量时间，单击"设置

键"进入数值设置，单击"→"键变化数值，设置完成后单击"确认键"，最终设置为试验电流 100 A，测量时间为 60 s，单击"测试键"，开始测试。

③ 双击"总电源开关"关闭电源，选择"放电"/"放电棒"/"拆线"选项，单击试验接线，进行拆除，试验结束。

5. 试验后任务

（1）写出 500 kV 隔离开关绝缘电阻测量试验步骤。

（2）写出 500 kV 隔离开关回路电阻测量试验步骤。

（3）简述如何通过例行试验来判断 500 kV 隔离开关的绝缘性能。

2.3.13　35 kV 电压互感器例行试验

1. 试验目的

（1）了解 35 kV 电压互感器例行试验的试验条件。

（2）掌握 35 kV 电压互感器例行试验的基本内容。

（3）掌握 35 kV 电压互感器的一次绕组对二次绕组及地绝缘电阻、二次绕组间及地绝缘电阻、直流电阻、主绝缘介质损耗测量试验的原理与基本试验方法。

（4）掌握检验电压互感器是否有整体受潮或劣化现象以及整体性绝缘缺陷的方法。

2. 试验内容

本试验基于高电压试验虚拟仿真平台，完成 35 kV 电压互感器的例行试验，具体试验内容包括以下几个方面。

（1）35 kV 电压互感器一次绕组对二次绕组及地绝缘电阻测量试验。

（2）35 kV 电压互感器二次绕组间及地绝缘电阻测量试验。

（3）35 kV 电压互感器直流电阻测量试验。

（4）35 kV 电压互感器主绝缘介质损耗测量试验。

3. 试验预习要求

（1）电压互感器例行试验包括哪些内容？

（2）电压互感器例行试验需要使用什么仪器设备？

（3）电压互感器例行试验前准备工作是什么？

4. 试验步骤

1）虚拟仿真平台的启动及使用

（1）虚拟仿真平台软件启动。

双击桌面上的"高电压试验"图标，进入电气设备试验选项，选择"PT（35 kV）"选项，如图 2.17 所示，进行相应的试验。

（2）键盘和鼠标操作说明。

① 键盘部分。按住〈W〉、〈S〉、〈A〉、〈D〉、〈Q〉、〈E〉键，可以前、后、左、右、下、上移动，完成虚拟现场试验人员的试验操作控制，同时按住〈Shift〉键，可以加速移动。

② 鼠标部分。单击鼠标左键，可以完成菜单按钮的选择操作，用鼠标左键双击设备组件，可以选中组件，并将视角移到使其处于显示器中心的位置。按住鼠标右键并移动鼠标，可以完成自由观察视角的方向变换。滚动鼠标滚轮，可以完成自由观察视角的拉近和拉远操作。

（3）高电压试验虚拟仿真平台工具栏操作说明

高电压试验虚拟仿真平台工具栏中各按钮含义如图 2.18 所示。

2）参考试验步骤（基于 A 相进行仿真模拟试验）

（1）接线操作。

单击"接线操作"按钮，并通过键盘以及鼠标操作，控制虚拟试验人员进入相应的试验场景，选择相应的试验接线以及相应的接线点进行试验接线。

（2）试验操作。

启动仪表电源，设置测试电压以及功能，单击"高压启动键"，进行试验。

（3）试验后操作。

试验后，关闭电源，进行放电、拆线等操作。

注意：进行试验步骤操作时，要先双击鼠标左键，再确认选项，进行相应的试验操作步骤。

3）35 kV 电压互感器例行试验操作步骤

（1）35 kV 电压互感器一次绕组对二次绕组及地绝缘电阻测量。

① 选择"接线操作"/"负极接线"/"接地点"/"负极接线"/"仪表正极接点"/"二次绕组短接线"/"da、dn、2a、2n、1a、1n"/"二次绕组接地线"/"短接后的二次绕组"/"电压互感器接地点"/"一次绕组短接线"/"电压互感器高压接点"/"一次绕组 N"/"正极接线"/"仪表负极接点"/"正极接线"/"互感器高压接点"选项。

② 选择"操作"/"电源按钮"/"量程选择键"/"功能选择键"选项，将量程和功能分别设置为"5 000 V"和"R"，然后单击"高压启动键"。

③ 双击"电源按钮"关闭电源，选择"放电"/"放电棒"/"拆线"选项，单击试验接线，进行拆除，试验结束。

（2）35 kV 电压互感器二次绕组间及地绝缘电阻测量。

① 选择"接线操作"/"负极接线"/"接地点"/"负极接线"/"仪表正极"/"一次绕组短接线"/"互感器高压接点"/"一次绕组 N"/"一次绕组接地线"/"一次绕组 N"/"接地点"/"非被测二次绕组短接导线"/"da、dn、2a、2n"/"非被测二次绕组接地线"/"非被测二次绕组"/"接地"/"被测二次绕组短接导线"/"1a、1n"/"正极接线"/"仪表负极"/"正极接线"/"被测二次绕组"选项。

② 选择"操作"/"电源按钮"/"量程选择键"/"功能选择键"选项，将量程和功能分别设置为"5 000 V"和"R"，然后单击"高压启动键"。

③ 双击"电源按钮"关闭电源，选择"放电"/"放电棒"/"拆线"选项，单击试验接线，进行拆除，试验结束。

（3）35 kV 电压互感器直流电阻测量。

① 选择"接线操作"/"接地线"/"接地点"/"接地线"/"仪表接地点"/"正极电压线"/"正极电压接点"/"正极电压线"/"一次绕组高压接点"/"正极电流线"/"正极电流接点"/"正极电流线"/"一次绕组高压接点"/"负极电压线"/"负极电压接点"/"负极电压线"/"一次绕组 N"/"负极电流线"/"负极电流接点"/"负极电流接线"/"一次绕组 N"/"电源线"/"电源盘"/"电源接点"选项。

② 选择"操作"/"电源开关"/"方式"选项，选择电流 40 A，单击"测试键"。

③ 双击"电源开关"关闭电源，选择"放电"/"放电棒"/"拆线"选项，单击试验接线，进行拆除，试验结束。

（4）35 kV 电压互感器主绝缘介质损耗测量。

① 选择 "接线操作" / "接地线" / "接地点" / "接地线" / "测量接地" / "一次绕组末端接地线" / "一次绕组 N" / "接地点" / "高压输入线" / "高压输出" / "屏蔽接点" / "高压输入线" / "一次绕组高压接点" / "二次绕组末端短接线" / "dn、2n、1n" / "低压接线" / "试品输入" / "低压接线" / "短接的二次绕组末端" / "电源线" / "电源盘" / "电源输入" 选项。

② 选择 "操作" / "总电源开关" / "→" 选项，选择设置内容，单击 "↑" "↓" 键进行内容设置，最终设置为正接线、内标准、变频、15 kV。设置完成后，将光标切换到 "启动" / "内高压允许开关" / "启 | 停" 选项，开始测量。

③ 单击 "内高压允许开关"，双击 "总电源开关" 关闭电源，选择 "放电" / "放电棒" / "拆线"，单击试验接线，进行拆除，试验结束。

5. 试验后任务

（1）写出 35 kV 电压互感器一次绕组对二次绕组及地绝缘电阻测量试验步骤。

（2）写出 35 kV 电压互感器二次绕组间及地绝缘电阻测量试验步骤。

（3）写出 35 kV 电流互感器直流电阻测量试验步骤。

（4）写出 35 kV 电压互感器主绝缘介质损耗测量试验步骤。

（5）简述如何通过例行试验来判断 35 kV 电压互感器是否有整体受潮或劣化现象以及整体性绝缘缺陷。

2.3.14　220 kV 电压互感器例行试验

1. 试验目的

（1）了解 220 kV 电压互感器例行试验的试验条件。

（2）掌握 220 kV 电压互感器例行试验的基本内容。

（3）掌握 220 kV 电压互感器的一次绕组对二次绕组及地绝缘电阻、二次绕组间及地绝缘电阻、直流电阻、主绝缘介质损耗测量试验的原理与基本试验方法。

（4）掌握检验电压互感器是否有整体受潮或劣化现象以及整体性绝缘缺陷的方法。

2. 试验内容

本试验基于高电压试验虚拟仿真平台，完成 220 kV 电压互感器的例行试验，具体试验内容包括以下几个方面。

（1）220 kV 电压互感器一次绕组对二次绕组及地绝缘电阻测量试验。

（2）220 kV 电压互感器二次绕组间及地绝缘电阻测量试验。

（3）220 kV 电压互感器直流电阻测量试验。

（4）220 kV 电压互感器主绝缘介质损耗测量试验。

3. 试验预习要求

（1）电压互感器例行试验包括哪些内容？

（2）电压互感器例行试验需要使用什么仪器设备？

（3）电压互感器例行试验前准备工作是什么？

4. 试验步骤

1）虚拟仿真平台的启动及使用

（1）虚拟仿真平台软件启动。

双击桌面上的 "高电压试验" 图标，进入电气设备试验选项，选择 "PT（220 kV）"

选项，如图 2.17 所示，进行相应的试验。

（2）键盘和鼠标操作说明。

① 键盘部分。按住〈W〉、〈S〉、〈A〉、〈D〉、〈Q〉、〈E〉键，可以前、后、左、右、下、上移动，完成虚拟现场试验人员的试验操作控制，同时按住〈Shift〉键，可以加速移动。

② 鼠标部分。单击鼠标左键，可以完成菜单按钮的选择操作，用鼠标左键双击设备组件，可以选中组件，并将视角移到使其处于显示器中心的位置。按住鼠标右键并移动鼠标，可以完成自由观察视角的方向变换。滚动鼠标滚轮，可以完成自由观察视角的拉近和拉远操作。

（3）高电压试验虚拟仿真平台工具栏操作说明。

高电压试验虚拟仿真平台工具栏中各按钮含义如图 2.18 所示。

2）参考试验步骤（基于 A 相进行仿真模拟试验）

（1）接线操作。

单击"接线操作"按钮，并通过键盘以及鼠标操作，控制虚拟试验人员进入相应的试验场景，选择相应的试验接线以及相应的接线点进行试验接线。

（2）试验操作。

启动仪表电源，设置测试电压以及功能，单击"高压启动键"，进行试验。

（3）试验后操作。

试验后，关闭电源，进行放电、拆线等操作。

注意： 进行试验步骤操作时，要先双击鼠标左键，再确认选项，进行相应的试验操作步骤。

3）220 kV 电压互感器例行试验操作步骤

（1）220 kV 电压互感器一次绕组对二次绕组及地绝缘电阻测量。

① 选择"接线操作"/"负极接线""接地点"/"负极接线"/"仪表正极接点"/"二次绕组短接线"/"da、dn、2a、2n、1a、1n"/"二次绕组接地线"/"短接后的二次绕组"/"电压互感器接地点"/"一次绕组短接线"/"电压互感器高压接点"/"一次绕组 N"/"正极接线"/"仪表负极接点"/"正极接线"/"互感器高压接点"选项。

② 选择"操作"/"电源按钮"/"量程选择键"/"功能选择键"选项，将量程和功能分别设置为"5 000 V"和"R"，然后选择"高压启动键"选项。

③ 双击"总电源开关"关闭电源，选择"放电"/"放电棒"/"拆线"选项，然后单击试验接线，进行拆除，试验结束。

（2）220 kV 电压互感器二次绕组间及地绝缘电阻测量。

① 选择"接线操作"/"负极接线"/"接地点"/"负极接线"/"仪表正极"/"一次绕组短接线"/"互感器高压接点"/"一次绕组 N"/"一次绕组接地线"/"一次绕组 N"/"接地点"/"非被测二次绕组短接导线"/"da、dn、2a、2n"/"非被测二次绕组接地线"/"非被测二次绕组"/"接地"/"被测二次绕组短接导线"/"1a、1n"/"正极接线"/"仪表负极"/"正极接线"/"被测二次绕组"选项。

② 选择"操作"/"电源按钮"/"量程选择键"/"功能选择键"选项，将量程和功能分别设置为"5 000 V"和"R"，然后单击"高压启动键"。

③ 双击"总电源开关"关闭电源，选择"放电"/"放电棒"/"拆线"选项，单击试验

接线，进行拆除，试验结束。

（3）220 kV 电压互感器直流电阻测量。

① 选择 "接线操作"/"接地线"/"接地点"/"接地线"/"仪表接地点"/"正极电压线"/"一次绕组高压接点"/"正极电流线"/"正极电流接点"/"正极电流线"/"一次绕组高压接点"/"负极电压线"/"负极电压接点"/"负极电压线"/"一次绕组 N"/"负极电流线"/"负极电流接点"/"负极电流接线"/"一次绕组 N"/"电源线"/"电源盘"/"电源接点" 选项。

② 选择 "操作"/"电源开关"/"方式键"/"电流 40 A"/"测试键" 选项。

③ 双击 "总电源开关" 关闭电源，选择 "放电"/"放电棒"/"拆线" 选项，单击试验接线，进行拆除，试验结束。

（4）220 kV 电压互感器主绝缘介质损耗测量。

① 选择 "接线操作"/"接地线"/"接地点"/"接地线"/"测量接地"/"一次绕组末端接地线"/"一次绕组 N"/"接地点"/"高压输入线"/"仪表高压输出"/"屏蔽接点"/"高压输入线"/"一次绕组高压接点"/"二次绕组末端短接线"/"dn、2n、1n"/"低压接线"/"仪表试品输入"/"低压接线"/"短接的二次绕组末端"/"电源线"/"电源盘"/"电源输入" 选项。

② 选择 "操作"/"总电源开关"/"→" 选项，选择设置内容，单击 "↑" "↓" 进行内容设置，最终设置为正接线、内标准、变频、15 kV。设置完成后，将光标切换到 "启动"/"内高压允许开关"/"启|停" 选项，开始测量。

③ 单击 "内高压允许开关"，选择 "总电源开关"/"放电"/"放电棒"/"拆线" 选项，单击试验接线，进行拆除，试验结束。

5. 试验后任务

（1）写出 220 kV 电压互感器一次绕组对二次绕组及地绝缘电阻测量试验步骤。

（2）写出 220 kV 电压互感器二次绕组间及地绝缘电阻测量试验步骤。

（3）写出 220 kV 电压互感器主绝缘介质损耗测量试验步骤。

（4）简述如何通过例行试验来判断 220 kV 电压互感器是否有整体受潮或劣化现象以及整体性绝缘缺陷。

2.3.15　500 kV 电压互感器例行试验

1. 试验目的

（1）了解 500 kV 电压互感器例行试验的试验条件。

（2）掌握 500 kV 电压互感器例行试验的基本内容。

（3）掌握 500 kV 电压互感器的一次绕组对二次绕组及地绝缘电阻、二次绕组间及地绝缘电阻、直流电阻、主绝缘介质损耗测量试验的基本方法。

（4）掌握检验电压互感器是否有整体受潮或劣化现象以及整体性绝缘缺陷的方法。

2. 试验内容

本试验基于高电压试验虚拟仿真平台，完成 500 kV 电压互感器的例行试验，具体试验内容包括以下几个方面。

（1）500 kV 电压互感器一次绕组对二次绕组及地绝缘电阻测量试验。

（2）500 kV 电压互感器二次绕组间及地绝缘电阻测量试验。

（3）500 kV 电压互感器直流电阻测量试验。

（4）500 kV 电压互感器主绝缘介质损耗测量测量试验。

3. 试验预习要求

（1）500 kV 电压互感器例行试验包括哪些内容？

（2）500 kV 电压互感器例行试验需要使用什么仪器设备？

（3）500 kV 电压互感器例行试验前准备工作是什么？

4. 试验步骤

1）虚拟仿真平台的启动及使用

（1）虚拟仿真平台软件启动。

双击桌面上的"高电压试验"图标，进入电气设备试验选项，选择"PT（500 kV）"选项，如图 2.17 所示，进行相应的试验。

（2）键盘和鼠标操作说明。

① 键盘部分。按住〈W〉、〈S〉、〈A〉、〈D〉、〈Q〉、〈E〉键，可以前、后、左、右、下、上移动，完成虚拟现场试验人员的试验操作控制，同时按住〈Shift〉键，可以加速移动。

② 鼠标部分。单击鼠标左键，可以完成菜单按钮的选择操作，用鼠标左键双击设备组件，可以选中组件，并将视角移到使其处于显示器中心的位置。按住鼠标右键并移动鼠标，可以完成自由观察视角的方向变换。滚动鼠标滚轮，可以完成自由观察视角的拉近和拉远操作。

（3）高电压试验虚拟仿真平台工具栏操作说明。

高电压试验虚拟仿真平台工具栏中各按钮含义如图 2.18 所示。

2）参考试验步骤（基于 A 相进行仿真模拟试验）

（1）接线操作。

单击"接线操作"按钮，并通过键盘以及鼠标操作、控制虚拟试验人员进入相应的试验场景，选择相应的试验接线以及相应的接线点进行试验接线。

（2）试验操作。

启动仪表电源，设置测试电压以及功能，单击"高压启动键"，进行试验。

（3）试验后操作。

试验后，关闭电源，进行放电、拆线等操作。

注意：进行试验步骤操作时，要先双击鼠标左键，再确认选项，进行相应的试验操作步骤。

3）500 kV 电压互感器例行试验操作步骤

（1）500 kV 电压互感器一次绕组对二次绕组及地绝缘电阻测量。

① 选择"接线操作"/"仪表低压接线"/"接地点"/"仪表低压接线"/"仪表正极"/"二次绕组短接线"/"da、dn、2a、2n、1a、1n"/"二次绕组接地线"/"短接后的二次绕组"/"接地"/"一次绕组短接线"/"互感器高压接点"/"一次绕组 N"/"仪表高压接线"/"仪表负极"/"仪表高压接线"/"互感器高压接点"选项。

② 选择"操作"/"电源按钮"/"量程选择键"/"功能选择键"选项，将量程和功能分别设置为"5 000 V"和"R"，然后单击"高压启动键"。

③ 双击"电源按钮"关闭电源，选择"放电"/"放电棒"/"拆线"选项，单击试验接线，进行拆除，试验结束。

（2）500 kV 电压互感器二次绕组间及地绝缘电阻测量。

① 选择"接线操作"/"仪表低压接线"/"接地"/"仪表低压接线"/"仪表正极"/"一次

绕组短接线"/"互感器高压接点"/"一次绕组 N"/"一次绕组接地线"/"一次绕组 N"/"接地"/"非被测二次绕组短接导线"/"da、dn、2a、2n"/"非被测二次绕组接地线"/"非被测二次绕组"/"接地"/"被测二次绕组短接导线"/"1a、1n"/"仪表高压接线"/"仪表负极"/"仪表高压接线"/"被测二次绕组" 选项。

② 选择"操作"/"电源按钮"/"量程选择键"/"功能选择键" 选项，将量程和功能分别设置为"5 000 V" 和"R"，然后单击"高压启动键"。

③ 双击"电源按钮" 关闭电源，选择"放电"/"放电棒"/"拆线" 选项，单击试验接线，进行拆除，试验结束。

（3）500 kV 电压互感器直流电阻测量。

① 选择"接线操作"/"仪表接地线"/"接地点"/"接地线"/"仪表接地端子"/"正极电压线"/"正极电压接点"/"正极电压线"/"一次绕组高压接点"/"正极电流线"/"正极电流接点"/"正极电流线"/"一次绕组高压接点"/"负极电压线"/"负极电压接点"/"负极电压线"/"一次绕组 N"/"负极电流线"/"负极电流接点"/"负极电流接线"/"一次绕组 N"/"电源线"/"电源盘"/"电源接点" 选项。

② 选择"操作"/"电源开关"/"方式" 选项，选择电流 40 A，单击"测试键"。

③ 双击"电源开关" 关闭电源，选择"放电"/"放电棒"/"拆线" 选项，单击试验接线，进行拆除，试验结束。

（4）500 kV 电压互感器主绝缘介质损耗测量。

① 选择"接线操作"/"接地线"/"试验接地"/"接地线"/"测量接地"/"一次绕组末端接地线"/"一次绕组 N"/"试验接地"/"高压输出线"/"HV"/"屏蔽接点"/"高压输出线"/"一次绕组高压接点"/"二次绕组末端短接线"/"dn、2n、1n"/"低压接线"/"CX"/"低压接线"/"短接的二次绕组末端"/"选电源线"/"电源盘""电源接口" 选项。

② 选择"操作" 选项，双击"总电源开关"，单击"→" 键选择设置内容，单击"↑""↓" 键进行内容设置，最终设置为正接线、内标准、变频、15 kV。设置完成后，将光标切换到"启动"/"内高压允许开关"/"启 | 停" 选项，开始测量。

③ 单击"内高压允许开关"，双击"总电源开关" 关闭电源，选择"放电"/"放电棒"/"拆线" 选项，单击试验接线，进行拆除，试验结束。

5. 试验后任务

（1）写出 500 kV 电压互感器一次绕组对二次绕组及地绝缘电阻测量试验步骤。

（2）写出 500 kV 电压互感器二次绕组间及地绝缘电阻测量试验步骤。

（3）写出 500 kV 电压互感器主绝缘介质损耗测量测量试验试验步骤。

（4）写出 500 kV 电压互感器直流电阻测量试验步骤。

（5）简述如何通过例行试验来判断 500 kV 电压互感器的绝缘性能。

2.3.16　35 kV 电流互感器例行试验

1. 试验目的

（1）了解 35 kV 电流互感器例行试验的试验条件。

（2）掌握 35 kV 电流互感器例行试验的基本内容。

（3）掌握 35 kV 电流互感器的一次绕组对二次绕组及地的绝缘电阻、末屏绝缘电阻、末屏对地介质损耗及电容量、直流电阻测量试验的基本方法。

（4）掌握检验电流互感器是否有整体受潮或劣化现象以及整体性绝缘缺陷的方法。

2. 试验内容

本试验基于高电压试验虚拟仿真平台，完成 35 kV 电流互感器的例行试验，具体试验内容包括以下几个方面。

（1）35 kV 电流互感器一次绕组对二次绕组及地的绝缘电阻测量试验。

（2）35 kV 电流互感器末屏绝缘电阻测量试验。

（3）35 kV 电流互感器末屏对地介质损耗及电容量测量试验。

（4）35 kV 电流互感器直流电阻测量试验。

3. 试验预习要求

（1）35 kV 电流互感器例行试验包括哪些内容？

（2）35 kV 电流互感器例行试验需要使用什么仪器设备？

（3）35 kV 电流互感器例行试验前准备工作是什么？

4. 试验步骤

1）虚拟仿真平台的启动及使用

（1）虚拟仿真平台软件启动。

双击桌面上的"高电压试验"图标，进入电气设备试验选项，选择"电流互感器（35 kV）"选项，如图 2.17 所示，进行相应的试验。

（2）键盘和鼠标操作说明。

① 键盘部分。按住〈W〉、〈S〉、〈A〉、〈D〉、〈Q〉、〈E〉键，可以前、后、左、右、下、上移动，完成虚拟现场试验人员的试验操作控制，同时按住〈Shift〉键，可以加速移动。

② 鼠标部分。单击鼠标左键，可以完成菜单按钮的选择操作，用鼠标左键双击设备组件，可以选中组件，并将视角移到使其处于显示器中心的位置。按住鼠标右键并移动鼠标，可以完成自由观察视角的方向变换。滚动鼠标滚轮，可以完成自由观察视角的拉近和拉远操作。

（3）高电压试验虚拟仿真平台工具栏操作说明。

高电压试验虚拟仿真平台工具栏中各按钮含义如图 2.18 所示。

2）参考试验步骤（基于 A 相进行仿真模拟试验）

（1）接线操作。

单击"接线操作"按钮，并通过键盘以及鼠标操作，控制虚拟试验人员进入相应的试验场景，选择相应的试验接线以及相应的接线点进行试验接线。

（2）试验操作。

启动仪表电源，设置测试电压以及功能，单击"高压启动键"，进行试验。

（3）试验后操作。

试验后，关闭电源，进行放电、拆线等操作。

注意：进行试验步骤操作时，要先双击鼠标左键，再确认选项，进行相应的试验操作步骤。

3）35 kV 电流互感器例行试验操作步骤

（1）35 kV 电流互感器一次绕组对二次绕组及地绝缘电阻测量。

① 选择"接线操作"/"B 相二次短接线"/"二次短接点"/"末屏接点"/"短接线 2"/

"二次短接线"/"接地点"/"仪器接地线"/"接地点"/"仪器接地线"/"仪器地线接口"/"短接线 1"/"操作杆"/"一次绕组短接点 01"/"一次绕组短接点 02"/"仪器试验线"/"仪表试验线接口"/"仪器试验线"/"操作杆"/"一次绕组短接点 01" 选项。

② 选择 "操作"/"电源按钮"/"量程选择键"/"功能选择键" 选项，将量程和功能分别设置为 "5 000 V" 和 "R"，然后单击 "高压启动键"。

③ 双击 "电源按钮" 关闭电源，选择 "放电"/"放电棒"/"拆线" 选项，单击试验接线，进行拆除，试验结束。

（2）35 kV 电流互感器末屏绝缘电阻测量。

① 选择 "接线操作"/"短接线 1"/"操作杆"/"一次引线"/"二次短接线"/"二次短接点"/"短接线 2"/"操作杆"/"一次引线"/"二次短接线"/"短接线 3"/"二次短接线"/"接地点"/"仪器接地线"/"接地点"/"仪器接地线"/"仪器正极接口"/"仪器试验线"/"仪器试验线接口"/"仪器试验线"/"末屏接点" 选项。

② 选择 "操作"/"电源按钮"/"量程选择键"/"功能选择键" 选项，将量程和功能分别设置为 "5 000 V" 和 "R"，然后单击 "高压启动键"。

③ 双击 "电源按钮" 关闭电源，选择 "放电"/"放电棒"/"拆线" 选项，单击试验接线，进行拆除，试验结束。

（3）35 kV 电流互感器末屏对地介质损耗及电容量测量。

① 选择 "接线操作"/"仪器接地线"/"试验接地点"/"二次短接线"/"二次短接点"/"试验接地线"/"试验接地点"/"二次短接线"/"仪器试验线"/"CX"/"屏蔽接点"/"仪器试验线"/"末屏接点"/"试验短接线"/"绝缘操作杆"/"试验点 1"/"试验点 2"/"试验屏蔽线"/"绝缘操作杆"/"试验点 1"/"试验试验线"/"电源线"/"电源盘"/"电源接口" 选项。

② 选择 "操作"/"电源开关"/"→" 选项，选择设置内容，单击 "↑""↓" 键进行内容设置，最终设置为正接线、内标准、变频、15 kV。设置完成后，将光标切换到 "启动"/"内高压允许开关"/"启 | 停" 选项，开始测量。

③ 单击 "内高压允许开关"，双击 "总电源开关" 关闭电源，选择 "放电"/"放电棒"/"拆线"，单击试验接线，进行拆除，试验结束。

（4）35 kV 电流互感器直流电阻测量。

① 选择 "接线操作"/"仪器接地线"/"B 相接地点"/"仪器接地线"/"仪表接地端子"/"正极电压线"/"正极电压接点"/"正极电压线"/"试验点 1"/"正极电流线"/"正极电流接点"/"正极电流线"/"试验点 1"/"负极电流线"/"负极电流接点"/"负极电流线"/"试验点 2"/"负极电压线"/"负极电压接点"/"负极电压接线"/"试验点 2"/"电源线"/"电源盘"/"电源接点" 选项。

② 选择 "操作"/"电源开关"/"方式" 选项，选择电流 40 A，单击 "测试键"。

③ 双击 "电源开关" 关闭电源，选择 "放电"/"放电棒"/"拆线" 选项，单击试验接线，进行拆除，试验结束。

5. 试验后任务

（1）写出 35 kV 电流互感器一次绕组对二次绕组及地的绝缘电阻测量试验步骤。

（2）写出 35 kV 电流互感器末屏绝缘电阻测量试验步骤。

（3）写出 35 kV 电流互感器末屏对地介质损耗及电容量测量试验步骤。

（4）写出 35 kV 电流互感器直流电阻测量试验步骤。

2.3.17　110 kV 电流互感器例行试验

1. 试验目的

（1）了解 110 kV 电流互感器例行试验的试验条件。

（2）掌握 110 kV 电流互感器例行试验的基本内容。

（3）掌握 110 kV 电流互感器的一次绕组对二次绕组及地的绝缘电阻、末屏绝缘电阻、末屏对地介质损耗及电容量、直流电阻测量试验基本方法。

（4）掌握检验电流互感器是否有整体受潮或劣化现象以及整体性绝缘缺陷的方法。

2. 试验内容

本试验基于高电压试验虚拟仿真平台，完成 110 kV 电流互感器的例行试验，具体试验内容包括以下几个方面。

（1）110 kV 电流互感器一次绕组对二次绕组及地的绝缘电阻测量试验。

（2）110 kV 电流互感器末屏绝缘电阻测量试验。

（3）110 kV 电流互感器末屏对地介质损耗及电容量测量试验。

（4）110 kV 电流互感器直流电阻测量试验。

3. 试验预习要求

（1）110 kV 电流互感器例行试验包括哪些内容？

（2）110 kV 电流互感器例行试验需要使用什么仪器设备？

（3）110 kV 电流互感器例行试验前准备工作是什么？

4. 试验步骤

1）虚拟仿真平台的启动及使用

（1）虚拟仿真平台软件启动。

双击桌面上的"高电压试验"图标，进入电气设备试验选项，选择"电流互感器（110 kV）"选项，如图 2.17 所示，进行相应的试验。

（2）键盘和鼠标操作说明。

① 键盘部分。按住〈W〉、〈S〉、〈A〉、〈D〉、〈Q〉、〈E〉键，可以前、后、左、右、下、上移动，完成虚拟现场试验人员的试验操作控制，同时按住〈Shift〉键，可以加速移动。

② 鼠标部分。单击鼠标左键，可以完成菜单按钮的选择操作，用鼠标左键双击设备组件，可以选中组件，并将视角移到使其处于显示器中心的位置。按住鼠标右键并移动鼠标，可以完成自由观察视角的方向变换。滚动鼠标滚轮，可以完成自由观察视角的拉近和拉远操作。

（3）高电压试验虚拟仿真平台工具栏操作说明。

高电压试验虚拟仿真平台工具栏中各按钮含义如图 2.18 所示。

2）参考试验步骤（基于 A 相进行仿真模拟试验）

（1）接线操作。

单击"接线操作"按钮，并通过键盘以及鼠标操作，控制虚拟试验人员进入相应的试验场景，选择相应的试验接线以及相应的接线点进行试验接线。

（2）试验操作。

启动仪表电源，设置测试电压以及功能，单击"高压启动键"，进行试验。

（3）试验后操作。

试验后，关闭电源，进行放电、拆线等操作。

注意：进行试验步骤操作时，要先双击鼠标左键，再确认选项，进行相应的试验操作步骤。

3）110 kV 电流互感器例行试验操作步骤

（1）110 kV 电流互感器一次绕组对二次绕组及地绝缘电阻测量。

① 选择"接线操作"/"B 相二次短接点"/"二次短接点"/"末屏接点"/"短接线 2"/"二次短接线"/"接地点"/"仪器接地线"/"接地点"/"仪器接地线"/"仪器地线接口"/"短接线 1"/"操作杆"/"一次绕组短接点 01"/"一次绕组短接点 02"/"仪器试验线"/"仪表试验线接口"/"仪器试验线"/"操作杆"/"一次绕组短接点 01"选项。

② 选择"操作"/"电源按钮"/"量程选择键"/"功能选择键"选项，将量程和功能分别设置为"5 000 V"和"R"，然后单击"高压启动键"。

③ 双击"电源按钮"关闭电源，选择"放电"/"放电棒"/"拆线"选项，单击试验接线，进行拆除，试验结束。

（2）110 kV 电流互感器末屏绝缘电阻测量。

① 选择"接线操作"/"短接线 1"/"操作杆"/"一次引线"/"二次短接线"/"二次短接点"/"短接线 2"/"操作杆"/"一次引线"/"二次短接线"/"短接线 3"/"二次短接线"/"接地点"/"仪器接地线"/"接地点"/"仪器接地线"/"仪器正极接口"/"仪器试验线"/"仪器负极接口"/"仪器试验线"/"末屏接点"选项。

② 选择"操作"/"电源按钮"/"量程选择键"/"功能选择键"选项，将量程和功能分别设置为"5 000 V"和"R"，然后单击"高压启动键"。

③ 双击"电源按钮"关闭电源，选择"放电"/"放电棒"/"拆线"选项，单击试验接线，进行拆除，试验结束。

（3）110 kV 电流互感器末屏对地介质损耗及电容量测量。

① 选择"接线操作"/"仪器接地线"/"试验接地点"/"仪器接地线"/"仪器接地点"/"二次短接线"/"二次短接点"/"试验接地线"/"试验接地点"/"二次短接线"/"仪器试验线"/"CX"/"屏蔽接点"/"仪器试验线"/"末屏接点"/"试验短接线"/"绝缘操作杆"/"试验点 1"/"试验点 2"/"试验屏蔽线"/"绝缘操作杆"/"屏蔽接点"/"试验试验线"/"电源线"/"电源盘"/"电源接口"选项。

② 选择"操作"/"电源开关"/"→"选项，选择设置内容，单击"↑""↓"键进行内容设置，最终设置为正接线、内标准、变频、15 kV。设置完成后，将光标切换到"启动"/"内高压允许开关"/"启 | 停"选项，开始测量。

③ 单击"内高压允许开关"，双击"总电源开关"关闭电源，选择"放电"/"放电棒"/"拆线"选项，单击试验接线，进行拆除，试验结束。

（4）110 kV 电流互感器直流电阻测量。

① 选择"接线操作"/"仪器接地线"/"B 相接地点"/"仪器接地线"/"仪表接地端子"/"正极电压线"/"正极电压接点"/"正极电压线"/"试验点 1"/"正极电流线"/"正极电流接点"/"正极电流线"/"试验点 1"/"负极电流线"/"负极电流接点"/"负极电流线"/"试验点 2"/"负极电压线"/"负极电压接点"/"负极电压接线"/"试验点 2"/"电源线"/"电源盘"/"电源接点"选项。

② 选择"操作"/"电源开关"/"方式"选项，选择电流 40 A，单击"测试键"。

③ 双击"电源开关"关闭电源，选择"放电"/"放电棒"/"拆线"选项，单击试验接线，进行拆除，试验结束。

5. 试验后任务

（1）写出 110 kV 电流互感器一次绕组对二次绕组及地的绝缘电阻测量试验步骤。

（2）写出 110 kV 电流互感器末屏绝缘电阻测量试验步骤。

（3）写出 110 kV 电流互感器末屏对地介质损耗及电容量测量试验步骤。

（4）写出 110 kV 电流互感器直流电阻测量试验步骤。

2.3.18　220kV 电流互感器例行试验

1. 试验目的

（1）了解 220 kV 电流互感器例行试验的试验条件。

（2）掌握 220 kV 电流互感器例行试验的基本内容。

（3）掌握 220 kV 电流互感器的一次绕组对二次绕组及地的绝缘电阻、末屏绝缘电阻、末屏对地介质损耗及电容量、直流电阻测量试验的基本方法。

（4）掌握检验电流互感器是否有整体受潮或劣化现象以及整体性绝缘缺陷的方法。

2. 试验内容

本试验基于高电压试验虚拟仿真平台，完成 220 kV 电流互感器的例行试验，具体试验内容包括以下几个方面。

（1）220 kV 电流互感器一次绕组对二次绕组及地的绝缘电阻测量试验。

（2）220 kV 电流互感器末屏绝缘电阻测量试验。

（3）220 kV 电流互感器末屏对地介质损耗及电容量测量试验。

（4）220 kV 电流互感器直流电阻测量试验。

3. 试验预习要求

（1）220 kV 电流互感器例行试验包括哪些内容？

（2）220 kV 电流互感器例行试验需要使用什么仪器设备？

（3）220 kV 电流互感器例行试验前准备工作是什么？

4. 试验步骤

1）虚拟仿真平台的启动及使用

（1）虚拟仿真平台软件启动。

双击桌面上的"高电压试验"图标，进入电气设备试验选项，选择"电流互感器（220 kV）"选项，如图 2.17 所示，进行相应的试验。

（2）键盘和鼠标操作说明。

① 键盘部分。按住〈W〉、〈S〉、〈A〉、〈D〉、〈Q〉、〈E〉键，可以前、后、左、右、下、上移动，完成虚拟现场试验人员的试验操作控制，同时按住〈Shift〉键，可以加速移动。

② 鼠标部分。单击鼠标左键，可以完成菜单按钮的选择操作，用鼠标左键双击设备组件，可以选中组件，并将视角移到使其处于显示器中心的位置。按住鼠标右键并移动鼠标，可以完成自由观察视角的方向变换。滚动鼠标滚轮，可以完成自由观察视角的拉近和拉远操作。

（3）高电压试验虚拟仿真平台工具栏操作说明。

高电压试验虚拟仿真平台工具栏中各按钮含义如图 2.18 所示。

2）参考试验步骤（基于 A 相进行仿真模拟试验）

（1）接线操作。

单击"接线操作"按钮，并通过键盘以及鼠标操作，控制虚拟试验人员进入相应的试验场景，选择相应的试验接线以及相应的接线点进行试验接线。

（2）试验操作。

启动仪表电源，设置测试电压以及功能，单击"高压启动键"，进行试验。

（3）试验后操作。

试验后，关闭电源，进行放电、拆线等操作。

注意：进行试验步骤操作时，要先双击鼠标左键，再确认选项，进行相应的试验操作步骤。

3）220 kV 电流互感器例行试验操作步骤

（1）220 kV 电流互感器一次绕组对二次绕组及地绝缘电阻测量。

① 选择"接线操作"/"B 相二次短接点"/"末屏接点"/"短接线 2"/"二次短接线"/"接地点"/"仪器接地线"/"接地点"/"仪器接地线"/"仪器地线接口"/"短接线 1"/"操作杆"/"一次绕组短接点 01"/"一次绕组短接点 02"/"仪器试验线"/"仪表试验线接口"/"仪器试验线"/"操作杆"/"试验点"选项。

② 选择"操作"/"电源按钮"/"量程选择键"/"功能选择键"选项，将量程和功能分别设置为"5 000 V"和"R"，然后单击"高压启动键"。

③ 双击"电源按钮"关闭电源，选择"放电"/"放电棒"/"拆线"选项，单击试验接线，进行拆除，试验结束。

（2）220 kV 电流互感器末屏绝缘电阻测量。

① 选择"接线操作"/"短接线 1"/"操作杆"/"一次引线"/"一次引线"/"二次短接线"/"二次短接点"/"仪器接地线"/"接地点"/"短接线 2"/"操作杆"/"短接点"/"二次短接线"/"短接线 3"/"二次短接线"/"接地点"/"仪器接地线"/"接地点"/"仪器接地线"/"仪表地线接口"/"仪器试验线"/"仪器负极接口"/"仪器试验线"/"末屏接点"选项。

② 选择"操作"/"电源按钮"/"量程选择键"/"功能选择键"选项，将量程和功能分别设置为"5 000 V"和"R"，然后单击"高压启动键"。

③ 双击"电源按钮"关闭电源，选择"放电"/"放电棒"/"拆线"选项，单击试验接线，进行拆除，试验结束。

（3）220 kV 电流互感器末屏对地介质损耗及电容量测量。

① 选择"接线操作"/"仪器接地线"/"试验接地点"/"仪器接地线"/"仪器接地点"/"二次短接线"/"二次短接点"/"试验接地线"/"试验接地点"/"二次短接线"/"仪器试验线"/"CX"/"屏蔽接点"/"仪器试验线"/"末屏接点"/"试验短接线"/"绝缘操作杆"/"试验点 1"/"试验点 2"/"试验屏蔽线"/"绝缘操作杆"/"屏蔽接点"/"试验试验线"/"电源线"/"电源盘"/"电源接口"选项。

② 选择"操作"/"总电源开关"/"→"选项，选择设置内容，单击"↑""↓"键进行内容设置，最终设置为正接线、内标准、变频、15 kV。设置完成后，将光标切换到"启动"/"内高压允许开关"/"启 | 停"选项，开始测量。

③ 单击"内高压允许开关"，双击"总电源开关"关闭电源，选择"放电"/"放电棒"/"拆线"，单击试验接线，进行拆除，试验结束。

（4）220 kV 电流互感器直流电阻测量。

① 选择"接线操作"/"仪器接地线"/"B 相接地点"/"仪器接地线"/"仪表接地端子"/"正极电压线"/"正极电压接点"/"正极电压线"/"试验点 1"/"正极电流线"/"正极电流接点"/"正极电流线"/"试验点 1"/"负极电流线"/"负极电流接点"/"负极电流线"/"试验点 2"/"负极电压线"/"负极电压接点"/"负极电压接线"/"试验点 2"/"电源线"/"电源盘"/"电源接点"选项。

② 选择"操作"/"电源开关"/"方式"选项，选择电流 40 A，单击"测试键"。

③ 双击"电源开关"关闭电源，选择"放电"/"放电棒"/"拆线"选项，单击试验接线，进行拆除，试验结束。

5. 试验后任务

（1）写出 220 kV 电流互感器一次绕组对二次绕组及地的绝缘电阻测量试验步骤。

（2）写出 220 kV 电流互感器末屏绝缘电阻测量试验步骤。

（3）写出 220 kV 电流互感器末屏对地介质损耗及电容量测量试验步骤。

（4）写出 220 kV 电流互感器直流电阻测量试验步骤。

（5）简述如何通过例行试验来判断 220 kV 电流互感器的绝缘性能。

2.4　高电压试验仪器培训

1. 培训目的

（1）了解高电压试验中常用的试验仪器种类。

（2）了解自动抗干扰介质损耗仪、手摇式兆欧表、直流高电压发生器、单相调压器等仪器的工作原理。

（3）掌握自动抗干扰介质损耗仪、手摇式兆欧表、直流高电压发生器、单相调压器等仪器的使用方法。

2. 培训内容

（1）自动抗干扰介质损耗仪的工作原理、使用方法以及注意事项。

（2）手摇式兆欧表的工作原理、使用方法以及注意事项。

（3）直流高电压发生器的工作原理、使用方法以及注意事项。

（4）充气式试验变压器的工作原理、使用方法以及注意事项。

（5）直流电阻桥的工作原理、使用方法以及注意事项。

（6）放电记录仪和单相调压器的使用方法。

（7）回路电阻测试仪和直流电阻测试仪的使用方法及注意事项。

3. 高电压试验仪器培训系统启动

1）启动远程多媒体培训系统

用 1.4 节介绍的方法启动该系统。

2）高电压试验仪器培训登录

在"用户名"处输入"1"，"密码"处输入"1"，单击"登录"按钮，然后选择"高电压试验培训"选项，即可进入高电压试验仪器培训系统，如图 2.19 所示。

图 2. 19　高电压试验仪器培训系统

4. 高电压试验仪器培训内容及步骤

1）高电压试验仪器培训内容

培训内容包括自动抗干扰介质损耗仪、手摇式兆欧表、直流高电压发生器、充气式试验变压器、直流电阻桥的工作原理、使用方法以及注意事项；放电记录仪和单相调压器的使用方法；回路电阻测试仪和直流电阻测试仪使用方法以及注意事项。

2）高电压试验仪器培训步骤

进入高电压试验培训系统后，单击"试验仪器介绍"按钮，即可进行高电压试验仪器培训。

5. 思考题

（1）自动抗干扰介质损耗仪在使用过程中需要注意哪些事项？

（2）充气式试验变压器在使用时需要注意哪些事项？

（3）直流电阻桥在使用时需要注意哪些事项？

（4）回路电阻测试仪需要注意哪些事项？

（5）放电记录仪使用步骤如何？

第3章 输电线路检修、运行与维护

电网安全、经济、可靠地运行是电力企业生产建设的重要环节之一。在超高电压、特高电压的大型电网中，一般采用架空线路来传输电能。架空线路分布在田野、丘陵、城镇，长期受自然环境影响，还有可能随时受到自然灾害和各种人为外力的破坏。为了保证供电的安全性、经济性和可靠性，迫切需要进行电力线路的运行和管理工作。

为保证线路能够安全运行，必须贯彻"安全第一、预防为主"的方针，严格执行《国家电网公司电力安全工作规程（线路部分）》的有关规定。运行单位应全面做好线路的巡视、检测、维修和管理工作，积极采用先进技术，实行科学管理，不断总结经验、积累资料、掌握规律，保证线路安全运行。线路检修是保证线路健康和正常运行的必要工作，应贯彻"应修必修、修必修好"的原则。

3.1 输电线路概念及其划分

图3.1为电力系统各环节示意图，虚线框内为输电部分，输电部分与配电部分相比，其线路具有电压等级高、磁场强度高、击穿空气（电弧）距离长的特点。输电线路是两个公共变电站之间的连接线路，通过输电线路可以实现电能远距离输送。输电线路应采用高电压、小电流的输送方式，输电电压等级相对较高。

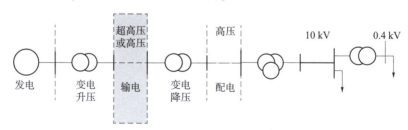

图3.1 电力系统各环节示意图

3.2 输电线路的电压等级

目前，我国采用的输电线路电压等级有 35 kV、60 kV、110 kV、220 kV、330 kV、500 kV、750 kV、1 000 kV。其中，超高压输电线路电压等级为 330~750 kV；特高压输电线路电压等级为交流 1 000 kV、直流 ±800 kV 及以上。

3.3　输电线路的分类

1. 按结构分类

输电线路按结构分类，可分为架空线路和电缆线路。

1）区别

（1）架空线路主要是指架空的露天线路，通常架设在地面上，是将输电导线固定在垂直于地面的杆塔上以传输电力的输电线路。

（2）电缆线路是由通信电缆及其附属设备构成的电信号传输系统。通信电缆是由多根绝缘导线以一定方式绞合而成的线束，它的外面包裹着密封的护套，其中一些还覆盖着一层保护层。电缆线路可用于传输电报、电话、图片、数据、电视节目等。

2）特点

（1）架空线路的特点：安装维修方便，成本低，但容易因气象和环境造成故障，整个输电走廊占地面积较大，容易对周围环境造成电磁干扰。

（2）电缆线路的特点：使用寿命长，通信容量大，传输质量稳定，受外部干扰小，保密性能好。

2. 按输电电流的性质分类

输电线路按输电电流的性质分类，可分为交流输电线路和直流输电线路。

直流输电在 19 世纪 80 年代首次成功实现，但由于当时的技术条件下直流输电电压难以持续提高，因此输电容量受到限制。19 世纪末，直流输电逐渐被交流输电所取代，交流输电的成功开创了电气化社会的新时代。从 20 世纪 60 年代开始，直流输电与交流输电相互配合，形成交直流混合电力系统。

3.4　架空线路的组成及各部分功能

架空线路由杆塔、基础、导线、拉线、避雷线、绝缘子、线路金具、接地装置等组成，如图 3.2 所示。

图 3.2　架空线路

1. 杆塔

杆塔是输、配电线路的主要组成部分，用来支撑导线和架空地线，使导线与地线之间、导线对地和对其他建筑物及树木植物之间有一定的最小容许距离。

2. 基础

基础是指杆塔地下部分，其作用是防止杆塔因受垂直荷载、水平荷载、事故荷载等产生上拔、下压、倾倒现象。

3. 导线

导线用来从发电厂或变电站向用户输送电能。导线不仅通过电流，还承受机械荷载。导线按材料性质可分为铜线、铝线、铝合金线、铝包钢线、铜包钢线。

架空线路通常情况下使用的是多股绞线，多股绞线又分为单种绞线和复合绞线。其中，单种绞线包括铜绞线、铝绞线、钢绞线、铝包钢绞线、铜包钢绞线等，复合绞线包括铝合金绞线、钢芯铝合金绞线、钢芯钢包钢绞线、钢芯铝包钢绞线、钢芯铝绞线、光纤复合钢铝混绞线等。

4. 拉线

拉线的主要作用是加强杆塔的强度，确保杆塔的稳定性，同时承担外部荷载的作用力。

5. 避雷线

避雷线一般架设在导线的上方，它的作用是保护导线免受直接的雷击。当雷电击中塔顶时，会对雷电电流产生分流作用，减少流入塔顶的雷电电流，降低塔顶的电位。避雷线对导线有耦合作用，在雷击塔顶时能降低导线绝缘电压。避雷线对导线有屏蔽作用，可以降低导线上的感应过电压，通常用作电气通信线路。

避雷线悬挂在杆塔顶部，并通过每根杆塔接地线连接接地体。当雷云放电雷击线路的时候，由于导线的上方是避雷线，故雷电先击中避雷线，将雷电流通过接地体泄入大地，从而保护线路免遭雷电过电压的破坏。

常用的制造避雷线的材料有镀锌钢绞线、光纤复合架空地线等。

6. 绝缘子

绝缘子是用来支持或悬挂导线、对杆塔进行绝缘、保证线路可靠的电气元件。用于杆塔与导线绝缘的绝缘子不但要承受工作电压的影响，还要受到过电压、机械力、温度的变化和周围环境的影响。所以，绝缘子必须具有良好的绝缘性能和一定的机械强度。

7. 线路金具

线路金具在架空线路及配电装置中主要用于支持、固定和接续裸导线、导体及绝缘子，有时也用于保护导线和绝缘体。

8. 接地装置

接地装置对电力系统的安全稳定运行至关重要，降低杆塔接地电阻是提高线路耐雷水平、减少线路雷击跳闸率的主要措施之一。

3.5 架空线路的运行环境要求及安全生产指标

电能经架空线路从电厂输送到负荷中心，沿途要穿越高山、河流等，并经受风、霜、雨、雪的干扰，恶劣的环境条件对架空输电线路提出了特殊的要求，具体如下。

（1）能承受沿线恶劣气象的考验。

（2）能承受各种气象条件的荷载作用。

（3）必须满足电气间隙和防雷要求。

（4）合理地选择导线的型号、截面和应力。

架空线路的主要安全生产指标一般包括以下几点。

（1）"安全措施""预防事故措施"计划完成率分别大于或等于95%。

（2）线路一般缺陷年消除率大于或等于90%。

（3）危急、严重缺陷消除率为100%。

（4）工作票合格率为100%。

（5）现场使用的安全工器具完好率为100%。

（6）线路的各类标示牌、警告牌等的健全率为100%（新投产的1个月内不作统计）。

（7）安全工器具周期试验率为100%。

3.6　输电线路运行管理与维护

输电线路的运行管理（包括线路巡视和检测）为后续的维护工作提供了依据。运行单位应坚持"安全第一、预防为主"的原则，按照《国家电网公司电力安全工作规程（线路部分）》和相关规范的规定，全面做好线路运行管理工作。为保证线路的安全运行，输电线路的运行维护应包括线路巡视、线路检测、线路检修等工作流程。

3.6.1　线路巡视

线路巡视的目的是掌握线路的运行状态，发现各个部分出现的隐患或缺陷。对线路进行近距离的观测、检查、记录，为线路的检修、维护及状态评估等提供了有力的依据。

1. 线路巡视的基本措施

（1）健全各种规程、图表、技术资料和各种记录。

（2）每条线路要有巡线人员按期巡视。

（3）适度推广带电作业技术。

（4）加强线路运行管理的组织机构，配齐各岗位人员，按运行规程的要求进行各项工作。

（5）广泛开展群众性护线工作。

2. 线路巡视的分类

根据不同的需要，线路巡视可分为正常巡视、故障巡视、特殊巡视、监察性巡视4种。

（1）正常巡视即定期检查，是由专线检查员按基本固定周期进行的检查。新（改造或扩建）线路（段）应在线路投产后12个月内每月检查一次。全线投入运行后12个月，通常每月进行一次巡回检查。检查周期可根据线路的具体情况进行适当调整，为了及时发现和掌握线路的变化情况，不得超过2个月一次。检查的范围是整个线路或维修部门的管辖范围。

（2）故障巡视一般安排在线路故障时进行，即运行单位为了查明线路故障点、故障原因和故障情况而组织的线路检查。线路故障发生后，无论再启动是否成功，都要及时组织故障检查。检查人员由运行单位按要求确定（不只是特种巡查人员）。检查范围为故障段或全线。为了弥补地面检查的不足，如果没有发现故障，还要登杆检查。

（3）特殊巡视是在特殊情况下或根据特殊需要，采用线路检查的特殊检查方法。特殊巡视通常应根据线路的运行状态、气候变化、路径特征、自然条件等组织专人进行，无固定周期。特殊巡视的人员并不限于特种检查人员，检查范围可为全线、特定区段或个别组件。特殊巡视主要在气候突然变化和自然灾害前后进行，以发现异常现象并采取相应措施。特殊巡视包括夜间巡视、交叉巡视、登杆塔检查、防外力破坏巡视等。

（4）监察性巡视的目的是检查专线检查员以及运行单位工作的质量。对于线路管理人员来说，监察性巡视的时间规定为：输电部门至少 3 次/年；安全部门及以上部门至少 2 次/年。对于监察性巡视的范围，一般来说没有固定性，既可以选择多条或一条线路，也可以单独选择个别区段。

3.6.2 线路检测

1. 线路检测的目的

线路检测的目的是及时发现设备可能存在的安全隐患，对设备的状态进行评估，为设备状态检修提供有力的科学依据。

注意：线路的检测工作应该由线路运行单位来负责。

2. 线路检测应注意的问题

（1）制订线路检测计划前，要考虑到不同线路或不同地区的特点，并且要依据季节性要求超前制订。

（2）线路检测人员应掌握各种检测仪器、设备的性能及使用方法，测试数据应准确，记录应清晰、完整。测试记录等资料应作为技术档案妥善保管。

（3）线路检测时使用的各种仪器设备一定要定时进行检查及校验，确保其准确、完好。

3. 架空线路的维护

对于小区架空线路，应每月进行一次巡视检查。当遇雷雨、大风、大雪、冰雹等恶劣天气及线路发生故障或不正常情况时，应临时增加巡查次数。

巡视检查项目如下。

（1）沿线路地面是否堆放易燃、易爆、腐蚀性物体；线路上是否存在杂物悬挂；线路周围是否存在对线路造成损坏的树木或危险的建筑物。

（2）拉线是否完好；导线接头是否接触良好，是否存在严重氧化、腐蚀或断脱现象，是否过热发红；电杆是否存在变形、倾斜、损坏、腐朽及基础下沉等现象；绑扎线是否紧固可靠；绝缘子是否有破损和放电痕迹。

（3）接地线是否存在锈断损坏的现象；避雷接地装置是否良好；为保证防雷安全，在雷雨季节来临之前应进行重点检查。

导线和线路金具的维护与检测如表 3.1 所示。

表 3.1　导线和线路金具的维护与检测

分类	项目	周期	内容
导线	导线弛度测量	必要时检修	（1）竣工投运时全面核测 1 次，建立档案 （2）线路投入运行 1 年后测量 1 次 （3）导线恢复性大修或更换后、弛度调整后应复测 （4）悬垂绝缘子串顺线路方向明显倾斜或两极导线弧垂明显不一致时，要及时进行测量
	交叉、跨越距离测量	必要时检修	（1）竣工投运时全面核测 1 次，建立档案 （2）线路投入运行 1 年后测量 1 次 （3）巡视中如发现距离变化及新跨越物，需进行测量
	导线耐张压接管、直线接续管、跳线导流板的测温	必要时检修	（1）线路投运 1 年内，完成该线设备测温对象的初次测温 （2）线路投运 2 年后，每条线路每年按 10% 的比例抽检，且不重复
	导线、地线磨损、断股、破股、严重锈蚀、闪络烧伤、松动等	每次检修	抽查导线、地线线夹，必须及时打开检查
	大跨越导线、地线振动测量	2~5 年检修	对一般线路，应选择有代表性档距进行现场振动测量。测量点应包括悬垂线夹、防振锤及间隔棒线夹处，根据振动情况选点测量
	导线、地线舞动观测	必要时检修	在发生舞动时，应及时观测
线路金具	导流金具的测试： （1）直线接续金具 （2）不同金属接续金具 （3）并沟线夹（地线接地引线）、跳线连接板、压接式耐张线夹	必要时检修	采用望远镜观察接续管口导线有否断股、灯笼泡或移位现象；每次线路检修测试连接螺栓扭矩值应符合标准；红外测试应在线路负荷较大时抽测，根据测温结果确定是否进行检修
	金具锈蚀、磨损、裂纹、变形检查	每次检修	外观难以看到的部位，要打开螺栓、垫圈检查或用仪器检查。如果开展线路远红外测温工作，则每年进行一次测温，根据测温结果确定是否进行检修

3.6.3　线路检修

　　检修也称维修，是指工作人员在各种检查中或者是正常巡视中，对线路中存在的各种缺陷进行的处理，如修理有缺陷的或破损的零部件，更换损坏、老化的元件，使其恢复正常水平的正规预防性维修。

检修的目的是消除线路中存在的各种异常情况和事故隐患，以保证设备具有良好的状态，能够安全工作运行。

检修的原则是以"预防为主"，坚持"应修必修、修必修好"。

严格遵守检修原则，既能减小因过度维修而导致的成本浪费，又能减小因检修不彻底而导致的线路故障。在检修时，应依据线路检查的各种测试和数据，来进行检修作业项目。根据实际情况，以停机或带电作业的方式进行维护，尽量减少停机维护的次数，提高线路的可用性。在采用先进技术、施工方法和维护工具的前提下，应优先采用先进技术和维护工具。

检修一般包括常规检修、带电检修及故障检修。

1. 常规检修

架空线路的常规检修包括小修（也称日常维修）、大修、改进工程和事故抢修。

1）小修

小修是指除大修、改进工程、事故抢修以外的一切维护工作，其目的是保证设备及输、配电线路的安全运行，以及提高供电可靠性。

例如，定期对铁塔进行刷漆、金属基础防腐处理、清扫绝缘子合并沟线夹紧螺栓、钢圈除锈、混凝土杆内排水、杆塔螺栓紧固、木杆根削腐涂油、杆塔倾斜扶正以及巡线道桥的修补、防护区伐树砍竹等。

注意：大部分的小修作业都不需要停电进行。

2）大修

大修的主要任务是维修现有的操作线路，或使线路保证原有的机械性能和电气性能。大修主要包括以下内容：

（1）改善接地装置；

（2）增加绝缘子或更换防护型绝缘子，以加强绝缘水平；

（3）处理不合格的交叉跨越段，根据防汛等反事故措施要求调整杆塔位置；

（4）更换或补强杆塔；

（5）更换补修导线、架空地线并调整其弧垂；

（6）更换或增设导、地线防振装置；

（7）加固杆塔基础等。

3）改进工程

改进工程包括的范围较广，凡是属于提高线路安全运行性能，提高线路输送容量，改善劳动条件而对线路进行改进或拆除的检修工作均属这类工作。

改进工程包括增建或改建部分线路，以及更换大容导线并进行升、降压改造等。

4）事故抢修

事故抢修是在保证抢修质量符合标准的前提下，及时、迅速地恢复供电是事故抢修所考虑的关键问题。抢修工作一般是在接收到任务之后，由事故抢修队来完成。

2. 带电检修

为避免因检修而导致用户停电进行的带电作业称为带电检修。

带电作业类型包括间接作业法、等电位作业法和中间电位作业法3种。

带电作业项目包括带电水冲洗及更换绝缘子、接入或拆除空载线段、绝缘子等值盐密度测试、补修导线、调整导线弧垂、带电加高杆塔、更换腐蚀架空地线、更换杆塔、更换导线等。

3. 故障检修

故障检修也称临修，是指因自然灾害（如地震、洪水、风暴及外力）的袭击造成输电线路断线、倒杆或绝缘子脱扣等事故，为尽快恢复供电，而被迫进行的检修工作。

3.7　输电线路常规（停电）检修

输电线路常规检修安全要求：断开电源和验电，并挂接地线。

1. 停电登杆检查项目的内容

（1）针式绝缘子、用绑线固定的导线及瓷横担是否完好可靠。

（2）护线条卡是否松动、是否磨损导线。

（3）绝缘子是否存在裂纹、倾斜、硬伤等痕迹，绝缘子芯棒是否有弯曲现象。

（4）绝缘子串的连接金具是否锈蚀、完好。

（5）绝缘子串开口销子、弹簧销子是否齐全、完好。

（6）防振锤是否存在移位、倾斜或磨损导线的现象。

（7）导线、各部螺栓、避雷线悬挂点是否存在松扣或脱落的现象。

2. 停电检修作业时保证安全的技术措施

进行停电检修工作前，首先要明确工作任务、了解工作范围、掌握安全措施、熟悉带电部位等安全注意事项。监护人员一定要细心负责，随时告知作业人员应注意的情况，以避免意外事故的发生。

全部停电和部分停电的检修工作步骤如下。

（1）停电。

（2）放电。

（3）验电。

（4）装设临时接地线。

（5）装设遮拦。

（6）悬挂标示牌。

3.8　输电线路带电作业

通常把采用绝缘杆、等电位、水力冲洗等操作方法在带电设备上进行的工作称为带电作业。

1. 带电作业的优点

（1）简化设备。对于因某种原因而必须架设双回线的某些线路，在实行带电作业后，可以不必采用双回线，同时有效减少了线路损耗。

（2）节省检修时间。

（3）保证了线路的不间断供电。

（4）可及时安排检修计划，可及时处理某些缺陷。

2. 带电作业的操作方式

带电作业操作方式有下列两种。

（1）间接法：操作人员利用绝缘杆或机械手进行操作（保持一定安全距离）。

（2）直接法：操作人员直接接触带电体进行操作（一般穿均压服，由绝缘梯台上下）。

3. 输电线路带电作业工器具

目前，带电作业工作在我国已开展了许多年，为确保工器具的质量，工器具基本做到了生产专业化和标准化的要求。工器具分类如表3.2所示。

表 3.2　工器具分类

类型	具体名称
个人防护类	屏蔽服、静电防护服、导电鞋、导电眼镜等
更换绝缘子类	牵引装置（包括液压或丝杆紧线器、绝缘滑车和轻型机动绞磨），绝缘承力拉板（杆），提线的各种卡具、托（吊）瓶装置等
绝缘子清扫类	绝缘子清扫刷、水冲洗设备等
进入电场类	绝缘小座梯（座椅、吊篮）、绝缘软梯、绝缘挂梯、绝缘平梯、独脚梯、电位转移杆、绝缘绳索等
绝缘子检测类	火花间隙、定性自爬式绝缘子检测仪、定量自爬式绝缘子检测仪、杆上检测地面打印定量绝缘子检测仪、绝缘子检测兆欧表（不带电）等
其他	操作杆、飞车、拔销器、勾瓶杆、跟斗滑车、推拉器、导线、保险钩、射绳枪、对讲机、带电作业工程车等

3.8.1　间接带电作业

间接带电作业是作业人员不直接接触带电体，而利用绝缘工具间接接触带电导线或设备，从而实现作业的方法，即地-绝缘工具-带电设备。

1. 间接带电作业的适用范围和重要性

适用范围：35 kV 及以下电压等级的线路。

由于设备之间的间距较小，作业人员应采取措施进行间接带电作业，以免导致放电或接地，严重时会造成人身或设备事故。

绝缘工具是直接与带电设备接触的工具，它必须具有较高的绝缘强度，同时要具有足够的机械强度。因为要利用这些工具将带电体挪离待修设备，使待修设备与电源脱离，从而进行检修。

2. 组装工具和操作时的注意事项

（1）支拉线杆支出或拉回后，应立即拧紧电杆固定器上的绝缘杆杆夹的螺帽，以防止跑杆受力回缩。

（2）复式滑车丝绳组的安装位置必须符合工作上的需要，滑车挂钩应用绑线封缠上，以防止脱钩。

（3）用支、拉、吊线杆操作导线时所用的铁钩、固线夹等必须能够夹牢导线，以防止在支、拉、吊导线时沿导线滑动。

（4）各种卡具和电杆固定器必须能够牢靠地紧固在电杆上，其安装位置应合适，以防止受力后扭曲。

（5）根据检修性质和设备结构情况，应在电杆中部或适当位置打上临时拉线，以防止电杆摆动过大。

3.8.2　直接带电作业

直接带电作业是作业人员直接接触带电设备，进行检修工作的方法。

直接带电作业比间接带电作业操作更灵活、更方便，检修质量更好、效率更高。

注意：采用直接带电作业时，必须采取有效措施，以保证作业人员的人身安全。

在进行直接带电作业时，应遵守下列一般要求。

（1）要对绝缘工具的特点及使用方法熟练掌握，要经常对绝缘工具进行检测、维护，并妥善保管。

（2）对直接带电作业负责人有严格的要求：一是具有一定工作经验且多年从事直接带电作业，二是具有事故处理能力和一定的组织能力。

（3）当进行夜间直接带电作业时，必须要有足够的照明，且要在变电所或发电厂内进行。

（4）作业前，要明确工作任务和操作方法，制订安全措施。

（5）当遇到恶劣天气，如雨、雾及大于 5 级的风力等，应立即停止作业。

（6）作业人员上岗前要进行专门的岗前培训，并进行测试，取得考试合格证后，方可正式参加直接带电作业。

（7）设计的杆塔型式和线间距离应满足直接带电作业的需要。

（8）作业前，必须具有工作票，并要经调度部门同意。必要时将接地保护改为瞬时跳闸装置，退出重合闸装置，且不得强行送电。这样一旦发生接地或短路故障，可立即切断电源，避免人员连续触电。

（9）工作现场应设围栏防护，严禁非工作人员进入防护区内。

（10）直接带电作业的绝缘工具不得沾有油泥，不能用汽油、棉纱、稀料、酒精等擦拭绝缘体，以防由于泄漏电流起火。

（11）工作人员不得穿用合成纤维纺织品材料的工作服和内衣，以免起火时烧伤身体。

（12）在作业过程中，负责人应随时监护杆塔上操作人员的每个动作和意图，发现不安全现象时，要及时向工作人员提出，并及时做出正确判断和处理。

（13）在使用转动横担或释放线夹的线路上进行直接带电作业时，应在作业前采取加固措施。

（14）直接带电作业应由专门的带电作业班（队）担任。带电作业班（队）应长期从事本专业的工作，以便培养牢固的带电作业习惯动作和带电感。

（15）在杆塔上作业时，安全带与各部位的连接必须牢固可靠，以免断裂造成人员坠落。对复杂的操作或在高的杆塔上作业时，地面监护有困难，应增设杆塔上的监护。

3.8.3 带电、高处作业安全技术措施

1. 带电作业

1）一般规定

本规定适用于在海拔 100 m 及以下交流 1~100 kV、直流 ±（500~800）kV（250 kV 为海拔 2 000 m 以下值）的高压架空电力线路、变电站（发电厂）电气设备上，采用等电位、中间电位和地电位方式进行的带电作业以及低压带电作业。在海拔 100 m 以上（250 kV 为海拔 2 000 m）以上带电作业时，应根据作业区不同海拔高度修正各类空气与固体绝缘的安全距离和长度、绝缘子片数等，并编制带电作业现场安全规程，经单位分管生产领导（总工程师）批准后执行。

（1）应在良好天气下进行带电作业。如遇雷电（听见雷声、看见闪电）、雪、雹、雨、雾等，不准进行带电作业。风力大于 5 级或湿度大于 80% 时，一般不宜进行带电作业。在特殊情况下，必须在恶劣天气进行带电抢修时，应组织有关人员充分讨论并编制必要的安全措施，经单位分管生产领导（总工程师）批准后方可进行。

（2）对于比较复杂、难度较大的带电作业新项目和研制的新工具，应进行科学试验以确认安全可靠，制订操作工艺方案和安全措施，经单位分管生产领导（总工程师）批准后方可使用。

（3）参加带电作业的人员应经专门培训，并经考试合格取得资格，单位书面批准后方能参加相应的作业。带电作业工作票签发人和工作负责人、专责监护人应由具有带电作业资格、带电作业实践经验的人员担任。

（4）带电作业应设专责监护人。监护人不准直接操作。监护的范围不准超过一个作业点。复杂或高杆塔作业必要时应增设（塔上）监护人。

（5）带电作业工作票签发人或工作负责人认为有必要时，应组织有经验的人员到现场勘查，根据勘查结果作出能否进行带电作业的判断，并确定作业方法和所需工具以及应采取的措施。

（6）带电作业有下列情况之一时，应停用重合闸或直流再启动保护，并不准强送电。

① 中性点有效接地的系统中有可能引起单相接地的作业。

② 中性点非有效接地的系统中有可能引起相间短路的作业。

③ 直流线路中有可能引起单极接地或极间短路的作业。

④ 工作票签发人或工作负责人认为需要停用重合闸或直流再启动保护的作业。

（7）带电作业工作负责人在带电作业工作开始前，应与值班调度员联系。需要停用重合闸或直流再启动保护的作业和带电断、接引线应由值班调度员履行许可手续。带电作业结束后，应及时向值班调度员汇报。

（8）在带电作业过程中，如设备突然停电，作业人员应视设备仍然带电。工作负责人应尽快与调度联系，值班调度员未与工作负责人取得联系前不准强送电。

2）一般安全技术措施

（1）在绝缘子串未脱离导线前，拆、装靠近横担的第一片绝缘子时，应采用专用短接线或穿屏蔽服方可直接进行操作。

（2）绝缘工具最小有效绝缘长度不得小于表 3.3 的规定。

表 3.3 绝缘工具最小有效绝缘长度

电压等级/kV	有效绝缘长度/m	
	绝缘操作杆	绝缘承力工具、绝缘绳索
10	0.7	0.4
35	0.9	0.6
63（66）	1.0	0.7
110	1.3	1.0
220	2.1	1.8
330	3.1	2.8
500	4.0	3.7

（3）在市区或人口稠密的地区进行带电作业时，工作现场应设置围栏，派专人监护，禁止非工作人员入内。

（4）带电更换绝缘子或在绝缘子串上作业，应保证作业中良好绝缘子片数不少于规定要求。

（5）进行地电位带电作业时，人身与带电体间的安全距离不准小于规定要求。35 kV 及以下的带电设备不能满足规定的最小安全距离时，应采取可靠的绝缘隔离措施。

（6）带电作业不准使用非绝缘绳索，如棉纱绳、白棕绳、钢丝绳。

（7）非特殊需要，不应在跨越处下方或邻近有电力线路或其他弱电线路的档距内进行带电架、拆线的工作。如需进行，则应制订可靠的安全技术措施，经本单位分管生产的领导（总工程师）批准后方可进行。

2. 高处作业

（1）凡在坠落高度基准面 2 m 及以上的高处进行的作业，都应视作高处作业。

（2）在坝顶、陡坡、屋顶、悬崖、杆塔、吊桥以及其他危险的边沿进行工作，临空一面应装设安全网或防护栏杆，否则工作人员应使用安全带。

（3）高处作业应先搭设脚手架，使用高空作业车、升降平台，并采取其他防止坠落措施。

（4）凡参加高处作业的人员，应每年进行一次体检。

（5）峭壁、陡坡的场地或人行道上的冰雪、碎石、泥土应经常清理，靠外面一侧应设1 050～1 200 mm 高的栏杆。在栏杆内侧设 180 mm 高的侧板，以防坠物伤人。

（6）在电焊作业或其他有火花、熔融源等的场所使用的安全带或安全绳，应有隔热防磨套。

（7）安全带和固定安全带的绳索在使用前应进行外观检查，不合格的不准使用。

（8）在没有脚手架或者在没有栏杆的脚手架上工作高度超过 1.5 m 时，应使用安全带或采取其他可靠的安全措施。

（9）高处作业应一律使用工具袋。较大的工具应用绳拴在牢固的构件上，工件、边角余料应放置在牢靠的地方或用铁丝扣牢，并有防止坠落的措施，不准随便乱放，以防止从高空坠落发生事故。

（10）高处作业人员在作业过程中，应随时检查安全带是否拴牢。高处作业人员在转移作业位置时不得在失去保护的情况下工作。钢管杆塔、30 m 以上杆塔和 220 kV 及以上线路杆塔应设置防止作业人员上下杆塔和杆塔上水平移动的防坠安全保护装置。

（11）高处作业使用的脚手架经验收合格后方可使用。上下脚手架应走坡道或梯子，作业人员不准沿脚手架或栏杆等攀爬。

（12）安全带的挂钩或绳子应挂在结实牢固的构件或专为挂安全带用的钢丝绳上，应采用"高挂低用"的方式，禁止系挂在移动或不牢固的物件上，如隔离开关（刀闸）支持绝缘子、瓷横担、未经固定的转动横担、线路支柱绝缘子、避雷器支柱绝缘子等。

（13）在进行高处作业时，除有关人员外，不准他人在工作地点的下面通行或逗留，工作地点下面应设有围栏或装设其他保护装置，防止落物伤人。如在格栅式的平台上工作，为了防止工具和器材掉落，应采取有效隔离措施，如铺设木板等。

（14）在6级及以上的大风、暴雨、雷电、冰雹、大雾、沙尘暴等恶劣天气下，应停止露天高处作业。特殊情况下，需在恶劣天气进行抢修时，应组织人员充分讨论必要的安全措施，经本单位分管生产的领导（总工程师）批准后方可进行。

（15）高处作业区周围的孔洞、沟道等应设盖板、安全网或围栏，并有固定其位置的措施。同时，应设置安全标志，夜间还应设红灯示警。

（16）低温或高温环境下进行高处作业时，应采取保暖和防暑降温措施，作业时间不宜过长。

（17）当临时高处行走区域不能装设防护栏杆时，应设置 1 050 mm 高的安全水平扶绳，且每隔 2 m 应设一个固定支撑点。

（18）脚手架的安装、拆除和使用应按照《国家电网公司电力安全工作规程（线路部分）》及国家相关规定进行。

（19）使用软梯、挂梯作业或用梯头进行移动作业时，软梯、挂梯或梯头上只准一人工作。作业人员到达梯头上进行工作和梯头开始移动前，应将梯头的封口可靠封闭，无法封闭时，应使用保护绳，防止梯头脱钩。

（20）梯子应坚固完整，有防滑措施。梯子的支柱应能承受作业人员及所携带的工具、材料攀登时的总重力。硬质梯子的横档应嵌在支柱上，梯阶的距离不应大于 40 cm，并在距梯顶 1 m 处设限高标志。使用单梯工作时，梯与地面的斜角度为 60° 左右，梯子不宜绑接使用，人字梯应有限制开度的措施，人在梯子上时禁止移动梯子。

（21）利用高空作业车、带电作业车、叉车、高处作业平台等进行高处作业，高处作业平台应处于稳定状态，车辆移动时，作业平台上不准载人。

3.9 输电线路防雷

3.9.1 输电线路防雷重要性

输电线路绵延数千里、地处旷野，往往是周边地面上最为高耸的物体，极易遭受雷击，因此在整个电力系统的防雷中，输电线路的防雷问题最为突出。统计表明，在平均高度为 8 m 的输电线路中，每 100 km 线路年平均受雷击次数约为 4.8 次。经验表明，电力系统中的停电事故有近 50% 是由雷击线路造成的。此外，线路落雷后，沿输电线路侵入发电厂、变电所的雷电波也是威胁电气设备,造成发电厂、变电所事故的主要因素之一。因此,提高输电线路的防雷性能,不仅可以直接减少雷击输电线路引起的雷击跳闸事故,而且有利于发电厂、变电所电气设备的安全运行。

3.9.2　输电线路防雷性能

在工程中,主要用耐雷水平和雷击跳闸率两个指标来衡量输电线路防雷性能的优劣。

(1) 耐雷水平是指雷击线路绝缘不发生闪络的最大雷电流幅值,单位为 kA。高于耐雷水平的雷电流击于线路将会引起闪络,反之则不会发生闪络。

(2) 雷击跳闸率是指折算到雷暴日数为 40 的标准条件下,每 100 km 线路每年由雷击引起的跳闸次数,它是衡量线路防雷性能的综合指标。显然,雷击跳闸率越低,说明线路防雷性能越好。

在输电线路中进行的防雷保护固然重要,但也不可能绝对防雷。输电线路防雷保护的任务要考虑线路通过地区的雷电活动强弱、该线路的重要性以及投入产出比等因素。应通过比较,采取合理措施,以使输电线路达到规程规定的耐雷水平值的要求,尽可能降低雷击跳闸率。

3.9.3　输电线路遭受雷击的途径及防护措施

输电线路遭受雷击的途径包括雷直击杆塔塔顶、雷绕击导线、雷击档距中央等,防雷措施可以从直击雷防护和感应雷防护两个方面考虑。

1. 直击雷防护

直击雷主要是雷直击杆塔或雷直击输电线路,通过架设避雷线可进行有效防护。当雷直击杆塔时,其过电压 $U = IR_i$。一般情况下,雷击电流幅值小于 100 kA,R_i 一般小于 30 Ω。当雷直击于输电线路时,导线过电压 $U \approx 100I$。

2. 感应雷防护

感应雷与雷电流极性相反,经验表明,感应雷产生的过电压有如下特点。

(1) 感应过电压与电流幅值成正比。

(2) 感应过电压与导线悬挂的平均高度成正比。

(3) 感应过电压的幅值一般为 300~400 kV,可能引起 35 kV 及以下电压等级线路闪络。对于 110 kV 及以上电压等级线路,一般不会引起闪络。

3. 输电线路的 4 道防线

(1) 防止输电线路导线遭受直击雷,其解决措施是架设避雷线。

(2) 防止输电线路受雷击后绝缘发生闪络,其解决措施是降低杆塔接地电阻。

(3) 防止雷击闪络后建立稳定的工频电弧,其解决措施是增大绝缘子片数以及中性点经消弧线圈接地。

(4) 防止工频电弧引起中断电力供应,其解决措施是采取自动重合闸。

4. 输电线路的主要保护措施

(1) 架设避雷线。我国有关标准规定:330 kV 及以上线路,应全线架设双避雷线;220 kV 线路,宜全线架设双避雷线;110 kV 线路,一般全线架设避雷线,但在少雷区或运行经验证明雷电活动轻微的地区,可不沿全线架设避雷线;35 kV 及以下线路,一般不沿全线架设避雷线。避雷线对导线的保护角一般为 20°~30°。220~330 kV 双避雷线线路,一般采用 20°左右的保护角，500 kV 双避雷线线路的保护角一般不大于 15°，山区宜采用较小的保护角。杆塔上两根避雷线间的距离不应超过导线与避雷线间垂直距离的 5 倍。研究表明，提高特高压输电线路耐雷性能的主要措施是采用更小的保护角，1 000 kV 线路的保护角一般不大于 10°，耐张杆塔和转角杆塔要有更小的保护角，对山区也可能要取负保护角。

（2）降低杆塔接地电阻是防止反击的有效措施。因为降低杆塔接地电阻可以提高耐雷水平。

（3）架设耦合地线。在导线下方 4~5 m 处架设耦合地线，可降低雷击跳闸率 50%。

（4）采用不平衡绝缘方式。对于同杆架设的双回路线路，使双回路绝缘子片数有差异。

（5）采用中性点非有效接地方式。对于 35 kV 及以下线路，采用消弧线圈接地方式，雷击跳闸率可降低 1/3 左右。

（6）装设避雷器。一般在线路交叉处和在高杆塔上装设排气式避雷器，以限制过电压。

（7）加强绝缘。对于大跨越杆塔，超高压、特高压线路杆塔，由于其高度较高，感应过电压和绕击率随高度而增加，可在杆塔上增加绝缘子片数。全高超过 40 m 有避雷线的杆塔，每增高 10 m 应增加一个绝缘子，适当增加导线与避雷线间空气距离，减小保护角。对 35 kV 及以下线路，可采用瓷横担绝缘子以提高冲击闪络电压。

（8）装设自动重合闸装置。据统计，我国 110 kV 及以上高压线路重合闸成功率为 75%~90%，35 kV 及以下线路重合闸成功率为 50%~80%。因此，各级电压的线路都应尽量装设自动重合闸装置。

3.10 典型带电作业仿真实训

典型带电作业仿真实训操作案例依托辽宁工业大学电气工程学院虚拟仿真平台，以标准化作业流程为主线，对 10 kV 配电作业环境、作业方法、作业流程等多个场景进行仿真模拟，通过现场与虚拟环境的交互，实现配电架空线路带电作业仿真学习、模拟练习及考核。

下面介绍 4 个典型配电线路带电作业仿真实训：

（1）更换避雷器（绝缘斗臂车 绝缘杆作业法）仿真实训；

（2）配电线路带电作业绝缘前斗臂车检查仿真实训；

（3）10 kV 配电线路带电断支接线路引线（绝缘杆作业法）仿真实训；

（4）10 kV 配电线路带电接支接线路引线（绝缘杆作业法）仿真实训。

3.10.1 更换避雷器（绝缘斗臂车、绝缘杆作业法）仿真实训

1. 实训目的

（1）掌握更换避雷器（绝缘斗臂车、绝缘杆作业法）的工作流程。

（2）掌握更换避雷器（绝缘斗臂车、绝缘杆作业法）的操作方法。

（3）掌握更换避雷器（绝缘斗臂车、绝缘杆作业法）的检查内容。

（4）掌握更换避雷器（绝缘斗臂车、绝缘杆作业法）的注意事项。

2. 实训软件

电力系统仿真试验室"配电线路带电作业仿真实训"软件。

作业人员共 3 人，包括工作负责人（监护人）1 人、地面电工 1 人、斗内电工 1 人。

主要设备工具包括绝缘斗臂车 1 辆、斗内安全带 1 副、绝缘操作杆 2 根、绝缘绳 1 根、绝缘肩套 1 件、绝缘手套 1 副、绝缘检测仪 1 套、新避雷器 3 个。

3. 实训内容

（1）学习更换避雷器（绝缘斗臂车、绝缘杆作业法）的工作流程。

（2）学习更换避雷器（绝缘斗臂车、绝缘杆作业法）的操作方法。

（3）学习更换避雷器（绝缘斗臂车、绝缘杆作业法）的注意事项。

（4）完成更换避雷器（绝缘斗臂车、绝缘杆作业法）的工作流程仿真实训。

（5）通过更换避雷器（绝缘斗臂车、绝缘杆作业法）的仿真实训操作考核。

4. 操作步骤

双击桌面上的"配电线路带电作业仿真培训"图标，进入操作主界面，选择"更换避雷器（绝缘斗臂车、绝缘杆作业法）"选项，作业开始界面如图 3.3 所示。

图 3.3　更换避雷器（绝缘斗臂车、绝缘杆作业法）作业开始界面

更换避雷器（绝缘斗臂车、绝缘杆作业法）操作前需要完成办理工作票和工器具选择任务，下面介绍具体操作方法。

1）办理工作票

操作方法：选择场景中的"更换避雷器"工作票。

工作负责人到工作票签发人处领取带电作业工作票，工作票签发人交代工作，工作负责人当面检查工作票无误后，在工作票上签字确认。

2）工器具选择

操作方法：将左框中正确的工器具拖到右边的工具箱中。

本作业需要选择的工器具包括扳手、手套、避雷器、斗内安全带、绝缘操作杆、绝缘斗臂车、绝缘检测仪、绝缘肩套、绝缘绳、绝缘手套、榔头、抹布、地阻仪。

更换避雷器（绝缘斗臂车、绝缘杆作业法）的具体操作方法及操作流程如下。

（1）出库前检查–进入车库。

操作方法：单击车库大门。

作业人员进入绝缘斗臂车车库。

（2）出库前检查–启动汽车。

操作方法：单击绝缘斗臂车钥匙孔。

作业人员启动车辆发动机。

（3）出库前检查-绕车检查。

操作方法：单击绝缘斗臂车车身。

作业人员绕车走一圈，目测检查有无漏油以及标牌、车体是否有破损，接地线是否完好。

（4）出库前检查-收起垂直支腿。

操作方法：单击盖罩壳。

行车前必须先将支腿收回。

（5）出库前检查-车辆驶出车库。

操作方法：单击驾驶舱。

车辆行驶前，应先断开PTO（Power Take-off，动力输出装置），再驾车行驶。

（6）现场操作-绝缘斗臂车驶入现场。

操作方法：单击现场杆塔。

作业人员驾驶绝缘斗臂车驶入现场，应直接到达施工预定地点，停在开阔场地。

（7）现场操作-核对工作地点。

操作方法：单击杆塔标牌。

工作负责人核对工作线路双重名称、杆号，工作负责人检查现场环境和设备状态。

（8）现场操作-与调度取得联系。

操作方法：单击工作负责人。

工作负责人按工作票所列内容与调度联系，联系完毕后，应在工作票上填写联系时间、调度员姓名，并签上自己的名字。

（9）现场操作-开站班会。

操作方法：单击工作负责人。

召开现场站班会，工作负责人检查工作班成员精神状态是否良好，然后宣读工作票，布置工作任务，明确人员分工、作业程序并进行"二交一查"，给作业人员交待安全措施和技术措施，进行危险点告知。

（10）现场操作-绝缘斗臂车进入合适位置。

操作方法：单击绝缘斗臂车。

绝缘斗臂车停放方向、位置应适当，必须满足作业要求，不影响交通，停放地点应使垂直支腿伸出的位置避开井盖或不稳固地面。

（11）现场操作-现场驻车。

操作方法：单击汽车挡把。

将变速杆置于空挡位置，合上PTO，如在倾斜路面停车，应在车轮下垫好三角木挡块以防滑车。

（12）现场操作-设置安全围栏。

操作方法：单击安全警示墩。

作业人员应在施工现场周围合理设置安全警示围栏，围栏范围应避免影响其他车辆通行。

（13）现场操作-水平支腿操作。

操作方法：单击盖罩壳。

作业人员操作手柄，确认动作正常，且无异常，水平支腿伸出，确认水平支腿全部伸出后，将全部手柄复位到初始（中立）位置。

（14）现场操作–放置垫板。

操作方法：单击支腿垫板。

放置垫板时，应对准垂直支腿底座中心位置摆正放平，不要倾斜。

（15）现场操作–垂直支腿操作。

操作方法：单击操作手柄。

作业人员操作手柄，确认垂直支腿伸出动作正常，全部轮胎脱离地面，将操作手柄复位至初始（中立）位置。

（16）现场操作–绝缘斗臂车接地。

操作方法：单击接地线设备。

将车辆进行安全接地，接地棒入地深度应符合接地要求，将地线卷盘的线夹牢，固定在接地棒上。

（17）现场操作–摆放工器具。

操作方法：单击工具箱。

检查人员应戴清洁、干燥的纱手套，将绝缘工具分类摆放在防潮地毯上。

（18）现场操作–擦拭工器具。

操作方法：单击工器具。

首先对所有绝缘工具进行外观检查，并用干净毛巾擦拭绝缘工具；然后对所有绝缘工具进行绝缘电阻测量，绝缘电阻应不低于 700 MΩ。

（19）现场操作–查看工器具。

操作方法：单击工器具。

先检查绝缘工具的有效日期，然后对绝缘手套进行漏气检查。

（20）现场操作–检测避雷器。

操作方法：单击避雷器。

首先对避雷器进行表面清洁和检查，包括铭牌完整，表面光滑，无麻点、裂痕等现象；然后测量避雷器的绝缘电阻，其绝缘电阻不应低于 1 000 MΩ。

（21）现场操作–绝缘斗臂车试操作。

操作方法：单击操动机构。

进行绝缘臂下部操作，必须将下部优先开关置于"通"，同时再进行操作，否则将无法动作。

（22）现场操作–进斗前准备。

操作方法：单击工器具。

作业人员应穿好绝缘服，戴好绝缘手套，系好安全带，将工作所需工具放入绝缘斗内。

（23）现场操作–进入绝缘斗。

操作方法：单击绝缘斗。

蹬车人员应注意沿规定路线安全蹬车进入绝缘斗，进斗后检查安全带扣是否牢固，扣上保险钩。

（24）现场操作–操作绝缘斗进入作业区域。

操作方法：单击绝缘斗升降操作柄。

工作监护人许可后，斗内电工操作绝缘斗进入带电作业区域。绝缘斗距有电线路应为

1~2 m，工作转移时，应缓慢移动，动作要平稳，严禁使用快速挡。

（25）现场操作-拆除内侧相避雷器接线器。

操作方法：单击避雷器接线器。

按照先易后难的原则，将绝缘斗移至避雷器内侧相下方合适位置。在工作监护人许可后，斗内电工用绝缘操作杆将内侧相避雷器接线器拆除。

（26）现场操作-拆除外侧相避雷器接线器。

操作方法：单击避雷器接线器。

斗内电工操作绝缘斗至避雷器外侧相下合适位置，用绝缘操作杆将外侧相避雷器接线器拆除。

（27）现场操作-拆除中间相避雷器接线器。

操作方法：单击避雷器接线器。

斗内电工操作绝缘斗到避雷器中间相下合适位置，用绝缘操作杆将中间相避雷器接线器拆除。

（28）拆除中间相避雷器。

操作方法：单击避雷器。

斗内电工操作绝缘斗到避雷器中间相下合适位置，用扳手拆卸下中间相避雷器，并将拆卸下来的避雷器妥善放入绝缘斗中。

（29）现场操作-拆除内侧相避雷器。

操作方法：单击避雷器。

斗内电工操作绝缘斗到避雷器内侧相下合适位置，用扳手拆卸下内侧相避雷器，并将拆卸下来的避雷器妥善放入绝缘斗中。

（30）现场操作-拆除外侧相避雷器。

操作方法：单击避雷器。

斗内电工操作绝缘斗到避雷器外侧相下合适位置，用扳手拆卸下外侧相避雷器，并将拆卸下来的避雷器妥善放入绝缘斗中。

（31）现场操作-安装外侧相新避雷器。

操作方法：单击杆塔横担。

斗内电工操作绝缘斗到避雷器外侧相下合适位置，将已连接好引线的新避雷器安装到相应相间位置上。

（32）现场操作-安装中间相新避雷器。

操作方法：单击杆塔横担。

斗内电工将已连接好引线的新避雷器安装到相应相间位置上。相间安装顺序与拆卸时相反，用扳手安装时，应将螺钉拧紧。

（33）现场操作-安装内侧相新避雷器。

操作方法：单击杆塔横担。

斗内电工操作绝缘斗到避雷器内侧相下合适位置，将已连接好引线的新避雷器安装到相应相间位置上。

（34）现场操作-连接中间相避雷器接线器。

操作方法：单击接线器。

斗内电工操作绝缘斗到避雷器中间相下合适位置，用绝缘操作杆将中间相避雷器接线器安装好。

（35）现场操作–连接外侧相避雷器接线器。

操作方法：单击接线器。

斗内电工操作绝缘斗到避雷器外侧相下合适位置，用绝缘操作杆将外侧相避雷器接线器安装好。

（36）现场操作–连接内侧相避雷器接线器。

操作方法：单击接线器。

斗内电工操作绝缘斗到避雷器内侧相下合适位置，用绝缘操作杆将内侧相避雷器接线器安装好。

（37）现场操作–斗内电工检查工作结果。

操作方法：单击斗内电工。

斗内电工检查三相避雷器引线连接是否可靠，确认杆上无遗留物。

（38）现场操作–操作绝缘斗返回。

操作方法：单击绝缘斗操作柄。

得到工作监护人许可后，斗内电工操作绝缘斗离开带电作业区域，返回支架状态。

（39）现场操作–负责人检查工作结果。

操作方法：单击工作负责人。

工作负责人全面检查工作结果是否符合验收规范要求。

（40）现场操作–收起垂直支腿。

操作方法：单击绝缘斗臂车多功能操作手柄。

作业人员操作手柄，回收绝缘斗臂车垂直支腿。操作完毕后，手柄应恢复到中立位置。

（41）现场操作–回收垫板。

操作方法：单击绝缘斗臂车支腿垫板。

作业人员回收支腿垫板，应注意安全，小心轻放。

（42）现场操作–收起水平支腿。

操作方法：单击绝缘斗臂车多功能操作手柄。

作业人员操作手柄，回收绝缘斗臂车水平支腿。操作完毕后，手柄应恢复到中立位置。

（43）现场操作–召开收工会。

操作方法：单击工作负责人。

工作负责人召开收工会，对工作进行点评，并记录在册，然后宣布工作结束。

（44）现场操作–汇报工作结束。

操作方法：单击工作负责人

工作负责人联系当值调度，汇报工作已经结束。更换避雷器（绝缘斗臂车、绝缘杆作业法）作业结束界面如图 3.4 所示。

5. 思考题

（1）更换避雷器（绝缘斗臂车、绝缘杆作业法）的工作流程是什么？

（2）更换避雷器（绝缘斗臂车、绝缘杆作业法）需要携带哪些工器具？

（3）更换避雷器带电作业现场站班会的内容是什么？

（4）作业人员如何拆除中间相避雷器？

（5）出库前作业人员绕车检查一周的作用是什么？

图 3.4　更换避雷器（绝缘斗臂车、绝缘杆作业法）作业结束界面

3.10.2　配电线路带电作业前绝缘斗臂车检查仿真实训

1. 实训目的

（1）掌握配电线路带电作业前绝缘斗臂车检查（操作）的工作流程。

（2）掌握绝缘斗臂车的操作方法。

（3）掌握配电线路带电作业前绝缘斗臂车检查（操作）的内容。

（4）掌握配电线路带电作业前绝缘斗臂车检查（操作）的注意事项。

2. 操作软件

电力系统仿真试验室"配电线路带电作业仿真实训"软件。

作业人员共 2 人，包括斗内电工 1 人、地面电工 1 人。

主要设备工具：绝缘斗臂车 1 辆。

3. 实训内容

（1）学习配电线路带电作业前绝缘斗臂车检查（操作）的工作流程。

（2）学习绝缘斗臂车的操作方法。

（3）学习配电线路带电作业前绝缘斗臂车检查（操作）的检查内容。

（4）完成配电线路带电作业前绝缘斗臂车检查（操作）的工作流程仿真实训。

（5）通过配电线路带电作业前绝缘斗臂车检查（操作）的仿真实训操作考核。

4. 操作步骤

双击桌面上的"配电线路带电作业仿真实训"图标，进入操作主界面，选择"配电作业前斗臂车检查"选项，作业开始界面如图 3.5 所示。

配电线路带电作业前绝缘斗臂车检查的具体操作方法及操作流程如下。

（1）出库前检查–进入车库。

操作方法：单击车库大门。

作业人员进入绝缘斗臂车车库。

（2）出库前检查–启动汽车。

操作方法：单击钥匙孔。

作业人员启动车辆发动机。

（3）出库前检查–绕车检查。

操作方法：单击绝缘斗臂车车身。

图 3.5　配电作业前绝缘斗臂车检查作业开始界面

作业人员绕车走一圈, 目测检查有无漏油以及标牌、车体是否有破损, 接地线是否完好, 如果有漏油以及车体的破损, 车辆不可使用, 应立即进行修理。

(4) 出库前检查–收起垂直支腿。

操作方法: 单击盖罩壳。

行车前必须先将工作臂、小吊、副臂、工作斗及支腿收回。为防止车辆底盘受损, 车辆入库停放时, 需将支腿支出至地面, 减少车体承重, 操作完毕后, 各操纵杆必须复位到中立位置。

(5) 出库前检查–车辆驶出车库。

操作方法: 单击驾驶舱。

车辆行驶前, 应先断开 PTO, 再驾车行驶, 行驶中道路限高 3.5 m, 绝缘斗臂车驾驶员必须具备相应的车辆驾驶资格, 绝对禁止不具备驾驶资格的人驾驶绝缘斗臂车。

(6) 现场操作–绝缘斗臂车驶入现场。

操作方法: 单击线路。

(7) 现场操作–绝缘斗臂车进入适合位置。

操作方法: 单击绝缘斗臂车。

绝缘斗臂车停放方向、位置应确当, 必须满足作业要求和不影响交通, 停放地点应使垂直支腿伸出的位置避开井盖或不稳固地面。

(8) 现场操作–现场驻车。

操作方法: 单击汽车挡把。

将变速杆置于空挡位置, 合上 PTO, 如在倾斜路面停车, 应在车轮下垫好三角木挡块防止滑车。

(9) 现场操作–设置施工现场安全围栏。

操作方法: 单击车上安全警示墩。

作业人员应在施工现场周围合理设置安全警示围栏, 围栏范围应避免影响其他车辆的通行, 与作业无关的人员不要进入作业现场。

(10) 现场操作–水平支腿操作。

操作方法: 单击盖罩壳。

作业人员操作手柄, 确认动作正常, 且无异常, 水平支腿伸出, 确认水平支腿全部伸出后，将全部手柄复位到初始（中立）位置。

（11）现场操作-放置垫板。

操作方法：单击支腿垫板。

放置垫板时，应对准垂直支腿底座中心位置摆正放平，不要歪曲倾斜。

（12）现场操作-垂直支腿操作。

操作方法：单击支腿操作手柄。

作业人员操作手柄，确认垂直支腿伸出动作正常，全部轮胎脱离地面，将操作手柄复位至初始（中立）位置，观察水平仪的气泡，应在基准线之间或边界内，并推动支腿，确认支腿支撑牢固。

（13）现场操作-绝缘斗臂车接地。

操作方法：单击接地线设备。

将车辆进行安全接地，接地棒入地深度大于 400 mm；将地线卷盘的线夹牢靠固定在接地棒上。

（14）现场操作-绝缘臂起伏操作（下部操作）。

操作方法：单击绝缘臂起伏操作手柄。

进行绝缘臂下部操作时，必须将下部优先开关置于"通"位置，同时进行动作操作，否则将无法动作。操作起伏开关，确认起伏系统工作正常，操作灵活，制动装置可靠，动作平稳无大摆动，绝缘臂应与电杆及带电设备保持安全距离，无撞击现象。

（15）现场操作-绝缘臂伸缩操作（下部操作）。

操作方法：单击绝缘臂伸缩操作手柄。

绝缘臂在收回的状态下不可进行伸缩操作，应先将绝缘臂升起，绝缘臂只能伸长1 000 mm。操作伸缩开关，确认伸缩系统工作正常，操作灵活，制动装置可靠，动作平稳无大摆动，绝缘臂应与电杆及带电设备保持安全距离，无撞击现象。

（16）现场操作-绝缘臂回转（左右）操作（下部操作）。

操作方法：单击绝缘臂回转操作手柄。

绝缘臂在收回的状态下不可进行回转操作，应先将绝缘臂升起。操作回转手柄，确认回转系统工作正常，操作灵活，制动装置可靠，动作平稳无大摆动，绝缘臂应与电杆及带电设备保持安全距离，无撞击现象。

（17）现场操作-将绝缘斗下降到地面（下部操作）。

操作方法：单击下部操动机构。

在将绝缘斗下降到地面附近的过程中，绝缘臂应与电杆及带电设备保持安全距离，且无撞击现象，地面作业人员应注意安全，不要站在绝缘臂经过的路径下面。

（18）现场操作-检查绝缘斗及绝缘臂（下部操作）。

操作方法：单击绝缘斗。

检查绝缘斗有无损伤；检查安全带用的缆绳环扣有无损坏，缆绳自身有无损伤；左右摇晃绝缘斗，确认没有间隙；用毛巾清洁擦拭绝缘斗、绝缘臂。

（19）现场操作-将绝缘臂收回到托架（下部操作）。

操作方法：单击下部操动机构。

在将绝缘斗和绝缘臂收回到托架的过程中，绝缘臂应与电杆及带电设备保持安全距离，且无撞击现象，地面作业人员应注意安全，不要站在绝缘臂经过的路径下面。

（20）现场操作-进入绝缘斗（上部操作）。

操作方法：单击绝缘斗。

作业人员蹬车前应穿戴好安全带，进入绝缘斗时应注意安全，进入绝缘斗后检查安全带扣是否牢固，扣上保险钩，将上部操作电源开关置于"开"位置，绝缘斗内必须是一人一斗。

（21）现场操作-绝缘臂起伏操作（上部操作）。

操作方法：单击绝缘臂组合操作手柄。

操作组合操作手柄，进行绝缘臂起伏操作，确认起伏系统工作正常，操作灵活，制动装置可靠，动作平稳无大摆动，绝缘臂应与电杆及带电设备保持安全距离，无撞击现象。实际工作中可通过操作手柄进行复合操作。

（22）现场操作-绝缘臂伸缩操作（上部操作）。

操作方法：单击绝缘臂伸缩操作手柄。

绝缘臂在收回的状态下不可进行伸缩操作，应先将绝缘臂升起，且只能伸长1 000 mm。

（23）现场操作-绝缘臂回转（左右）操作（上部操作）。

操作方法：单击绝缘臂回转操作手柄。

绝缘臂在收回的状态下不可进行回转操作，应先将绝缘臂升起，再操作回转手柄。

（24）现场操作-绝缘斗摆动操作（上部操作）。

操作方法：单击绝缘斗摆动操作杆。

绝缘斗在收回的状态下，不可进行摆动操作，应先将绝缘臂升起，再进行绝缘斗摆动操作。

（25）现场操作-绝缘斗升降操作（上部操作）。

操作方法：单击绝缘斗升降操作杆。

绝缘斗在收回的状态下不可进行升降操作，应先将绝缘臂升起，再进行绝缘斗升降操作，绝缘斗内操作升降速度不能大于0.5 m/s。

（26）现场操作-操作结束。

操作方法：单击地面。

作业人员解开保险带挂钩，离开绝缘斗，通过正确路径返回地面，应注意安全。至此，配电作业前绝缘斗臂车检查作业结束，作业结束界面如图3.6所示。

图 3.6　配电作业前绝缘斗臂车检查作业结束界面

5. 思考题

（1）绝缘斗臂车出库前绕车检查都检查哪些项目？

（2）作业人员如何进行现场驻车的操作？

（3）绝缘斗臂车在带电作业过程中能否熄火？为什么？

（4）带电作业前绝缘斗臂车检查（操作）的工作流程有哪些？

（5）绝缘斗臂车斗内操作升降速度有何要求？

3.10.3　10 kV 配电线路带电断支接线路引线（绝缘杆作业法）仿真实训

1. 实训目的

（1）掌握 10 kV 配电线路带电断支接线路引线（绝缘杆作业法）的工作流程。

（2）掌握 10 kV 配电线路带电断支接线路引线（绝缘杆作业法）的操作方法。

（3）掌握 10 kV 配电线路带电断支接线路引线（绝缘杆作业法）的检查内容。

（4）掌握配电线路绝缘杆作业法带电断支接线路引线的相关注意事项。

2. 操作软件

电力系统仿真试验室"配电线路带电作业仿真实训"软件。

作业人员共 4 人，包括工作负责人（监护人）1 人、杆上电工 2 人、地面电工 1 人。

主要设备工具：鹰嘴线夹绝缘操作杆 1 根、绝缘断线剪 1 个。

3. 实训内容

（1）学习采用绝缘杆作业法进行 10 kV 配电线路带电断支接线路引线作业的操作方法。

（2）学习 10 kV 配电线路带电断支接线路引线（绝缘杆作业法）的工作流程。

（3）学习 10 kV 配电线路带电断支接线路引线（绝缘杆作业法）的相关注意事项。

（4）完成 10 kV 配电线路带电断支接线路引线（绝缘杆作业法）的工作流程仿真操作。

（5）通过 10 kV 配电线路带电断支接线路引线（绝缘杆作业法）的仿真实训操作考核。

4. 操作步骤

双击桌面上的"配电线路带电作业仿真实训"图标，进入操作主界面，选择"断支接线路引线（绝缘杆作业法）"选项，作业开始界面如图 3.7 所示。

图 3.7　断支接线路引线（绝缘杆作业法）作业开始界面

10 kV 配电线路带电断支接线路引线（绝缘杆作业法）的具体操作流程如下。

（1）领取工作票。

操作方法：单击断支接线路引线工作票。

工作负责人到工作票签发人处领取带电作业工作票，工作票签发人交代工作，工作负责人当面检查工作票无误后，在工作票上签字确认。

（2）工器具选择。

操作方法：将左框中正确的工器具拖到右边的工具箱中。

本作业需要选择的工器具为扳手。

（3）与调度取得联系。

操作方法：单击工作负责人。

工作负责人与调度取得联系并确认后方可开始工作。

（4）核对线路名称、杆号、设备铭牌。

操作方法：单击作业电杆标牌。

工作负责人应核对线路名称、杆号及设备铭牌与工作票中的工作内容是否一致，以及确认需要断开的支接线路应是空载线路，符合带电断引线条件，全部设备都在拉开位置。

（5）召开现场站班会。

操作方法：单击工作负责人。

工作负责人召开现场站班会，逐一对每位成员精神状态进行检查，查看作业人员的当前状态是否良好。工作负责人宣读工作票，进行工作任务的布置，明确人员分工、作业程序；进行"二交一查"，交待作业人员的安全措施和技术措施注意事项，对危险点进行告知；由监护人员对作业人员进行抽查抽问，确保每位成员都已知晓，并签字确认。

（6）布置施工现场安全措施。

操作方法：单击现场安全措施。

根据道路情况设置安全围栏、警告标志或路障。

（7）个人防护工具检查。

操作方法：单击绝缘手套。

检查个人防护工具是否齐全，并对其进行外观检查。

（8）绝缘工具检查。

操作方法：单击绝缘工具。

根据分工核对安全、绝缘工具的使用电压等级和试验周期；检查工具外观完好无损，并用干净毛巾擦拭绝缘工具；绝缘工具应使用绝缘电阻检测仪进行分段绝缘检测，绝缘电阻值不应低于 700 MΩ。

（9）对登杆工具进行试登试拉。

操作方法：单击登杆工具。

电工登杆前，应先检查电杆基础及电杆表面质量符合要求，并对脚扣进行试登，对安全带进行试拉。

（10）1 号、2 号电工登杆至支接横担下方合适位置。

操作方法：单击作业电杆。

（11）传递绝缘操作杆。

操作方法：单击地面电工。

在地面电工配合下，将绝缘操作杆传递至杆塔上。绝缘操作杆作为主绝缘工具使用，其有效绝缘距离不应小于 0.7 m。

（12）将内侧相支接线路引线固定。

操作方法：单击内侧相引线。

拆除三相引线，如果该分支线路不需要恢复运行或分支线路需要更换导线，可以将引线剪断。如果拆除的引线当天需要恢复，则应拆除连接的绑扎线或紧固线夹。

（13）将支接线路引线与导线的连接处剪断。

操作方法：单击内侧相引线。

2号电工使用绝缘断线剪，将与导线连接处的支接线路引线断开。

（14）将支接线路引线平稳移离带电导线。

操作方法：单击鹰嘴线夹绝缘操作杆。

作业人员操作时动作要平稳，移动引线时应与邻相有电部位保持 0.4 m 以上的安全距离。

（15）将耐张线夹处引线剪断并取下。

操作方法：单击内侧相引线。

2号电工使用绝缘断线剪，在耐张线夹后或导线固定点合适位置将引线断开并取下。

（16）将外侧相支接线路引线固定。

操作方法：单击外侧相引线。

1号电工使用鹰嘴线夹绝缘操作杆，将外侧相支接线路引线固定。

（17）将支接线路引线与导线的连接处剪断。

操作方法：单击外侧相引线。

2号电工使用绝缘断线剪，将与导线连接处的支接线路引线剪断。

（18）将支接线路引线平稳移离带电导线。

操作方法：单击鹰嘴线夹绝缘操作杆。

1号电工使用鹰嘴线夹绝缘操作杆，将断开的引线平稳移离带电导线。

（19）将耐张线夹处引线剪断并取下。

操作方法：单击外侧相引线。

2号电工使用绝缘断线剪，在耐张线夹后或导线固定点合适位置将引线剪断并取下。

（20）将中间相支接线路引线固定。

操作方法：单击中间相引线。

1号电工使用鹰嘴线夹绝缘操作杆，将外侧相支接线路引线固定。

（21）将支接线路引线与导线的连接处剪断。

操作方法：单击中间相引线。

2号电工使用绝缘断线剪，将与导线连接处的支接线路引线剪断。

（22）将支接线路引线平稳移离带电导线。

操作方法：单击鹰嘴线夹绝缘操作杆。

1号电工使用鹰嘴线夹绝缘操作杆，将断开的引线平稳移离带电导线。

（23）将耐张线夹处引线剪断并取下。

操作方法：单击中间相引线。

2号电工使用绝缘断线剪，在耐张线夹后或导线固定点合适位置将引线剪断并取下，三相引线的拆除可按由简单到复杂、先易后难的原则进行。

（24）将绝缘工具吊至地面。

操作方法：单击绝缘断线剪。

剪线工作结束后，1号、2号电工配合地面电工将绝缘工具吊至地面，作业人员返回地面。

（25）清理现场。

操作方法：单击工器具。

拆卸组装工器具，盘好绝缘绳索，逐一清点整理，工作现场要做到"工完料尽场地清"。

（26）终结工作票。

操作方法：单击工作负责人。

工作负责人对完成的工作做一个全面的检查，符合验收规范要求后，宣布作业结束，办理工作票终结手续，并汇报当值调度工作已经结束。

（27）召开收工会。

操作方法：单击工作负责人。

工作负责人对作业人员的本次作业完成情况进行点评，总结工作经验，分析存在的问题及改进方法等。

配电线路带电断支接线路引线（绝缘杆作业法）作业结束界面如图 3.8 所示。

图 3.8　配电线路带电断支接线路引线（绝缘杆作业法）作业结束界面

5. 思考题

（1）采用绝缘杆作业法断支接线路引线操作过程中有哪些注意事项？

（2）断支接线路引线（绝缘杆作业法）操作中使用的工具有哪些？

（3）电工在登杆前，应先进行哪些检查？

（4）在召开现场站班会时，工作负责人应该做哪些工作？

（5）断支接线路引线（绝缘杆作业法）的操作流程包括什么？

3.10.4　10 kV 配电线路带电接支接线路引线（绝缘杆作业法）仿真实训

1. 实训目的

（1）掌握 10 kV 配电线路带电接支接线路引线（绝缘杆作业法）的工作流程。

（2）掌握 10 kV 配电线路带电接支接线路引线（绝缘杆作业法）的操作方法。

（3）掌握 10 kV 配电线路带电接支接线路引线（绝缘杆作业法）的检查内容。

（4）掌握配电线路绝缘杆作业法带电接支接线路引线的相关注意事项。

2. 操作软件

电力系统仿真试验室"配电线路带电作业仿真实训"软件。

作业人员共4人，包括工作负责人（监护人）1人、杆上电工2人、地面电工1人。

3. 实训内容

（1）学习采用绝缘杆作业法进行10 kV配电线路带电接支接线路引线作业的操作方法。

（2）学习10 kV配电线路带电接支接线路引线（绝缘杆作业法）的工作流程。

（3）学习10 kV配电线路带电接支接线路引线（绝缘杆作业法）的相关注意事项。

（4）完成10 kV配电线路带电接支接线路引线（绝缘杆作业法）的工作流程仿真操作。

（5）通过10 kV配电线路带电接支接线路引线（绝缘杆作业法）的仿真实训操作考核。

4. 操作步骤

双击桌面上的"配电线路带电作业仿真实训"图标，进入操作主界面，选择"接支接线路引线（绝缘杆作业法）"选项，作业开始界面如图3.9所示。

图3.9　接支接线路引线（绝缘杆作业法）作业开始界面

10 kV配电线路带电接支接线路引线（绝缘杆作业法）的具体操作流程如下。

（1）领取工作票。

操作方法：单击接支接线路引线工作票。

工作负责人到工作票签发人处领取带电作业工作票，工作票签发人交代工作，工作负责人当面检查工作票无误后，在工作票上签字确认。

（2）工器具选择。

操作方法：将左框中正确的工器具拖到右边的工具箱中。

本作业需要的工器具包括手套、绑扎线操作杆、脚口、鹰嘴线夹。

（3）与当值调度员联系。

操作方法：单击工作负责人。

工作负责人与调度取得联系，确认后方可开始工作。

（4）核对线路名称、杆号、设备。

操作方法：单击作业电杆标牌。

工作负责人核对线路名称、杆号及设备，以及检查需要连接的支接线路是否符合可送电状态，设备是否都在拉开位置。

（5）宣读工作票、分配任务。

操作方法：单击工作负责人。

召开现场站班会，工作负责人宣读工作票，给作业人员交待工作任务、安全措施和技术措施，进行危险点告知，确认每位成员都已知晓，检查成员精神状态是否良好。

（6）设置围栏。

操作方法：单击现场安全措施。

根据道路情况设置安全围栏、警告标志或路障。

（7）工器具检查。

操作方法：单击绑线器。

领用绝缘工具、安全用具及辅助器具，应核对工器具的使用电压等级和试验周期。领用绝缘工具，应检查外观是否完好无损并用干净毛巾擦拭绝缘工具。绝缘工具应使用绝缘检测仪进行分段绝缘检测，绝缘电阻值不低于 700 MΩ。如在出库前如已测试过，可省去现场测试步骤。

（8）对登杆工具进行试登试拉。

操作方法：单击登杆工具。

杆上电工登杆前，应先检查电杆基础及电杆表面质量是否符合要求，并进行试登试拉。

（9）电工登杆至合适位置。

操作方法：选择作业杆塔。

1 号、2 号电工登杆至有电线路下方适当位置，并与带电导线保持 0.4 m 以上的安全距离。

（10）吊挂工具。

操作方法：选择绑线器。

杆上电工在地面电工配合下，将绝缘操作杆等工具吊上，并挂在适当位置。

（11）测量三相上引线长度。

操作方法：单击鹰嘴线夹绝缘操作杆。

使用操作杆测量三相上引线长度，根据长度做好连接的准备工作，绝缘导线引线需进行绝缘层去除工作。

（12）将支接线路引线固定。

操作方法：单击鹰嘴线夹绝缘操作杆。

2 号电工使用或鹰嘴线夹（或单口线夹）绝缘操作杆将支接线路引线固定，并提升至带电导线下方位置，支接线路引线位置距离横担 0.6~0.7 m 处。

（13）将支接线路引线与导线固定。

操作方法：单击中间相支接线路引线。

1 号电工使用鹰嘴线夹绝缘操作杆将支接线路引线穿过在导线上的飞轮绑线器，引线头要露出，将鹰嘴线夹与导线固定。

（14）将绝缘操作杆飞轮绑线器放至于固定导线与引线的连接处。

操作方法：单击中间相支接线路引线。

1 号电工将绝缘操作杆飞轮绑线器放至于导线与引线连接处。

（15）将绑线器绑线、支接线路引线、导线这 3 条线拧紧固定。

操作方法：单击鹰嘴线夹绝缘操作杆。

2 号电工撤除临时固定引线鹰嘴线夹绝缘操作杆，外侧相支接线路引线固定，将绑线器绑线、支接线路引线、导线这 3 条线拧紧固定。

（16）支接引线绑扎。

操作方法：单击绑线器。

1 号电工缓慢平稳地旋转飞轮绑线器操作杆下端手柄，也可使用绝缘操作杆飞轮绑线器上下均匀拉动，绑扎时注意绑线重叠。1 号、2 号电工同时用绝缘操作杆控制导线跳动，直至绑线盘内的绑线用尽。

（17）拆除绝缘操作杆并检查。

操作方法：单击鹰嘴线夹绝缘操作杆和绑线器。

1号、2号电工配合将绝缘操作杆、飞轮绑线器撤除，并检查安装质量是否符合要求。

（18）连接外侧相支接线路引线。

操作方法：单击外侧相支接线路引线。

按照前面的方法，1号、2号电工配合将外侧相支接线路引线连接好。

（19）连接内侧相支接线路引线。

操作方法：单击内侧相支接线路引线。

1号、2号电工配合将内侧相支接线路引线连接好。

（20）使用绝缘传递绳将绝缘工具传递至地面。

操作方法：单击作业杆塔。

接头工作结束后，1号、2号电工配合地面电工将绝缘工具传递至地面，作业人员返回地面。注意，应确保连接处的支接线路引线断开。

（21）收拾工器具，清理现场。

操作方法：单击地面作业人员。

作业人员收拾工器具，清理现场。

（22）召开收工会。

操作方法：单击工作负责人。

作业结束后，工作负责人要对工作完成情况进行全面、细致的巡视检查。如果符合验收规范的相关规定要求，则记录在册，工作负责人召开收工会，对本次的作业情况进行总结点评，然后汇报当值调度工作已经结束，此时作业人员可以撤离现场。

配电线路带电接支接线路引线（绝缘杆作业法）作业结束界面如图3.10所示。

图3.10　配电线路带电接支接线路引线（绝缘杆作业法）作业结束界面

5. 思考题

（1）采用绝缘杆作业法接支接线路引线操作过程中有哪些注意事项？

（2）领用绝缘工具，应进行哪些检查？

（3）接支接线路引线（绝缘杆作业法）的操作流程包括什么？

（4）接支接线路引线（绝缘杆作业法）操作中使用的工具有哪些？

（5）作业人员将绑线器绑线、支接线路引线、导线这3条线拧紧固定时应如何操作？

第4章　电气设备运行与维护

电气设备正常运行是保证电力系统安全运行的前提和基础。改善电气设备的运行环境、对电气设备进行良好的维护是延长电气设备的使用寿命、维护电力系统稳定运行的基础保障。本章主要介绍变压器、高压断路器、隔离开关、电压互感器、电流互感器、高压开关柜、气体绝缘开关设备等电气设备运行与维护的相关知识。

4.1　变压器的运行与维护

4.1.1　变压器的巡视检查

1. 正常情况下的巡视检查

（1）声响是否均匀正常。

（2）油温是否正常，本地温度计指示及远方显示的顶层油温是否一致。

（3）本体及有载调压分接开关储油柜油位是否正常。

（4）本体及有载调压分接开关储油柜的吸湿器是否装有足量的吸湿剂（通常为变色硅胶），吸湿剂是否已受潮失效（如硅胶变色），呼吸是否畅通（油杯下盖胶垫是否已经取下），油封是否有油。

（5）套管油位是否正常，表面有无裂纹，有无严重积污，有无滑闪或其他放电痕迹。

（6）套管与引线连接是否良好，引线是否过松或过紧（弧垂过大或过小），接头有无过热迹象（红外测温仪测温、白天目测、晚间熄灯巡视）。

（7）接地（中性点、铁芯、本体油箱等）是否良好，中性点是否有引向不同水平位置的两根接地引线，油箱上下两部分（钟罩与底座）是否用导体连接。

（8）冷却系统是否正常。

（9）本体及附件有无漏油现象。

（10）气体继电器防雨罩是否完好，继电器内有无气体积累。

（11）有载调压分接开关有无异常情况，电源指示是否正常，操动机构箱中机械指示器与控制屏上分接开关位置显示是否一致。

（12）有载调压分接开关在线滤油装置及其电源指示是否正常。

2. 特殊情况下巡视检查

（1）新安装或大修变压器投入运行后的巡视检查。

① 声响应正常。

② 油位应正常，随油温增加而上升，避免由处理不当或其他原因形成的假油位。

③ 油温（主要检查顶层油温）应正常，随负荷的增加逐步上升。本地温度计指示值和远方显示的温度值应该一致。

④ 冷却器阀门应全部指示开启位置，以手感证实油箱各处温度均匀，冷却器表面温度应正常，各组冷却器同一水平位置处温度应相同，确认各组冷却器阀门确已开启并且工作正常。

⑤ 冷却器运行组数要符合要求，备用冷却器应正常。

⑥ 套管表面没有滑闪或其他放电现象，套管与引线应连接良好，无过热现象，带一定负荷后，应采用红外测温仪测量。

⑦ 本体及附件无渗漏油。

⑧ 油箱应接地良好，变压器冲击合闸时，油箱上下两部分（钟罩与底座）之间无放电火花或响声。

⑨ 有载调压分接开关应运行正常，操动机构箱就地操作及控制屏远方操作均可靠，操动机构箱中机械指示器与控制屏上位置显示器所显示的分接开关位置应一致。

（2）系统异常时的巡视检查。

① 变压器出现过负荷运行时，应及时向调度报告；定时记录负荷电流；检查油温和油位是否正常，定时记录顶层的油温；检查变压器声响是否正常，套管及引线的连接有无过热，压力释放器是否动作或防爆膜是否破裂；检查冷却装置投入量是否足够，冷却装置运行是否正常；对于有载调压变压器，在过负荷 1.2 倍及以上运行时，应闭锁有载调压分接开关，禁止操作。

② 母线电压超过变压器运行分接额定电压的 105%，且时间较长时，记录过电压值和过电压时间；核对过电压保护，注意检查其是否有不能正确动作的情况；监测变压器顶层油温；监视变压器本体各部件的温度，防止发生局部过热现象。

③ 不接地系统发生单相接地故障时，应注意监视接有消弧线圈的变压器的运行情况。

④ 下级电压电网发生短路故障时，检查套管与引线的连接处有无过热、烧熔或其他异常；检查引线有无变形、移位；检查绕组有无变形。

（3）设备异常时的巡视检查。

① 变压器冷却系统发生故障。若发出"冷却器故障"报警信号，应该查明其原因并且设法处理；若无法处理，应投入备用冷却器，并向调度报告；若全部冷却器都切除，应迅速报告调度及其他有关人员，设法查明原因，争取在发生冷却器全停故障时，在变压器的许可运行时间内使冷却器恢复运行。

② 变压器油温异常升高。检查变压器的负载和冷却介质的温度（对自然冷却和风冷变压器，此温度即为环境温度），并与同样情况下的历史记录相比较。核对温度测量装置（以顶层油温的本地温度计指示值与远方显示值相比较，绕组温度也可作为参考）；检查变压器冷却装置的运行情况；检查变压器室的通风情况；若确认温度异常升高且其原因是冷却系统的故障，运行中又无法处理，应将变压器停运。若因运行需要，不能立即停运，则应调减其负荷，使其温度不超过允许运行的温度。若调减负荷后温度仍不正常且不断上升，则表明变压器内部已经发生故障，必须立即停运。若变压器油温过高是由超额定电流运行导致的，应立即向调度报告，调减负荷，使顶层油温不超过 105 ℃（仅限于超额定电流运行的时限以内）。

③ 变压器油位异常。若油位计指示油位异常升高，且查明非油温过高，而油位也不是

假油位，应放油，使油位降至当前油温所应有的高度。若油位计指示油位过低，应立即查明原因，看是否有泄漏途径（包括漏入冷却水中）并设法处理。若油因低温凝滞，应在关闭冷却器（风扇、油泵、水泵停止运转）的情况下，使变压器空载运行，同时监视顶层的油温，在一定时间后逐步增加负载、投入冷却器，直到转入正常运行为止。

④ 变压器渗漏油的检查。检查油泵负压区，看是否由于密封不良而渗漏油；检查压力释放器，看其指示杆是否突出、是否有喷油的痕迹；检查储油柜，看是否因其安装不当而喷油。

⑤ 气体继电器中有气体积聚。监视气体增加的速度，以判断产生气体的原因，必要时取气样进行色谱分析；检查油泵负压区是否渗漏油而使空气进入，若有渗漏，应停用该油泵并进行处理；检查充氮灭火装置是否漏气，若有漏气，应关闭其气源并进行处理；检查下级电压电网是否发生短路故障，若有短路，应通过试验判断变压器是否存在绕组变形或局部绝缘损伤。

（4）气候异常时的巡视检查。

① 大风情况。

检查软引线摆动是否过度、是否使相间或对地距离太小，以及变压器顶部是否有杂物吹落。

② 雨或雷雨情况。

检查套管有无闪络或其他放电现象，避雷器是否动作，控制箱、机构箱等箱门是否都密闭，气体继电器防雨罩是否完好。

③ 浓雾、毛毛雨情况。

检查套管表面有无电晕、滑闪，套管表面是否有爬电，套管与引线连接处在雨天有无水汽上升（表示接头过热）。

④ 下雪情况。

检查套管与引线连接处落雪后是否马上融化，并有水汽上升（表示接头过热）。

⑤ 气温骤变情况。

检查储油柜（本体及有载调压分接开关）和套管油位有无明显的变化，变压器各侧引线是否断脱或接头过热，本体与附件各密封面有无渗漏油的现象。

⑥ 高温情况。

检查油位是否过高，顶层油温是否过高，冷却装置是否正常，备用冷却器是否完好，套管与引线连接部分是否过热，软引线弧垂是否过大，硬母线是否应力过大。

⑦ 严寒情况。

检查油位是否过低，顶层油温度是否过低以致绝缘油凝滞或流动性降低，绝缘油的牌号（对应于其凝固点）是否合适，软引线是否弧垂过小，硬母线是否应力过大而使套管及绝缘子承受过大的机械力。

4.1.2　变压器的运行与维护要求

1. 变压器本体的运行与维护

（1）变压器的运行电压一般不应高于运行分接额定电压的 105%，另有规定的除外。

（2）油浸自然循环自然冷却变压器和油浸自然循环风冷变压器的顶层油温不宜长时间超过 85 ℃，且最高一般不得超过 95 ℃；油浸强迫循环风冷变压器的顶层油温一般不得超过 85 ℃，油浸强迫循环水冷变压器的顶层油温一般不得超过 70 ℃。

（3）变压器超额定电流（过负荷）运行的规定。

① 变压器有冷却系统异常、严重漏油、局部过热、油中溶解气体色谱分析结果异常等比较严重的缺陷或绝缘有弱点时，不宜在超额定电流状态下运行。

② 变压器的过负荷能力（过负荷倍数及持续时间）由其热特性参数、绝缘性能、冷却装置能力等因素决定。

③ 油浸强迫循环风冷或水冷变压器过负荷运行时，其全部冷却器（包括备用冷却器）均须投入运行。

④ 变压器过负荷运行时，应加强对其温度的监视、对套管与引线连接部分的监视和红外测温，发现异常情况应及时向调度报告，并在必要时调减负荷。

（4）变压器中性点运行方式的规定。

① 自耦变压器中性点应直接接地或经小电抗器接地。

② 在 110 kV 及以上中性点直接接地系统中投入或停用变压器，操作前应将中性点接地，操作后则根据系统运行的需要决定是否断开。

③ 若变压器高压侧与系统断开，中压侧与低压侧接入系统，则高压侧中性点应接地。

（5）变压器冷却装置的运行规定。

① 油浸强迫循环（风冷或水冷）变压器运行时必须投入冷却器。

② 油浸自然循环风冷变压器风扇停止工作时允许的负载和运行的时间，应遵守制造厂的规定。当顶层油温不超过 65 ℃时，允许带额定负载运行。

③ 油浸强迫循环（风冷或水冷）变压器全部冷却器退出运行时，允许带额定负载运行 20 min。若 20 min 后顶层油温未达到 75 ℃，允许继续运行到 75 ℃，但累计（在全部冷却器退出运行状态下）运行时间不得超过 1 h。

（6）变压器投运和停运的规定。

① 变压器新安装及大修以后，运行人员应仔细检查核对各项技术资料和试验报告，确认变压器各项参数和技术指标符合要求、各项试验合格；仔细检查所有设备，确认变压器及附件状态良好、具备带电运行的条件，确认变压器保护装置均已按规定要求整定合格并且运行状态良好、具备带电运行的条件；仔细检查并确认变压器顶部及器身各处均无异物、临时接地线均已拆除、分接开关位置正确、各阀门开闭位置正确。

② 变压器充电应在有保护装置的电源侧用断路器进行。变压器停运，应先断开负荷侧断路器，再断开电源侧断路器。

2. 绝缘油的运行与维护

（1）新油应验收合格后使用，不同油源或不同牌号的油不得混合使用。

（2）介质损耗因数（$\tan\delta$）是绝缘油重要的性能指标，绝缘油介质损耗因数不合格时，应采取滤油处理或换油处理。

3. 变压器套管的运行维护

（1）纯瓷套管的运行维护。

① 外表面应无损伤、裂纹，无爬电痕迹，运行中无滑闪放电的现象。

② 固定套管的压脚应均匀用力。

③ 绕组与套管下部的连接、引线与套管端部的连接均应牢固可靠、接触良好，不会导致局部过热。

④ 变压器注油后，套管法兰及升高座上的放油孔应打开数次，以便充分放气。

（2）电容式套管的运行维护。

① 运行中应监视套管油位的变化，若油位异常，应查明原因并进行处理。使用电磁式或其他指针式油位计时，应保证其指示正确。

② 设置取样阀的套管，应通过取样阀取油样试验，在油位偏高时，也通过取样阀适量放油。无论有无取样阀，补充油均应通过套管顶部储油柜的注油塞进行，且须遵守制造厂的工艺规定。每次取油样、放油或注油后，均须更换出油口或注油口处的密封胶垫圈，并刷涂厌氧胶。

③ 套管各部件应密封良好。

4. 冷却装置的运行与维护

（1）风扇的运行维护。

① 风扇装配并投入运转后，应检查其转向是否正确，对风扇叶片进行平衡校正，使其无明显的振动和噪声、不碰擦风筒。

② 用 2 500 V 兆欧表测量风扇电动机及其回路对地绝缘电阻，其对地绝缘电阻应大于 1 MΩ。

③ 风扇电动机为三相式，应防止其缺相运行。

④ 新装风扇运行后半年内须加强巡视检查，注意有无振动加剧、声响异常、电流增大等不正常的情况，应及时排除故障。

（2）潜油泵的运行维护。

① 新安装潜油泵运行后第一周内应每天检查 1~2 次，注意有无油流中断、流量过少、电动机温升过高、噪声过大等异常情况，并应在最初几天检查一次尾端过滤器，防止有杂物堵塞油路。

② 用 2 500 V 兆欧表测量潜油泵电动机及其二次回路对地绝缘电阻，其对地绝缘电阻应大于 1 MΩ。

③ 正常运行后，对潜油泵的巡视检查周期与变压器相同。若发现绝缘电阻过低、电流过大、泵流量减少等情况，应停机进行检查。

④ 应特别注意油泵停止运转时其负压区是否渗漏油。

⑤ 油流继电器须每年检查一次，运行中检查其指针是否抖动，若有抖动，应尽快查明原因并进行处理，以防挡板脱落掉入变压器的内部。

⑥ 新安装的散热器应在半年内加强巡视检查，重点检查散热器片有无渗漏油。

⑦ 油浸强迫循环风冷变压器的冷却器长期运行后可能积灰严重，应用自来水进行冲洗，并在冲洗后启动风扇吹干。

5. 有载调压分接开关的运行与维护

1）有载调压分接开关的运行

（1）正常情况下，有载调压分接开关应使用远方电气控制操作。

（2）当分接开关处于极限位置而又必须手动操作时，应先确认操作方向的正确性再进行操作，就地操作按钮应有防误操作的措施。

（3）分接变换操作必须逐次进行。

（4）有载调压分接开关的运行分接位置（挡位）可在以下 4 处指示（显示）：分接开关处，分接开关电动操动机构处，分接开关控制屏（控制室内）处，变电站监控或调度自动化系统处。每次分接变换操作后，应检查此 4 处指示的分接位置是否一致。

（5）有载调压分接开关平均每天允许的操作次数可由检修周期、允许的操作次数、运行经验等因素综合确定。

（6）有载调压分接开关的启动、紧急停止、极限位置电气闭锁、手动操作电动闭锁均应准确可靠。

（7）变动分接开关操作电源后，若未确定其相序是否正确，不得在极限位置进行电气控制分接变换操作。

2）有载调压分接开关的维护

（1）有载调压分接开关的大修与小修工作原则上要与该变压器的大修与小修同时进行。

（2）分接开关日常维护。

① 分接开关油箱中的绝缘油，每 0.5~1 年（或分接变换操作 2 000~4 000 次）应取油样 1 次，进行击穿电压试验。

② 分接开关运行后 2 年（或分接变换操作 5 000 次），应该将切换开关或组合开关吊出油箱检查 1 次。

③ 运行中的分接开关，每 1~2 年（或分接变换操作 5 000~10 000 次，或油击穿电压低于 25 kV）应打开油箱上盖进行清洗、换油或滤油。

④ 当分接开关累计分接变换操作次数达到检修限额时，应进行大修。

⑤ 分接开关电动机的维护应每年进行 1 次。

⑥ 分接开关操动机构中的电气元件，特别是极限开关，其动作情况和可靠性应定期进行检查。

6. 无励磁调压分接开关的运行与维护

各类型无励磁调压分接开关的结构和性能通常会有很大的差别，其运行维护、变换分接位置等操作必须严格遵循制造厂产品使用说明书的要求，通常应注意以下一些问题。

（1）为防止开关切换不到位或不完全到位，带有电动或手动侧面操动机构的无励磁调压分接开关在安装时要先左右转动，使接触环自我调节到位、接触良好。

（2）传动机构部分的齿轮盒等应有良好润滑，紧固件应拧紧。

（3）各种电气元件的触点应接触良好，连接线应无损伤。

（4）每相完成分接变换后，应锁紧开关操作的把手。

（5）三相均完成分接变换操作并锁紧开关操作把手后，测试变压器运行分接的变压比和绕组直流电阻，测试合格后可以投入运行。

（6）经常运行于某一个或某几个分接位置的分接开关，每年应正反向全程操作至少各 5 周，或在变换到新的分接位置前进行上述操作，以消除触头上可能存在的氧化膜和油污。

7. 储油柜的运行与维护

运行中应加强对储油柜的巡视，在油温或负荷异常变化时，应记录油温、负荷和油位。

8. 吸湿器的运行与维护

干燥的变色硅胶为蓝色，受潮失效后变为粉红色。为了保证进入储油柜中的空气洁净与干燥，应加强对吸湿器的运行维护。

（1）油杯中有较多（达到总数的 2/3）硅胶受潮变色时，应全部更换。

（2）油封应及时加油，油量要适中，过少起不到油封的作用，过多则空气进出时会有油溢出。

（3）应注意防止吸湿器堵塞。

9. 温度计（测温装置）的运行与维护

（1）运行中应定期检查和记录顶层油温及最高温度，本地（固定于器身上的）温度计指示的顶层油温应与控制室远方显示及自动化系统中显示的温度一致或基本一致，差别一般应不大于 5 ℃。

（2）绕组温度计显示的绕组温度是在顶层油温的基础上加上根据绕组电流计算而得的温升所得到的间接数据，仅作为运行中的参考。

（3）绕组温度计变送器的电流值应与相应的变压器用来测量绕组温度的套管型电流互感器电流相匹配。

（4）变压器大修时，应进行温度计校验。

10. 气体继电器的运行与维护

（1）气体继电器应具备防震、防雨和防潮等功能。

（2）对于重瓦斯保护接点为浮筒式的气体继电器的情况，当变压器新装或大修后投入运行时，应先将重瓦斯保护接入跳闸，进行变压器冲击合闸。在冲击合闸完成之后，应将重瓦斯保护改投信号位，试运行 48 h（大型变压器另有规定），若继电器内再无空气积聚，则应测量重瓦斯保护跳闸压板两端电压，正常后将重瓦斯保护重新接入跳闸。

对于挡板式气体继电器，可在变压器运行时直接将重瓦斯保护接入跳闸。

（3）变压器在运行中加油、滤油时，在油浸强迫循环系统油路检修试验以及在气体继电器及其二次回路上工作时，应将重瓦斯保护改投信号位。

（4）主变压器油位异常升高而需要进行检查处理时，应先将重瓦斯保护改投信号位，然后方可打开放气塞、打开放油阀、清理呼吸器呼吸孔或进行其他工作。

（5）变压器停运时，其轻瓦斯保护仍应接入信号位，用以监视变压器油位可能发生的异常。

（6）变压器停电时，应进行二次回路的绝缘试验及轻瓦斯保护动作准确度试验。变压器检修时，应拆下气体继电器进行动作特性校验。

（7）轻瓦斯保护动作发信号或重瓦斯保护动作跳闸（或发信号）后，应取气样及油样进行色谱分析，同时应对瓦斯保护装置及其二次回路进行检查，看看是否会产生保护误动作或有误动作的可能，然后结合两方面的结果决定是否需要对变压器进行其他电气试验。

（8）变压器有载调压分接开关的瓦斯保护采用油流继电器时，只有一对接点接入变压器跳闸回路，在出现具有一定速度的油流时接点闭合，应将变压器从电网切除。

当油流继电器被气体继电器代替时，轻、重瓦斯保护接点分别接入信号位和跳闸，若继电器中积聚气体或轻瓦斯保护动作发信号，应进行分析，若是开关切断电弧正常产气所致，则应放气，同时应注意及时清除继电器内有可能积聚的游离碳。

4.2　高压断路器的运行与维护

4.2.1　高压断路器的基本结构

断路器是用来开断各种性质的电流的装置，其最主要的功能是开断短路电流。从功能组成来看，断路器可以分为载流部分、灭弧部分、绝缘部分、操动机构等。其中，载流部分包括接线端子、动静触头及连接导体等，通过动触头、静触头的接触与分开实现电路的接通与隔离；灭弧部分利用电流开断过程中产生的电弧能量或者利用外界能源在密闭小室内产生高压气流将故障电流快速熄灭，切断电路；绝缘部分包括内外绝缘的支持绝缘子、灭弧室绝缘子、出线套管、绝缘拉杆和绝缘介质等，实现对地、断口间及极间的电气隔离；操动机构是高压断路器分合闸操作的动力源，通过若干个机械环节使动触头按指定的方式和速度完成运动，实现主导电回路的开断与关合。另外，多断口断路器还包括断口并联电容器，罐式断路器通常装有电流互感器，363 kV 及以上断路器可能还装有合闸并联电阻。

4.2.2 高压断路器的种类及灭弧原理

按照绝缘介质和灭弧介质进行分类，高压断路器可分为油断路器（目前很少使用）、压缩空气断路器、SF_6 气体断路器和真空断路器。

1. 油断路器的灭弧原理

油断路器（包括多油断路器和少油断路器）的灭弧原理是自能式灭弧，即充分利用短路电流自身的能量使油气化分解，使灭弧室内的压力不断升高，并对电弧进行强烈冷却和吹拂，使短路电弧在电流过零时熄灭。其最大的缺点是开断小短路电流时，尤其是小电容和小电感电流时比较困难，因为此时电流小，灭弧室内的压力低，灭弧能力差。由于其开断能力依靠的是短路电流的自身能量，因此其开断大短路电流比开断小短路电流更为轻松，从理论上讲，只要少油断路器灭弧室及其帽盖等部件的机械强度能够满足要求，其开断能力就可以不断提高。灭弧室允许的压力主要取决于灭弧室的结构设计、所采用的金属材料和绝缘材料，以及灭弧片的耐电弧性能和机械强度。

2. 压缩空气断路器的灭弧原理

压缩空气断路器是以干燥的高压空气为绝缘介质和灭弧介质的断路器，它依靠高压空气对短路电弧进行强吹来熄灭电弧，压力越高，灭弧能力就越强，开断短路电流也就越大。由于压缩空气断路器是依靠外界能源（如空气压缩机及其干燥系统）将空气压缩至具有一定绝缘强度和灭弧能力的，因此称为外能式灭弧。目前，压缩空气断路器已经被 SF_6 气体断路器所取代。

3. SF_6 气体断路器的灭弧原理

SF_6 气体断路器所采用的灭弧原理是从模仿压缩空气断路器的外能式灭弧原理开始的，第一代 SF_6 气体断路器的灭弧原理与压缩空气断路器完全相同。压缩空气断路器将灭弧时产生的高压气体排入大气中，而 SF_6 气体断路器需要将灭弧时产生的高压 SF_6 气体排到低压区，然后加压抽回到高压储气箱中。20 世纪 70 年代初，在双压式 SF_6 气体断路器的基础上研制出了单压式 SF_6 气体断路器，单压式 SF_6 气体断路器与单压式压缩空气断路器的最大不同之处是在断路器分闸过程中，由活塞将正常压力下的 SF_6 气体压缩成高压气体，进行气吹灭弧，分闸动作完成，压气即停止，灭弧室又恢复到正常压力。早期单压式定开距 SF_6 气体断路器与单压式压缩空气断路器基本相同，断路器内只有一种较低压（一般为 0.5 ~ 0.6 MPa）的 SF_6 气体作为正常运行时高压对地和断口间的绝缘介质。断路器在分断过程中，由操动机构带动动触头、喷嘴和压气缸体一起运动，而压气活塞则处于逆向或静止状态，将压气缸体内的气体快速压缩，当喷口打开后，压气缸体内的高压气体进行双向吹弧，吹弧后的高压气体又变成低压气体继续使用。

20 世纪 90 年代，采用热膨胀式或混合压气式的自能式灭弧原理的 SF_6 气体断路器相继问世，其所配置的操动机构也变为功率较小但可靠性较高的弹簧操动机构。如果将双压式 SF_6 气体断路器称为第一代 SF_6 气体断路器，单压式或压气式断路器称为第二代 SF_6 气体断路器，则采用自能式灭弧原理的 SF_6 气体断路器应称为第三代 SF_6 气体断路器，它并不能取代第二代 SF_6 气体断路器，因为超高压大开断容量的产品还必须使用压气式 SF_6 气体断路器。

4. 真空断路器的灭弧原理

真空断路器是用高真空状态的气体作为绝缘介质和灭弧介质的断路器，其灭弧室内的真空度一般为 $10^{-2} \sim 10^{-4}$ Pa。真空中的灭弧与热电弧不同，其触头间电弧的维持依赖电极上不断产生的金属离子。真空断路器的灭弧措施是利用不同的触头结构，使电弧在开断过程中形成横向磁场或者纵向磁场，利用短路电流过零时电极离子蒸汽密度急剧下降的有利条件使电弧熄灭。由此可见，真空断路器所采用的灭弧原理还是自能式灭弧。

4.2.3　高压断路器的操动机构

高压断路器常用的操动机构主要有电磁操动机构、永磁操动机构、弹簧操动机构、气动操动机构和液压操动机构 5 类。

1. 电磁操动机构

电磁操动机构是应用直流电磁线圈通电所产生的强磁场驱动电磁铁芯运动，为断路器提供合闸能量的操动机构，它在完成合闸动作的同时也为分闸弹簧进行储能。电磁操动机构的合闸电磁力是由电磁线圈的安匝数和铁芯面积所决定的，安匝数越多、铁芯面积越大，所产生的电磁力就越大，需要的合闸直流电流也就越大。电磁操动机构的输出功取决于它所配用的断路器的额定短路开断电流和额定短路关合电流，额定短路开断电流越大，要求的输出功越大，合闸线圈消耗的功率和所需的合闸电流也就越大。

电磁操动机构是为了满足多油断路器的需要而研制的一种将电能转变为机械能的操动机构，多油断路器始终只始用电磁操动机构，即使是少油断路器，也是从始用电磁操动机构发展起来的。多油断路器应用电磁操动机构最高至 220 kV，少油断路器则使用到 110 kV。虽然电磁操动机构的结构简单、易于制造、成本低廉，但是它的分、合闸时间长，分、合闸的速度慢，而且只能用在三相机械联动的断路器上，还要有大功率的直流电源系统作为保障。所以，大功率电磁操动机构同多油断路器一样，很难适应电力系统发展的需要，在多油断路器被淘汰的同时，也一起被淘汰了。

2. 永磁操动机构

永磁操动机构是 20 世纪 90 年代末期出现的一种用在真空断路器上的带有永久磁铁的电磁操动机构，它通过使用永久磁铁代替传统电磁操动机构的分、合闸机械扣的结构，使操动机构的机械结构简化，从而提高其机械动作的可靠性和机械寿命。永磁操动机构的合闸操作仍然采用传统电磁操动机构的工作原理，应用直流电磁线圈通电产生的强磁场驱动电磁铁芯运动，为真空断路器提供合闸操作能源。永磁操动机构的分闸操作可以采用同合闸一样的电磁操动，使用直流电磁线圈通电所产生的强磁场克服合闸永磁体对铁芯的吸力，并使铁芯加速运动，实现分闸；分闸操作也可以像传统电磁操动机构一样，采用分闸弹簧进行操动，分闸弹簧在断路器进行合闸时进行储能。分闸弹簧的力矩特性要能克服合闸状态下永久磁铁对铁芯的吸力，同时要保证有足够的动力使断路器达到所需的分闸速度。根据永磁操动机构分闸操作方式的不同，可以分为双线圈双稳态永磁操动机构和单线圈单稳态永磁操动机构。

3. 弹簧操动机构

弹簧操动机构利用电动机和减速装置对断路器的合闸弹簧进行储能，通过已储能的合闸弹簧释放所产生的力，使断路器进行合闸操作，并同时为分闸弹簧进行储能，待合闸操作完成后，分闸弹簧再进行储能，以备下次合闸。弹簧操动机构的合闸输出功取决于合闸弹簧所使用的弹性材料、弹簧的力矩特性和位移尺寸。根据需要，合闸弹簧可采用螺旋式的拉伸或压缩弹簧，也可以使用由板材做成的卷簧或由弹簧材料制成的扭簧。不管使用何种形式的弹簧，其目的都是利用低功率的电源和电动机，将电能转变为机械能储存在弹簧中，为不同额定短路开断电流的断路器提供所需的合闸能源。

4. 气动操动机构

气动操动机构是利用压缩空气，通过气体阀门控制气缸内的活塞运动实现断路器分、合闸的操动机构。气动操动机构有两种工作方式：一种是压缩空气断路器所使用的全压缩空气气动操作，即分、合闸均由压缩空气控制；另一种是专门作为断路器的操动机构的独立气动机构，压缩空气只负责断路器的合闸操作，同时为分闸弹簧进行储能，而分闸操作由分闸弹簧执行。独立的气动操动机构所使用的压缩空气压力一般为 1.52 MPa。气动操动机构的输出功取决于压缩空气的压力和气动活塞的截面，在气体压力规定为 1.52 MPa 的情况下，只要改动气缸的直径，就可以改变气缸输出功的大小，所以它可以适用于不同的电压等级、不同的类型和不同额定短路开断电流的断路器。

5. 液压操动机构

液压操动机构是利用高压航空液压油，通过一系列管路和阀系统实现断路器分、合闸操作的操动机构。液压操动机构的分、合闸输出功取决于油压的高低和工作缸活塞的面积。液压操动机构主要由油箱、油泵、储压筒、管路、阀系统、工作缸，以及分、合闸控制回路等组成。油箱是航空油的储存箱，由管路与油泵相连。油泵工作时，油箱内的低压航空油经过过滤器和单向阀，进入油泵阀座的内腔室，再经双柱塞式加压泵进行加压。加压后的高压油将另一侧单向阀打开，油经高压油管、单向阀进入储压筒。储压筒是液压操动机构的动力源，储压筒内活塞的上方预先充有一定大气压的氮气，油泵加压后，航空油打入油塞的下面，油压逐渐升高。当储压筒内的油压达到规定的压力时，活塞杆将微动开关的接点打开，油泵电源随之切断，储能即告完成。储压筒活塞杆处装有油泵启动、停止、闭锁和信号灯微动开关。储压筒中活塞和筒壁之间装有滑动密封圈，防止高压油渗入到氮气中，导致氮气压力异常。工作缸由缸体和活塞组成，活塞杆与断路器的传动杆连接，活塞的运动带动断路器分、合闸。工作缸活塞的左端与储压筒相连，油泵打压的同时，工作缸活塞左侧不断建立与储压筒内相同的高油压，并使断路器处于分闸位置。

4.2.4 高压断路器的运行

1. 高压断路器正常运行的条件

（1）高压断路器的运行条件要符合制造厂规定的使用条件，包括户内户外、防污等级、环境温度、相对湿度、海拔高度等。

（2）断路器的各种参数、性能要符合国家标准或行业标准的要求及有关技术条件的规定。

（3）断路器应能长期承受最高工作电压，而且能承受操作过电压和大气过电压，最大工作电流不得超过其额定电流，额定开断容量必须大于安装地点的最大短路容量，并且要有足够的动稳定性和热稳定性。

（4）断路器外观油漆应完整、相序色标志应正确，表面应清洁无杂物，瓷套或支柱绝缘子应无缺损、脏污、闪络等现象。

（5）断路器的外壳、支架、机构箱应有明显的接地标志，并且要可靠地接地。连接断路器的引线要牢固、接触良好，符合规范的要求。

（6）断路器本体及操动机构的分、合闸机械指示应正确，并与断路器的实际位置信号相符。机构箱应具有防尘、防雨、防潮、防小动物的相关措施，照明、加热、除湿装置应工作正常，箱门关闭良好。

（7）断路器的油位、油色应正常，SF_6 气体压力、绝缘介质应在合格的范围内。

（8）断路器室通风系统应运转正常，门或遮栏应关闭良好，"五防"闭锁装置应正确完备，无异常声音、气味等。SF_6 气体断路器室内气体监测装置指示应在合格范围内。

（9）断路器的操动机构应有合格的操作能源，分、合闸无卡涩，动作可靠。

（10）断路器各项试验合格。

2. 高压断路器的正常巡视检查

投入电网和处于备用状态的断路器必须定期进行巡视检查，对各种值班方式下的巡视时间、次数、内容，运行单位应作出明确的规定。断路器及操动机构正常巡视检查项目及标准分别如表 4.1 和表 4.2 所示。

表 4.1　断路器正常巡视检查项目及标准

序号	检查项目	标准
1	标示牌	调度名称、编号齐全、完好
2	套管、支柱绝缘子、绝缘拉杆	外表清洁完整，无杂物、损伤、闪络现象，无异声
3	引线、导电连接部位	引线连接牢固、接触良好、无断股、发热变色现象
4	控制、信号电源	运行正常、无异常信号发出
5	本体（油断路器）	各连接法兰和密封处无渗漏油、阀门关闭严密，油位在正常范围内、油色正常
6	灭弧室（真空断路器）	无放电、无异声、无破损、无变色
7	SF_6 气体压力表或密度继电器（SF_6 断路器）	对照压力-温度曲线，SF_6 压力或密度继电器在正常范围内，并记录压力值
8	连杆、转轴、拐臂	无变形、裂纹、锈蚀现象，螺栓紧固、轴销齐全、各转动部分润滑良好
9	位置指示器	断路器的机械指示和电气指示与实际运行状态相符
10	测温	按规定对温度监测点进行检测
11	接地	断路器的外壳和支架、操动机构有明显的接地，且标志色醒目，螺栓无锈蚀，压接良好
12	基础	无下沉、倾斜

表 4.2　操动机构正常巡视检查项目及标准

序号	检查项目	标准
1	机构箱	开启灵活无变形、密封良好，无锈蚀、无异味、无凝露等
2	计数器	动作正确，记录动作次数无误
3	检修、运行、控制、储能电源等开关	位置正确、电源正常
4	二次接线	压接良好，端子无过热变色、断股现象
5	分、合闸线圈	无冒烟、异味、变色现象
6	分、合位置指示器	操动机构的机械指示和电气指示与实际运行状态相符
7	储能信号、机械指示	信号正常、指示正确
8	储能弹簧	无锈蚀、压缩（拉伸）正常
9	行程开关（液压、弹簧机构）	无卡涩、变形，接触良好、位置正确
10	储能电动机	运转正常
11	合闸熔断器、接触器、合闸电源（电磁机构）	无异味、变色，熔断器完好，电源正常
12	机构压力（液压、气动机构）	压力正常、指示正确，记录压力值无误
13	油箱、油管、接头、油泵（液压机构）	油位正常、无渗漏油现象
14	储压筒、工作缸（液压机构）	无渗漏、活塞杆位置正确
15	接头、管路、阀门、储气罐（气动机构）	无漏气现象，并按规定排水
16	压力开关（气动机构）	无卡涩、变形，接触良好、位置正确
17	空气压缩机（气动机构）	运转正常，油位、油色正常
18	照明、加热器（除潮器）	运转正常，投、停正确

3. 高压断路器的特殊巡视检查项目

（1）遇有下列情况，应对设备进行特殊巡视。

① 新设备投运及大修后。

② 设备有缺陷。

③ 恶劣气候、事故跳闸和设备运行中发现可疑现象。

④ 系统异常运行，有特殊运行方式及调度要求。

⑤ 法定节假日和重要供电任务期间。

⑥ 夜间闭灯巡视应根据现场实际情况进行。

（2）特殊巡视检查项目。

① 遇大风、沙尘暴、雷雨、大雾、冰雪、地震等情况时，应检查引线摆动情况及有无搭挂杂物，套管有无闪络或其他放电现象，重点监视污秽瓷质部分，积雪融化时重点检查发热部位等。

② 遇天气突变、气温骤降时，应检查 SF_6 气体压力和注油设备油位的变化，有无渗漏油等情况。

③ 温度升高或高峰负荷时，应监视设备的温度、各引线接头有无过热现象，是否发热

变色，使用测温仪器检查各发热部位运行的温度。

④ 事故跳闸和重合闸后，应检查电气指示与机械位置指示是否正确一致，各附件有无变形、引线接头有无过热松动现象，油断路器油色和油位是否正常、有无喷油现象，测量合闸熔体是否良好，断路器内部有无异声等。

4. 断路器运行中立即申请停电处理的特殊现象

（1）瓷套（套管）有严重破损和放电的现象。

（2）油断路器内部有异常声响。

（3）油断路器严重漏油，油位过低或有大量喷油的现象。

（4）SF_6 气体断路器的气体严重泄漏或压力异常升高。

（5）液压机构严重漏油。

（6）断路器端子与连接线的连接处发热严重。

（7）操作电源消失，控制回路断线报警，经检查后无法处理。

（8）设备发生其他严重缺陷，不能安全运行时。

4.2.5　高压断路器的维护

高压断路器的维护工作应根据运行记录、缺陷情况来进行，应制订相应的维护措施，尽可能配合停电的情况。

（1）对瓷套或支持绝缘子进行清扫，并检查高压断路器的外绝缘部分（瓷套）、法兰连接部位应完好，无损坏、脏污及闪络现象。

（2）检查紧固件应无松动、脱落，分、合闸铁芯应动作灵活，无卡涩的现象。

（3）按使用说明书的规定，定期对操动机构及传动和转动部位添加润滑油。

（4）根据 SF_6 气体压力、油位变化情况，进行必要的气（油）补充。

（5）压力表和 SF_6 密度继电器按规定进行校验。

（6）高压断路器的连接引线、导电部位发热的检查处理。

（7）检查液压机构储能正常、动作可靠、压力正常、油泵打压时间符合要求，液压油按规定要求进行过滤。

（8）清扫气动机构空气过滤器，对空气压缩机润滑油进行更换。

（9）高压断路器故障跳闸达到规定次数的，应进行相应维护处理。

（10）按期完成高压断路器的各项试验项目，不超期，试验结果符合规程的要求。

（11）消除运行中发现的设备缺陷。

4.2.6　LW16-40.5 型断路器检修仿真实训

1. 实训目的

（1）掌握 LW16-40.5 型断路器的结构。

（2）掌握 LW16-40.5 型断路器的停电作业方法。

（3）掌握 LW16-40.5 型断路器的检修作业方法。

（4）掌握 LW16-40.5 型断路器的恢复供电作业方法。

2. 实训软件

电力系统仿真试验室"电力一次设备检修"软件。

3. 实训内容

（1）完成 LW16-40.5 型断路器的结构学习。

（2）完成 35 kV 331 线路间隔 331 断路器的运行转检修操作。

（3）完成 LW16-40.5 型 SF$_6$ 断路器的检修作业。

（4）完成 35 kV 331 线路间隔 331 断路器的检修转运行操作。

4. 操作步骤

双击桌面上的"一次设备检修"图标，进入变电一次设备检修仿真培训系统，输入"账号"为"1"，"姓名"为"1"，单击"登录"和"开始"按钮，选择"选取设备"选项，在出现的 4 种类型设备中选取"断路器"选项，在断路器列表中选择"LW16-40.5 型 SF$_6$ 断路器"选项，单击"进入"按钮，进入 LW16-40.5 型 SF$_6$ 断路器的检修仿真实训。

1）结构学习

单击"结构学习"按钮，单击"确定"按钮，进入 LW16-40.5 型 SF$_6$ 断路器结构学习主界面，如图 4.1 所示，选择主界面右侧的菜单，依次完成"设备介绍""储能动作原理""合闸动作原理""分闸动作原理""SF$_6$ 气体系统介绍""电流互感器介绍"的学习，每个内容均有相应的视频讲解。完成"机构储能"操作、"断路器合闸"操作及"断路器分闸"操作后，单击左下角"退出"按钮，退出结构学习。

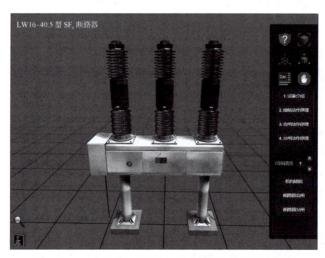

图 4.1　LW16-40.5 型 SF$_6$ 断路器结构学习主界面

2）运行与检修技能培训-停电作业培训

单击"开始"按钮，选择"选取设备"选项，选择"断路器"选项，选择"LW16-40.5 型 SF$_6$ 断路器"选项，单击"停电作业培训"按钮，单击"确定"按钮，进入 35 kV 331 线路间隔 331 断路器运行转检修操作主界面，执行操作票上的操作步骤。

（1）断开 331 断路器。

① 单击"工具"按钮，选择当前提示的工具。单击"导航"按钮，找到 331 断路器位置并单击 331 断路器，即可自动导航到一次设备现场的 331 断路器处，将 331 断路器"就地/远方"把手打到"就地"挡位。

② 按开关机构向内的"分闸"按钮，断开 331 断路器。

（2）断开 3315 隔离开关。

扳动 3315 刀闸操作把手，断开 3315 刀闸。

（3）断开 3312 隔离开关。

扳动 3312 刀闸操作把手，断开 3312 刀闸。

（4）检验 331 断路器两侧是否带电。

① 检验 331 断路器母线侧接线是否带电。

② 检验 331 断路器线路侧接线是否带电。

（5）合上 3315 刀闸开关侧地刀。

扳动 3315KD 地刀操作把手，合上地刀。

（6）合上 3312 刀闸开关侧地刀。

扳动 3312KD 地刀操作把手，合上地刀。

（7）布置安全措施。

① 在 331 断路器周围摆放检修围栏。

② 在围栏入口处挂检修标示牌。

单击"退出"按钮，返回系统主界面或进入检修作业模块。

3）运行与检修技能培训-检修作业培训

单击"开始"按钮，选择"选取设备"选项，选择"断路器"选项，选择"LW16-40.5 型 SF_6 断路器"选项，单击"检修作业培训"按钮，单击"确定"按钮，进入 35 kV LW16-40.5 型 SF_6 断路器检修操作主界面。勾选"学习模式"选项，掌握任务介绍，单击"进入"按钮，阅读检修作业卡，单击"继续"按钮，进入工具选择主界面。选择"工器具""仪器""任务着装"中的所有工具（处于选中状态的工具可以 360°旋转观察其外观），单击"继续"按钮，进入 LW16-40.5 型 SF_6 断路器检修界面。按照检修操作步骤，完成断路器检修。

（1）断路器本体检修。

① 检查断路器本体外观，按主界面中出现的工具提示在工具包中选择相应的工具，单击主界面中高亮的范围，进行断路器本体外观的检修。

② 检查断路器底座。

③ 检查断路器底座接地线。

④ 检查电流互感器二次接线板。

⑤ 检查断路器瓷瓶。

⑥ 检查断路器三相接线座。

⑦ 检查断路器传动部件。

（2）断路器 SF_6 气体系统检修。

① 回收断路器中 SF_6 气体。

② 检修充气逆止阀。

③ 校验 SF_6 密度继电器。

④ 断路器本体抽真空。

⑤ 给断路器注入 SF_6 气体。

⑥ 检查本体及 SF_6 系统管路的密封性。

⑦ 断路器 SF_6 气体微水量测试。

（3）断路器机构检修。

① 检查操动机构各元件。

② 检查机构内的二次接线端子。

③ 检查机构内的加热器。

④ 检查断路器手动储能。

⑤ 检查断路器合闸回路。

⑥ 检查断路器分闸回路。

⑦ 检查断路器电动储能。

（4）断路器试验。

① 检查合闸线圈的动作电压。

② 检查分闸线圈的动作电压。

③ 检查断路器电动储能。

④ 断路器合闸及动特性试验。

⑤ 断路器合闸状态下交流耐压试验。

⑥ 测量断路器主回路电阻。

⑦ 断路器分闸及动特性试验。

⑧ 断路器分闸状态下交流耐压试验。

单击右下角"退出"按钮，退出当前的学习模式。如需进行练习或考试，可以在检修主界面单击"练习模式"或"考试模式"按钮。

4）运行与检修技能培训–恢复供电作业培训

单击"开始"按钮，选择"选取设备"选项，选择"断路器"选项，选择"LW16–40.5型SF₆断路器"选项，单击"恢复供电作业培训"按钮，单击"确定"按钮，进入35 kV 331线路间隔331断路器检修转运行操作主界面，执行操作票上的操作步骤。

（1）拆除安全措施。

① 单击"工具"按钮，选择当前提示的工具，单击"导航"按钮，找到331断路器位置并单击331断路器，即可自动导航到一次设备现场的331断路器处，拆除入口处的检修警示牌。

② 拆除检修围栏。

（2）断开3312刀闸开关侧地刀。

扳动3312KD地刀操作把手，断开地刀。

（3）断开3315刀闸开关侧地刀。

扳动3315KD地刀操作把手，断开地刀。

（4）合上3312隔离开关。

扳动3312刀闸操作把手，合上母线侧刀闸。

（5）合上3315隔离开关。

扳动3315刀闸操作把手，合上线路侧刀闸。

（6）合331断路器。

① 打开331断路器机构内的储能按钮，给断路器机构储能。

② 按动合闸按钮，将331断路器合上。

单击"退出"按钮，可返回系统主界面。

4.2.7　VS1–12型断路器检修仿真实训

1. 实训目的

（1）掌握VS1–12型真空断路器的结构。

（2）掌握 VS1-12 型真空断路器的停电作业方法。

（3）掌握 VS1-12 型真空断路器的检修作业方法。

（4）掌握 VS1-12 型真空断路器的恢复供电作业方法。

2. 实训软件

电力系统仿真试验室"电力一次设备检修"软件。

3. 实训内容

（1）完成 VS1-12 型真空断路器的结构学习。

（2）完成 10 kV 2#所用变间隔 535 断路器的运行转检修操作。

（3）完成 VS1-12 型真空断路器的检修作业。

（4）完成 10 kV 2#所用变间隔 535 断路器的检修转运行操作。

4. 操作步骤

双击桌面上的"一次设备检修"图标，进入变电一次设备检修仿真培训系统，输入"账号"为"1"，"姓名"为"1"，单击"登录"和"开始"按钮，选择"选取设备"选项，在出现的 4 种类型设备中选取"断路器"选项，在断路器列表中选择"VS1-12 型真空断路器"选项，单击"进入"按钮，进入 VS1-12 型真空断路器的检修仿真实训。

1）结构学习

单击"结构学习"按钮，单击"确定"按钮，进入 VS1-12 型真空断路器结构学习主界面，如图 4.2 所示，单击主界面右侧的菜单，依次完成"设备介绍""储能动作原理""合闸动作原理""分闸动作原理""机械五防结构介绍""机械五防闭锁原理"的学习，每个内容均有相应的视频讲解。完成"断路器合闸"操作、"断路器分闸"操作、"运行位置转试验位置"操作及"试验位置转运行位置"操作后，单击左下角"退出"按钮，退出结构学习。

图 4.2 VS1-12 型真空断路器结构学习主界面

2）运行与检修技能培训-停电作业培训

单击"开始"按钮，选择"选取设备"选项，选择"断路器"选项，选择"VS1-12 型真空断路器"选项，单击"停电作业培训"按钮，单击"确定"按钮，进入 10 kV 2#所用变间隔 535 断路器运行转检修操作主界面，执行操作票上的操作步骤。

（1）断开 535 断路器。

单击"工具"按钮，选择当前提示的工具，单击"导航"按钮，找到 535 断路器位置并单击 535 断路器，即可自动导航到一次设备现场的 535 断路器处，按下分闸按钮，断开 535 断路器。

（2）摇出断路器手车。

用摇把摇出 535 断路器的手车。

（3）布置安全措施。

① 在检修间布置围栏。

② 在围栏进出口处挂检修标示牌。

单击"退出"按钮，返回系统主界面或进入检修模块。

3）运行与检修技能培训-检修作业培训

单击"开始"按钮，选择"选取设备"选项，选择"断路器"选项，选择"VS1-12 型真空断路器"选项，单击"检修作业培训"按钮，单击"确定"按钮，进入 10 kV VS1-12 型真空断路器检修操作主界面。勾选"学习模式"选项，掌握任务介绍，单击"进入"按钮，阅读检修作业卡，单击"继续"按钮，进入工具选择主界面，选择"工器具""仪器""任务着装"中的所有工具（处于选中状态的工具可以 360° 旋转观察其外观），单击"继续"按钮，进入 VS1-12 型真空断路器检修界面，按照检修操作步骤完成断路器检修。

（1）断路器检修位置本体检修。

① 检查环氧树脂外壳，按主界面中出现的工具提示，在工具包中选择相应的工具，单击主界面中高亮的范围，进行断路器本体外观的检修。

② 检查动触头表面。

③ 检查本体固定螺栓。

（2）断路器检修位置机构检修。

① 检查操动机构各元件。

② 检查操动机构的传动部件。

③ 检查滚动或滑动零部件。

④ 检查机构内的二次接线端子。

（3）断路器检修位置试验。

① 检查断路器手动储能。

② 检查断路器合闸动作电压。

③ 检查断路器分闸动作电压。

④ 断路器手动储能。

⑤ 断路器合闸及动特性试验。

⑥ 断路器合闸状态下交流耐压试验。

⑦ 测量断路器主回路电阻。

⑧ 断路器分闸及动特性试验。

⑨ 断路器分闸状态下交流耐压试验。

（4）断路器试验位置机构检修。

① 将断路器移至试验位置。

② 检查断路器电动储能。

③ 检查断路器合闸及联锁。

④ 检查断路器分闸及联锁。

⑤ 检查合闸联锁及推进机构。

单击右下角"退出"按钮，退出当前的学习模式，如需进行练习或考试，可以在检修主界面单击"练习模式"或"考试模式"。

4）运行与检修技能培训-恢复供电作业培训

单击"开始"按钮，选择"选取设备"选项，选择"断路器"选项，选择"VS1-12 型真空断路器"选项，单击"恢复供电作业培训"按钮，单击"确定"按钮，进入 10 kV 2#所用变间隔 535 断路器检修转运行操作主界面，执行操作票上的操作步骤。

（1）拆除安全措施。

① 单击"工具"按钮，选择当前提示的工具，单击"导航"按钮，找到 535 断路器位置并单击 535 断路器，即可自动导航到一次设备现场的 535 断路器处，拆除入口处的检修警示牌。

② 拆除检修围栏。

（2）将 535 断路器小车从试验位置摇入运行位置。

用摇把将 535 断路器小车从试验位置摇入运行位置。

（3）断路器合闸。

① 扳动储能开关，给 535 断路器储能。

② 合上 535 断路器。

单击"退出"按钮，返回系统主界面。

4.3 隔离开关的运行与维护

4.3.1 隔离开关概述

隔离开关和接地开关的作用是将停电的设备和线路与系统的带电部分进行明显的隔离，使停电的部分可靠接地，从而保证设备和人身的安全。隔离开关和接地开关的分、合闸操作都应该在不带电的情况下进行，所以对它们没有要求具有开合电流的功能。隔离开关和接地开关主要装在断路器的两侧，也用于其他设备与电源之间的连接。

隔离开关由导电系统、连接部分、触头、支柱绝缘子、操作绝缘子、底座、操动机构和机械传动系统等部分组成。其中，导电系统是指系统电流流经的接线端子装配部分、端子与导电杆的连接部分、导电杆、动触头和静触头，它也是电力系统主回路的组成部分。连接部分是指导电系统中各个部件之间的连接，包括接线端子与接线座的连接、接线座与导电杆的连接、导电杆与导电杆的连接（折叠式动触杆）、动触头与静触头之间的连接。这些连接部分有固定连接，也有活动连接，还有旋转部件的导电连接，连接部分的可靠性是保证导电系统可靠导电的关键。触头是在合闸状态下系统电流通过的关键部位，由动、静触头之间通过一定的压力接触后形成电流通道，保持动、静触头之间的接触压力是保证隔离开关长期可靠运行的关键。支柱绝缘子是用以支撑其导电系统并使其与地绝缘的部件，它还将支撑隔离开关的进、出引线。操作绝缘子则通过其转动，将操动机构的操作力传递至与地绝缘的动触头系统，完成分、合闸的操作。对于不同形式的隔离开关，支柱绝缘子同时也可作为操作绝缘子，既起支持作用，又起操作作用，如双柱式或三柱式隔离开关，但对于单柱式隔离开关，则要分设支柱绝缘子和操作绝缘子。不管是支柱绝缘子还是操作绝缘子，它们既是电气元件，又是机械部件。底座是支柱绝缘子和操作绝缘子的装配和固定基础，也是操动机构和机械传动系统的装配基础，可分为共底座和分离底座。分离底座中，每极的动、静触头分别装在两个底座上。隔离开关的分合闸是通过操动机构和包括操作绝缘子在内的机械传动系统来实现的，操动机构分为人力操作和动力操作两种机构，而动力操作又可分为电动操作、气动操作或液压操作。人力操作或动力操作可分为直接操作和储能操作，储能操作一般是使用弹簧，可以是手动储能，也可以是电动机储能，或者是用压缩介质储能。在机械传动系统中，还包括隔离开关和接地开关之间的防止误操作的机构联锁装置，以及机械连接的分合闸位置指示器。接地开关是专门用来将已经停电的线路、母线或其他一次设备进行安全接地的机械开关，它的结构与隔离开关基本是相同的，但是它不承载负荷电流。在某些情况下，它需具有关合短路电流的能力或者切合感应电流的能力，因此它必须具有承受短时额定短路电流的能力。在大多数情况下，接地开关均配装在隔离开关的一侧或两侧，有时也可以单独使用在母线上。

4.3.2 隔离开关的运行与维护要求

1. 隔离开关运行与维护工作的基本要求

隔离开关因为没有专门的灭弧装置，不能单独用来切断负荷电流和短路电流，运行中应与断路器配合使用，只有在断路器断开时才能进行操作。隔离开关运行与维护工作必须遵守已颁布的安全运行技术规程，同时结合各变电站（所）的实际地理环境开展。

2. 隔离开关正常巡视检查项目

投入电网运行和处于备用状态的高压隔离开关，应按照各种值班方式，对巡视时间、次数、项目进行必要规定，并加以实施。隔离开关正常巡视检查项目如表4.3所示。

表 4.3　隔离开关正常巡视检查项目

序号	检查项目	标准
1	标示牌	完好无破损，名称、编号清晰
2	导电部分	触头及其他导电部分接触良好，无过热、变色及变形等异常现象；引线无散股及断股现象
3	绝缘子	清洁，无破裂、损伤及放电痕迹；防污、闪措施完好
4	法兰连接	无裂痕，连接螺栓无松动、锈蚀、变形；与瓷套相连处的防水涂层无缺损、起皮、龟裂
5	传动连杆、拐臂	连杆无弯曲变形、锈蚀，连接无松动；轴、销齐全
6	操动机构	密封良好，无受潮，机构箱内的控制开关在相应位置
7	防误闭锁装置	闭锁装置完好、齐全，无锈蚀变形
8	接地开关	位置正确，闭锁良好，分闸位置接地杆的抬高不超过规定数值；接地引线完整且接地可靠
9	接地	有明显的接地点，且标志色醒目；螺栓压接良好，无锈蚀

3. 隔离开关特殊巡视检查项目

隔离开关有下列情况时，必须对相关项目进行特殊巡视排查。

（1）隔离开关新投入运行及处于大修后的观察期内。

（2）遇大风、沙尘暴、雷雨、大雾、冰雪、地震等异常现象时。

（3）温度升高或隔离开关过负荷运行（对接头和接触部分用测温仪器进行测试）。

（4）隔离开关通过短路电流后。

（5）夜间闭灯巡视根据现场实际情况进行。

（6）设备有缺陷。

（7）系统异常运行时，有特殊运行方式及调度要求。

（8）法定节假日和有重要供电任务期间。

根据以上情况，结合现场设备实际运行状态，进行针对性检查。隔离开关特殊巡视检查项目如表 4.4 所示。

表 4.4　隔离开关特殊巡视检查项目

序　号	检查项目	标准
1	开关位置	合闸状态完好，无不到位或错位现象；分闸到位，电气距离符合技术规程要求
2	导电部分	各导电部分及引线连接牢固，无损伤；触头接触良好，无熔化、发热现象
3	绝缘子	无位移、破损、裂纹、放电痕迹
4	传动机构	运行位置正确，连杆及拐臂无损坏、变形、脱落
5	接地及接地开关	接地开关和接地引线无烧伤和异常；各接地引线接头无熔化、发热变色现象

4. 隔离开关的维护

隔离开关的维护工作应根据运行记录、缺陷的情况，制订相应的维护措施，并尽可能配合停电的机会进行。对负荷特别重要的高压隔离开关，应根据运行情况制订应急处理方案。

（1）对各导电部分及引线加以紧固，保证接触良好。

（2）清扫绝缘子的表面，检查法兰及铁瓷结合部位。对 110 kV 及以上隔离开关支柱绝缘子，按规定进行绝缘子探伤检查。

（3）清除传动机构各部分的锈蚀，检查传动杆件、拐臂连接是否可靠，并对传动机构转动点加注润滑脂。

（4）操动机构内各元器件应完好且安装牢固，二次回路接线应正确，接触良好；清除机械活动部分锈蚀，按规定加注润滑脂。

（5）电动、手动操作应灵活，动作准确，分合闸位置应正确。

（6）按规定完成隔离开关预防性试验项目要求的各项内容，试验结果应符合规程要求。

4.3.3　GW22-126 型隔离开关检修仿真实训

1. 实训目的

（1）掌握 GW22-126 型隔离开关的结构。

（2）掌握 GW22-126 型隔离开关的停电作业方法。

（3）掌握 GW22-126 型隔离开关的检修作业方法。

（4）掌握 GW22-126 型隔离开关的恢复供电作业方法。

2. 实训软件

电力系统仿真试验室"电力一次设备检修"软件。

3. 实训内容

（1）完成 GW22-126 型隔离开关结构的学习。

（2）完成 110 kV 周获线 1851 刀闸的运行转检修操作。

（3）完成 GW22-126 型隔离开关的检修作业。

（4）完成 110 kV 周获线 1851 刀闸的检修转运行操作。

4. 操作步骤

双击桌面上的"一次设备检修"图标，进入变电一次设备检修仿真培训系统，输入"账号"为"1"，"姓名"为"1"，单击"登录"和"开始"按钮，选择"选取设备"选项，在出现的 4 种类型设备中选取"隔离开关"选项，在隔离开关列表中选择"GW22-126型隔离开关"选项，单击"进入"按钮，进入 GW22-126 型隔离开关的检修仿真实训中。

1）结构学习

单击"结构学习"按钮，单击"确定"按钮，进入 GW22-126 户外高压隔离开关结构学习主界面，如图 4.3 所示。单击主界面右侧的菜单，依次完成"设备介绍""设备本体介绍""操动机构介绍""主刀闸分合闸动作原理""接地刀闸分合闸动作原理"的学习，每个内容均有相应的视频讲解。完成"主刀合闸"操作、"主刀分闸"操作、"地刀合闸"操作及"地刀分闸"操作后，单击左下角"退出"按钮，即退出结构学习。

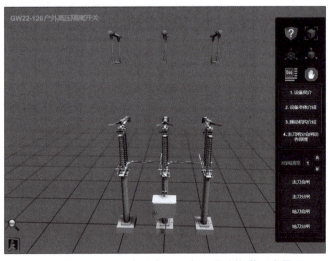

图 4.3　GW22-126 户外高压隔离开关结构学习主界面

2）运行与检修技能培训-停电作业培训

单击"开始"按钮，选择"选取设备"选项，选择"隔离开关"选项，选择"GW22-126型隔离开关"选项，单击"停电作业培训"按钮，单击"确定"按钮，进入 110 kV 周获线 1851 刀闸运行转检修操作主界面，执行操作票上的操作步骤。

（1）断开 185 断路器。

① 单击"工具"按钮，选择当前提示的工具，单击"导航"按钮，找到 185 断路器位

置并单击185断路器，自动导航到一次设备现场的185断路器处，将185断路器"就地/远方"把手打到"就地"挡位。

②　操作断路器分合闸把手，断开185断路器。

（2）断开1855隔离开关。

手动操作摇把，断开1855隔离开关。

（3）断开1851隔离开关。

手动操作摇把，断开1851隔离开关。

（4）1#主变压器间隔倒闸操作。

①　手动操作摇把，合上1112隔离开关。

②　手动操作摇把，断开1111隔离开关。

（5）周曲线间隔倒闸操作。

①　手动操作摇把，合上1872隔离开关。

②　手动操作摇把，断开1871隔离开关。

（6）母联间隔断电。

断开母联间隔101断路器。

（7）Ⅰ母PT间隔断电。

断开11-7隔离开关。

（8）验电处理。

①　检查1851隔离开关Ⅰ母线侧是否带电。

②　检查1851隔离开关断路器侧是否带电。

③　检查1851隔离开关Ⅱ母刀闸侧是否带电。

（9）合Ⅰ母11-MD2接地刀闸。

手动操作摇把，合上11-MD2接地刀闸。

（10）1851隔离开关两端挂接地线。

①　1851隔离开关Ⅱ母线侧挂接地线。

②　1851隔离开关侧挂接地线。

（11）布置安全措施。

①　在1851隔离开关周围布置围栏。

②　在围栏入口处挂检修标示牌。

单击"退出"按钮，返回系统主界面或进入检修模块。

3）运行与检修技能培训-检修作业培训

单击"开始"按钮，选择"选取设备"选项，选择"隔离开关"选项，选择"GW22-126型隔离开关"选项，单击"检修作业培训"按钮，单击"确定"按钮，进入110 kV GW22-126型隔离开关检修操作主界面。勾选"学习模式"选项，掌握任务介绍，单击"进入"按钮，阅读检修作业卡，单击"继续"按钮，进入工具选择主界面，选择"工器具""仪器""任务着装"中的所有工具（处于选中状态的工具可以360°旋转观察其外观），单击"继续"按钮，进入GW22-126型隔离开关检修界面，按照检修操作步骤完成隔离开关检修。

（1）隔离开关本体检修。

检查隔离开关本体外观，按主界面中出现的工具提示在工具包中选择相应的工具，单击主界面中高亮的范围，进行隔离开关本体外观的检修。

① 检查维护隔离开关底座及接地线。

② 检查维护隔离开关瓷瓶。

③ 检查维护隔离开关三相接线座。

④ 检查隔离开关传动部件。

⑤ 检查维护动触头。

（2）隔离开关调试–主刀闸调试。

① 主刀闸手动慢分慢合调试。

② 合闸同期性–导电折臂高度测量与调试。

③ 合闸同期性–合闸终了动触头偏斜调试。

④ 合闸同期性–合闸同期性调试。

⑤ 刀闸死点位置调整。

⑥ 测量动、静触头的接触压力。

⑦ 电动操动机构转动方向调试。

⑧ 检查电动分、合闸时间–操动机构。

（3）隔离开关调试–接地刀闸调试。

① 接地刀闸手动慢分慢合调试。

② 检查接地刀闸辅助开关。

③ 测试接地刀闸合闸同期性。

④ 测量接地刀闸触头插入深度和夹紧度。

⑤ 测量接地刀闸动触头相对高度差。

⑥ 隔离开关本体和接地刀闸联锁调试。

（4）隔离开关试验。

① 测量主刀闸导电回路电阻。

② 测量接地刀闸接触电阻。

③ 本体 1 min 工频耐压试验。

④ 瓷瓶探伤检测。

单击右下角"退出"按钮，退出当前的学习模式。如需进行练习或考试，可以在检修主界面单击"练习模式"或"考试模式"按钮。

4）运行与检修技能培训–恢复供电作业培训

单击"开始"按钮，选择"选取设备"选项，选择"隔离开关"选项，选择"GW22-126 型隔离开关"选项，单击"恢复供电作业培训"按钮，单击"确定"按钮，进入 110 kV 周获线 1851 刀闸检修转运行操作主界面，执行操作票上的操作步骤。

（1）拆除安全措施。

① 单击"工具"按钮，选择当前提示的工具，单击"导航"按钮，找到 185 断路器位置并单击 185 断路器，即可自动导航到一次设备现场的 185 断路器处，拆除入口处的检修标示牌。

② 拆除检修围栏。

（2）拆除 1851 隔离开关两端接地线。

（3）拆除 1855 隔离开关两端接地线。

拆除 1855 隔离开关 II 母线侧接地线。

（4）断开Ⅰ母接地刀闸。

断开 11-MD2 接地刀闸。

（5）合上Ⅰ母 PT 母线刀闸。

手动操作摇把，合上 11-7 隔离开关。

（6）合上 1852 隔离开关。

手动操作摇把，合上 1852 隔离开关。

（7）合上 1855 隔离开关。

手动操作摇把，合上 1855 隔离开关。

（8）合上 185 断路器。

开启 185 断路器机构储能开关，给断路器储能。

扳动手动操作把手，合上 185 断路器。

单击"退出"按钮，返回系统主界面。

4.3.4　GW4A-126 型隔离开关检修仿真实训

1. 实训目的

（1）掌握 GW4A-126 型隔离开关的结构。

（2）掌握 GW4A-126 型隔离开关的停电作业方法。

（3）掌握 GW4A-126 型隔离开关的检修作业方法。

（4）掌握 GW4A-126 型隔离开关的恢复供电作业方法。

2. 实训软件

电力系统仿真试验室"电力一次设备检修"软件。

3. 实训内容

（1）完成 GW4A-126 型隔离开关结构的学习。

（2）完成 110 kV 周获线 1855 刀闸的运行转检修操作。

（3）完成 GW4A-126 型隔离开关的检修作业。

（4）完成 110 kV 周获线 1855 刀闸的检修转运行操作。

4. 操作步骤

双击桌面上的"一次设备检修"图标，进入变电一次设备检修仿真培训系统，输入"账号"为"1"，"姓名"为"1"，单击"登录"和"开始"按钮，选择"选取设备"选项，在出现的 4 种类型设备中选取"隔离开关"选项，在隔离开关列表中选择"GW4A-126 型隔离开关"选项，单击"进入"按钮，进入 GW4A-126 型隔离开关的检修仿真实训。

1）结构学习

单击"结构学习"按钮，单击"确定"按钮，进入 GW4A-126 户外高压隔离开关结构学习主界面，如图 4.4 所示，单击主界面右侧的菜单，依次完成"设备介绍""设备本体介绍""操动机构介绍""主刀闸分合闸动作原理""接地刀闸分合闸动作原理"的学习，每个内容均有相应的视频讲解。完成"主刀合闸"操作、"主刀分闸"操作、"右侧地刀合闸"操作及"右侧地刀分闸"操作后，单击左下角"退出"按钮，退出结构学习。

2）运行与检修技能培训-停电作业培训

单击"开始"按钮，选择"选取设备"选项，选择"隔离开关"选项，选择"GW4A-126 型隔离开关"选项，单击"停电作业培训"按钮，单击"确定"按钮，进入 110 kV 周获线 1855 刀闸运行转检修操作主界面，执行操作票上的操作步骤。

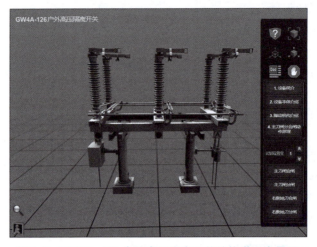

图 4.4　GW4A-126 户外高压隔离开关结构学习主界面

（1）断开 185 断路器。

① 单击"工具"按钮，选择当前提示的工具，单击"导航"按钮，找到 185 断路器位置并单击 185 断路器，即可自动导航到一次设备现场的 185 断路器处，将 185 断路器"就地/远方"把手打到"就地"挡位。

② 操作断路器分合闸把手，断开 185 断路器。

（2）断开 1855 隔离开关。

手动操作摇把，断开 1855 隔离开关。

（3）断开 1851 隔离开关。

手动操作摇把，断开 1851 隔离开关。

（4）检验 1855 刀闸两侧是否带电。

① 检验 1855 刀闸母线侧接线是否带电。

② 检验 1855 刀闸线路侧接线是否带电。

（5）挂接地线。

① 在 1855 刀闸开关侧挂接地线。

② 在 1855 刀闸线路侧挂接地线。

（6）布置安全措施。

① 在 185 断路器周围摆放检修围栏。

② 在围栏入口处挂检修标示牌。

单击"退出"按钮，返回系统主界面或进入检修模块。

3）运行与检修技能培训-检修作业培训

单击"开始"按钮，选择"选取设备"选项，选择"隔离开关"选项，选择"GW4A-126 型隔离开关"选项，单击"检修作业培训"按钮，单击"确定"按钮，进入 110 kV GW22-126 型隔离开关检修操作主界面。勾选"学习模式"选项，掌握任务介绍，单击"进入"按钮，阅读检修作业卡，单击"继续"按钮，进入工具选择主界面，选择"工器具""仪器""任务着装"中的所有工具（处于选中状态的工具可以 360°旋转观察其外观），单击"继续"按钮，进入 GW4A-126 型隔离开关检修界面，按照检修操作步骤完成隔离开关检修。

（1）隔离开关本体检修。

检查隔离开关本体外观，按主界面中出现的工具提示在工具包中选择相应的工具，单击主界面中高亮的范围，进行隔离开关本体外观的检修。

① 检查维护隔离开关底座及接地线。

② 检查维护隔离开关瓷瓶。

③ 检查维护隔离开关三相接线座。

④ 检查隔离开关传动部件。

⑤ 检查维护左、右触头。

（2）隔离开关调试–主刀闸调试。

① 主刀闸手动慢分慢合调试。

② 测试主刀闸合闸同期性。

③ 测量主刀闸触头插入深度和夹紧度。

④ 测量左、右触头相对高度差。

⑤ 测量主刀闸在分闸时触头断开距离。

⑥ 电动操动机构转动方向调试。

⑦ 检查电动分、合闸时间–操动机构。

（3）隔离开关调试–接地刀闸调试。

① 接地刀闸手动慢分慢合调试。

② 检查接地刀闸辅助开关。

③ 测试接地刀闸合闸同期性。

④ 测量接地刀闸触头插入深度和夹紧度。

⑤ 测量接地刀闸动触头相对高度差。

⑥ 隔离开关本体和接地刀闸联锁调试。

（4）隔离开关试验。

① 测量主刀闸导电回路电阻。

② 测量接地刀闸接触电阻。

③ 本体 1 min 工频耐压试验。

④ 瓷瓶探伤检测。

单击右下角"退出"按钮，退出当前的学习模式。如需进行练习或考试，可以在检修主界面单击"练习模式"或"考试模式"按钮。

4）运行与检修技能培训–恢复供电作业培训

单击"开始"按钮，选择"选取设备"选项，选择"隔离开关"选项，选择"GW4A-126 型隔离开关"选项，单击"恢复供电作业培训"按钮，单击"确定"按钮，进入 110 kV 周获线 1855 刀闸检修转运行操作主界面，执行操作票上的操作步骤。

（1）拆除安全措施。

① 单击"工具"按钮，选择当前提示的工具，单击"导航"按钮，找到 185 断路器位置并单击 185 断路器，即可自动导航到一次设备现场的 185 断路器处，拆除入口处的检修标示牌。

② 拆除检修围栏。

（2）拆除 1855 隔离开关两端接地线。

① 拆除 1855 隔离开关侧接地线。

② 拆除 1855 隔离开关线路侧接地线。

（3）合上 1851 隔离开关。

手动操作摇把，合上 1851 隔离开关。

（4）合上 1855 隔离开关。

手动操作摇把，合上 1855 隔离开关。

（5）合上 185 断路器。

① 打开 185 断路器机构内的储能按钮，给断路器机构储能。

② 扳动手动合闸把手，将 185 断路器合上。

单击"退出"按钮，返回系统主界面。

4.4　电压互感器的运行与维护

4.4.1　电压互感器概述

电压互感器是将一次回路的高电压成正比地变换为二次回路的低电压，供给测量仪表、继电保护及安全自动装置等设备使用的仪器。电压互感器输出容量很小，一般为 10～100 V·A，一组电压互感器通常有多个二次绕组，用于不同的用途，如保护、测量、计量等。测量用和保护用的电压互感器的工作范围和性能不同，宜分别接入不同的二次绕组。若测量和保护需共用一个二次绕组，该组应同时满足测量和保护的性能要求。电压互感器的一次绕组直接并联于高电压回路，属于高压电器，其绝缘性能和结构是电压互感器设计和应用需要特别关注的重要问题。电压互感器的二次电压有 100、100/3、$100/\sqrt{3}$ 这 3 种。

4.4.2　电压互感器的运行与维护要求

1. 接地的要求

除三相三柱式电压互感器外，不论电力系统的中性点是直接接地还是小电流接地，一次绕组接成 Y 形的电压互感器的中性点都要接地。将电压互感器的中性点直接接地不会改变系统的接地性质，这是因为电压互感器容量很小，阻抗很大，对单相接地电流基本没有影响。

2. 二次侧严禁短路要求

电压互感器在运行中如发生二次侧短路，其二次侧通过的电流会急剧增大，造成二次侧熔断器熔断，影响表计指示及引起保护误动。

3. 一次侧、二次侧熔断器装设原则

电压互感器一次侧熔断器的作用是保护系统不致因互感器内部故障而引起事故，通过熔断器可以切除电压互感器内部和二次侧的故障。受安装尺寸、制造工艺的限制，一般一次熔断器仅安装在 35 kV 及以下电压等级的系统中。

除剩余电压绕组和另有专门规定之外，电压互感器二次侧均应装设快速空气开关或熔断器。主回路熔断电流一般为最大负荷电流的 1.5 倍，各级熔断器熔断电流应逐级配合，自动开关经整定试验合格后方可投入运行。因此，当在运行中发现二次电压消失时，不仅要检查二次各级空开、熔断器是否动作，也要检查一次熔断器是否熔断。

4. 二次电压切换方式

双母线上的各元件的保护测量装置的电压回路一般是由不同的两组电压互感器供给的，其二次电压切换方式如下。

（1）直接切换。电压互感器二次引出线分别串联于所在母线电压互感器隔离开关和线路隔离开关的辅助接点中，线路倒闸母线时，根据母线隔离开关的拉合来切换电压互感器电源。

（2）自动并联切换。电压互感器二次引出线不通过母线隔离开关的辅助接点直接切换，而是通过监测母联断路器的动作情况进行切换，若母联回路投入运行，则依靠母联断路器与相应隔离开关的辅助接点沟通回路，启动并列继电器，达到两组电压互感器二次电压小母线并列运行的目的。

5. 更换运行中的电压互感器及其二次接线的要求

需要更换运行中的电压互感器及其二次接线时，除应严格执行有关安全工作规程之外，还应注意以下几点。

（1）个别电压互感器在运行中损坏需要进行更换时，应选用电压等级与电网运行电压相符合、电压比与原来相同、极性正确、励磁特性相近的电压互感器，并经试验合格。

（2）更换成组的电压互感器时，除应注意上述内容外，对于二次侧与其他电压互感器并联运行的电压互感器，还应检查其接线组别，并核对相位。

（3）更换电压互感器的二次接线后，应注意检查接线是否正确，并测定极性。

6. 电压互感器在运行操作中应注意的事项

（1）在 35 kV 及以下中性点不接地系统中发生单相接地时，电压互感器的连续运行时间不应超过 2 h，否则应停用电压互感器。

（2）分开运行的两组母线上的电压互感器，在其二次侧不可以并列运行。

（3）若需要将两组母线上的电压互感器二次侧并联，则应先并联其一次侧，再并联其二次侧，以防二次侧环流过大，空气开关跳开或引起保护误动作。

（4）电压互感器在停电操作时先操作二次侧，后操作一次侧，送电操作时与之相反。

（5）电压并列装置运行期间，其电压切换继电器不可以失去励磁电源，否则将造成电压回路断线，可能引起保护误动作。

（6）若停用电压互感器可能引起继电保护及自动装置误动、拒动，则应在停用前退出相应的保护及自动装置或采取其他措施。若停用电压互感器可能影响电能计量、负控系统、电能量采集系统、安控系统、监控系统等，则应把相关记录做好，并向相关部门汇报。

（7）电压互感器在停用或检修期间，其二次侧熔断器应退出（空气开关断开），防止二次侧向一次侧反充电。

4.5　电流互感器的运行与维护

4.5.1　电流互感器的运行特点

电流互感器的运行特点如下。

（1）一次电流的大小取决于一次负载的电流，与二次电流的大小无关。因为一次绕组串联于被测电路中，匝数很少，阻抗小，对一次负载电流的影响基本可以忽略不计。

（2）正常运行时，二次绕组近似于短路的工作状态。由于二次绕组的负载是测量仪表和继电器的电流线圈，阻抗很小，因此相当于短路运行。

（3）运行中的电流互感器二次回路不允许开路，否则会在开路的两端产生高电压，危及人身安全，或使电流互感器发热损坏。

（4）为了防止电流互感器二次侧开路，二次侧不允许装设熔断器，且二次连接导线应采用截面积不小于 $2.5\ mm^2$ 的铜芯材料。

4.5.2 电流互感器的运行与维护要求

1. 接地要求

对于高压电流互感器，其二次绕组应有一点必须接地，因此当一、二次绕组间因绝缘损坏而被高压击穿时，可将高压引入大地，使二次绕组保持地电位，从而确保人身和二次设备的安全。

2. 二次侧严禁开路运行要求

当电流互感器二次侧开路时，在二次线圈产生很高的电势，其峰值可以达几千伏，可能威胁到人身安全或造成仪表、保护装置、互感器二次绝缘的损坏，同时可能造成铁芯强烈过热而损坏。

3. 更换运行中的电流互感器及其二次接线的要求

需要更换运行中的电流互感器及其二次接线时，除应严格执行有关安全工作规程之外，还应注意以下几点。

（1）个别电流互感器在运行中损坏需要进行更换时，应选用电压等级不低于电网额定电压、电流比与原来相同、极性正确、伏安特性相近的电流互感器，并经过试验合格。因容量变化需要成组更换电流互感器时，除应注意上述内容外，还应重新审核继电保护定值以及计量仪表的倍率。

（2）更换二次线时，电缆的截面、芯数等必须满足最大负荷电流及回路总的负荷阻抗不超过互感器准确等级允许值的要求，并对新电缆进行绝缘电阻的测定。更换后，应进行必要的核对，防止接线错误。

（3）新换上的电流互感器或变动后的二次接线，在运行前必须测定大极性和小极性。

4.6 高压开关柜的运行与维护

4.6.1 高压开关柜的结构

高压开关柜是指除外部连接外，全部装配已经完成并封闭在接地的金属外壳内的 3.6～40.5 kV 三相交流开关设备和控制设备。高压开关柜是用来接受并分配用电负荷的配电开关设备，它广泛应用于电力系统中的发电厂和变电站。由于高压开关柜的类型、规格和接线方案的不同，产品的具体结构也千差万别，但其基本结构应包括外壳、隔室、主回路、主绝缘件、可移开部件、主开关元件、主母线和分支母线、电流互感器、隔离开关或隔离插头及接地开关等一次元件，还应包括二次回路及其控制保护元件、测量仪表、内部电弧故障泄压通道和盖板、接地回路、操动机构及联锁装置等，下面介绍其中的重要部分。

1. 外壳

外壳是高压开关柜的基础，具有支撑内部元件和构件、保护内部设备不受外界的影响、防止人员接近或触及带电部分和触及运动部分的作用。外壳由骨架、左右侧板、隔室隔板、前后盖板或门、顶盖和底部的封板构成，这些部件均用金属材料制作，绝缘隔板由绝缘材料制作。柜体可分为焊接柜体和组装柜体两种结构形式。

2. 隔室

根据是否可触及，高压开关柜的隔室可以分为两大类。

第一类为不可触及隔室，这些隔室在正常运行和维护时不需要打开，有不可打开的明显标志。

第二类为可以触及隔室，这些隔室可以打开进行正常操作和维护，但打开的盖板和门是受联锁或操作程序控制的，或者需要专用程序和工具才能打开。这些盖板和门上可采取类似加装挂锁的相关措施。

隔室还可以按内部安装的主要元器件进行划分和命名，如断路器隔室、母线隔室、电缆隔室等。单独嵌入在固体绝缘材料中的主要元件可以被看成隔室。

隔室间的相互连接应采用套管或其他等效方法加以封闭，母线隔室可不采用套管，延伸到几个功能单元。对于 LSC2 类开关设备和控制设备，每组母线应有独立的隔室。

隔室可以是各种形式的，如充液隔室、充气隔室 [高压开关柜充气隔室的设计压力应小于或等于 0.3 MPa（相对压力）]、固体绝缘隔室。

3. 主回路

高压开关柜的主回路是指传输电能的路径，由主母线和分支母线、隔离开关或隔离插头、主开关、电流互感器、电压互感器和保护用接地开关等构成。一般如断路器等主开关元件都安装在单独隔室内，可以采用固定式安装，也可以采用手车式安装。

4. 主绝缘件

高压开关柜的主绝缘件包括一次回路及元件导体的相对地和相间的绝缘结构，其中主绝缘介质形式一般有 3 种，即纯空气介质、SF_6 或与其他气体混合的气体介质、由空气加绝缘隔板或导体包裹薄固体绝缘层加空气的复合介质。

5. 可移开部件

可移开部件是指高压开关柜中，即使在功能单元的主回路带电的情况下，也能够被完全移出并被替换的连接到主回路的部件，俗称手车。可移开部件在开关柜内可以有 3 个位置，即工作位置、隔离位置、试验位置，通常会把隔离位置和试验位置合并在一个位置。而在开关柜外，还有一个移开位置。

可移开部件可分为只用以形成隔离断口和作为隔离开关使用两种类型。这两种类型的机械操作试验次数要求不同，但在隔离位置时所形成断口的绝缘水平要同样符合隔离断口的绝缘要求。

任何可移开部件与固定部分的连接，在运行条件下，特别是在短路电动力作用下，均应不会被意外打开。

6. 二次回路

高压开关柜的二次回路是由控制、保护、测量、信号、辅助元件及其连接线构成的低压系统，用以对一次主开关元件进行操作、保护和信号指示，对一次主回路电量进行显示，对一次带电状态进行指示，对如照明、加热、风机等辅助元件进行控制等。二次元件一般集中布置在二次仪表隔室内。

7. 内部电弧故障泄压通道和盖板

高压开关柜应设计有主母线室、电缆室、断路器室以及发生内部电弧故障时能够有效释放高温高压气体的泄压通道和盖板。泄压通道应具有足够的截面积和通畅的路径，盖板开启压力的设计应适当。

8. 接地回路

高压开关柜内应设置一、二次回路的接地连接导体，并与变电站的接地电网可靠连接。与一次回路有关的接地包括接地装置、接地连接、一次元件基架和可移开部件的接地连接，以及高压开关柜并柜方向上的专用连接导体。二次回路应设置单独的接地系统。

9. 联锁装置

联锁装置是高压开关柜防止误操作、保证操作安全的重要组成部分。

为保证高压开关柜的操作安全，防止误操作，一次开关元件之间（如断路器、隔离开关、接地开关）的操作要保证具有正确的操作程序。同时，这些一次元件的状态（分闸、合闸）与门、盖板及可移开部件的操作之间也应具有正确的关联关系，所以在这些开关元件之间，以及这些元件与相应的盖板、门和可移开部件之间应设置保证实现正确操作顺序的联锁部件，并应优先采用机械联锁，而在高压开关柜之间难于实现机械联锁时可采用电气联锁或程序锁。

4.6.2 高压开关柜的运行与维护要求

1. 对外壳的维护

对运行中开关柜的外壳应定期进行巡视检查，并做好相应的维护保养工作，具体要求如下。

（1）高压开关柜所在高压室应能防潮、防尘、防雨和防止小动物进入，防止在高压开关柜内、外发生锈蚀、脱漆和积尘的现象。

（2）定期检查高压开关柜的外壳与基础的固定连接、柜与柜之间的连接、柜与接地导体的连接状况，应无松动和锈蚀。

（3）定期检查柜门铰链及锁具、盖板的连接螺栓的状况，门和锁具应该开启灵活，无锈蚀，对铰链及转动部位可适当进行润滑。

（4）定期检查外壳上的通风窗孔是否有异物堵塞，应保持通风孔通畅。

（5）开关柜内照明应充足，观察窗应清洁透明无损伤。

2. 对接地连接的维护

高压开关柜的接地连接的完好性对高压开关柜的安全运行和运行维护人员的人身安全非常重要，应定期检查高压开关柜的接地连接是否完好，保证其电气连续性和运行的可靠性。

（1）定期检查高压开关柜的柜门、盖板、各主回路电气元件与高压开关柜壳体的接地连续性，壳体与接地专用导体的接地连续性，接地状况应运行良好，接地连接应牢固可靠。

（2）定期检查手车与接地轨道之间的滑动接触的状况，应保证手车处于高压开关柜内任一位置时，接地状态良好。

（3）检查隔离开关、接地开关、接地回路导体与接地引出线的接地回路连接状态，应确保高压开关柜专用接地导体与变电站接地网之间连接的可靠性。

（4）定期检查二次回路接地状态。

3. 对联锁装置的维护

对联锁装置的维护要求如下。

（1）定期检查机械联锁的传动环节，应保持良好的润滑状况。

（2）定期检查机械联锁受力部件和传动连杆，不应该有碎裂、变形和固定轴或导向的偏移。

（3）定期检查通过电磁锁的动作门槛电压、锁舌与锁孔的配合间隙是否符合要求。

（4）定期检查程序锁的程序正确性。

（5）定期检查电气联锁的正确性。

4. 套管及绝缘子的维护

对套管及绝缘子的维护要求如下。

（1）定期检查套管及绝缘子的安装螺栓是否有松动的现象。

（2）套管及绝缘子的表面应保持清洁，无异常蚀痕的现象。

（3）瓷套管和其他瓷绝缘件应无裂纹破损的现象。

5. 辅助和控制回路的维护

对辅助和控制回路的维护要求如下。

（1）检查电气装置的外壳是否有破损。

（2）定期检查继电器、微机保护装置的整定值是否正确。

（3）定期检查端子排和端子接线的状态。

（4）定期检查各接触点有无磨损、卡涩、变位倾斜、脱轴、脱焊、线圈过热等现象。

（5）定期检查感应继电器的铝盘转动是否正确。

（6）检查各类仪表、信号是否正常。

6. 绝缘隔板和绝缘护套的维护

对绝缘隔板和绝缘护套的维护要求如下。

（1）绝缘隔板和绝缘护套的表面应保持清洁。

（2）绝缘隔板和绝缘护套应无异常蚀痕，无颜色的异变。

（3）绝缘隔板和绝缘护套应无裂纹破损，绝缘隔板应无变形、扭曲。

7. 触头盒和活门的维护

对触头盒和活门的维护要求如下。

（1）定期检查触头盒及触头盒内静触头的固定情况，紧固应该良好、无松动。

（2）触头盒内表面和外表面应保持清洁，触头盒无裂纹或颜色的异变。

（3）定期检查触头盒内静触头的表面是否有影响触头间接触的积尘和氧化层，导电润滑脂应该均匀。

（4）活门的开启和关闭应该灵活、准确，在关闭位置锁定可靠，与触头盒开口之间的防护等级至少应达到 IP2X。

（5）当手车处于试验位置时，活门应处于完全关闭位置；当手车处于工作位置时，活门应完全开启。

8. 压力释放通道和装置的维护

对压力释放通道和装置的维护要求如下。

（1）定期检查压力释放通道的盖板、门等处的连接是否牢固可靠。

（2）定期检查开关柜顶部压力释放盖板是否符合产品说明书规定的要求。

（3）对于外壳密封结构的开关柜，在产品安装、使用和检修时，应注意不能对压力释放装置的爆破膜施加明显的外力，以防止爆破压力阈值的改变。

9. 带电显示装置的维护

高压开关柜内的带电显示装置一般采用在绝缘体内嵌入分压电容的传感器部件，而在开关柜面板上装设显示器，两者通过导体连接为一体的形式。在进行维护时，对传感器部分，应保持绝缘件表面清洁，无裂纹和影响绝缘性能的划痕，端子接线应牢固可靠；对显示器部分，应保证电源接线正确，信号和闭锁回路端子接线可靠，指示氖灯或发光管的发光应正常，附带电磁锁的锁栓活动应灵活可靠。

10. 断路器的维护

目前，高压开关柜内装用的断路器多为真空断路器，其维护要求如下。

（1）定期检查真空灭弧室的真空度，可通过工频耐受电压试验是否合格来间接判断真空度是否合格。如使用的是玻璃外壳真空灭弧室，还可通过观察其内部金属表面是否发乌、进行耐压试验时是否有辉光放电等现象来判断。定期检查玻璃外壳真空灭弧室的外壳是否有裂纹破损，如果有，应立即停电进行更换。

（2）定期测量真空断路器的机械特性或参数是否符合生产厂家的规定，特别是在超行程时。

（3）定期检查导电夹与导电杆的夹紧连接是否处在良好状态。

（4）若高压开关柜的合、分闸电源回路采用熔断器保护，更换时应选用规格相同的熔断器，熔体的熔化特性应可靠。

11. 隔离开关的维护

对隔离开关的维护要求如下。

（1）定期检查隔离开关动触头有无扭曲变形的现象，合闸时是否能合到底，且接触良好。

（2）定期检查提供接触压力的弹簧（含附加锁紧装置）的状态是否良好。

（3）定期检查分闸时断口开距是否符合隔离断口的要求，12 kV 产品的断口开距应不小于 150 mm。

（4）定期检查手动操作杆是否开裂，连接元件是否有松动现象。

（5）定期检查隔离开关与断路器和接地开关间的联锁装置是否正常、可靠。

（6）手车动、静触头接触区域应涂敷防护剂，如导电膏、凡士林等。

（7）定期检查手车动触头是否有明显的偏摆变形，与静触头的接触是否正常，有无碰撞，动触头插入深度是否符合产品的规定。

12. 接地开关的维护

对接地开关的维护，应定期检查接地开关分、合闸是否到位，与隔离开关的联锁是否正常，分闸时断口距离是否满足规定的要求，合闸时触头夹紧力是否满足要求，接地引出线连接是否牢固可靠。

13. 电流互感器的维护

高压开关柜内使用的电流互感器，基本上是环氧树脂浇注的电磁式电流互感器，它的维护要求如下。

（1）确认电流互感器二次侧接线端子未松动，确保带电条件下电流互感器的二次侧回路不发生开路。

（2）电流互感器的绝缘体表面应保持清洁无污染。

（3）电流互感器的绝缘体应无裂纹破损和严重蚀痕的现象。

（4）一次侧接线端子与母线连接应紧固良好。

（5）二次侧回路端子应连接良好。

（6）外壳及二次侧回路一点接地应良好。

（7）应注意其端子的极性，保证正确接入表计和保护回路。

14. 负荷开关的维护

对真空负荷开关、SF_6 负荷开关的维护，应定期检查真空灭弧室的真空度，定期检查玻璃外壳真空灭弧室的外壳是否有裂纹破损，如果有，应立即停电进行更换。而对产气式和压气式负荷开关的维护，需要增加对气体喷嘴等的检查。

15. 电压互感器的维护

对电压互感器的维护要求如下。

（1）确认电压互感器二次侧不致短路。

（2）一次侧接线端子与母线连接紧固应良好。

（3）检查二次侧回路连接部分螺钉是否坚固，接触是否良好。

（4）检查外壳和二次侧回路一点接地是否良好。

（5）应注意二次侧端子的极性，保证正确接入表计，能够保护回路。

（6）检查二次侧中性点接地线是否良好。

（7）检查保护电压互感器绕组过负荷的熔断器是否良好，更换时应注意选择同一规格。

（8）对充油电压互感器，还应检查油量是否合适，是否有渗漏油等现象。

16. 避雷器的维护

高压开关柜内安装的避雷器大多数为氧化锌避雷器，它的维护可结合避雷器预防性试验进行，主要维护要求如下。

（1）维护检查避雷器本体外观，应保持清洁、无积污、无锈蚀、伞裙完好。

（2）检查避雷器一次接线端子，应无过热痕迹，一次引线紧固件应按要求紧固，连接可靠。

（3）避雷器的接地应可靠，发现接触不良，应清除锈蚀后紧固，接地线应完好，无断股现象。

（4）检查避雷器放电计数器是否有损坏，查看避雷器放电次数，对放电次数过多的避雷器应予以更换。

（5）对避雷器进行绝缘电阻、直流 1 mA 电压（$U_{1\,mA}$）及 $0.75\,U_{1\,mA}$ 下的泄漏电流的测量，应符合规定。

17. 接触器的维护

通常对真空接触器的机械操作特性只规定分、合闸时间，不规定其他机械特性参数，所以带机械保持型真空接触器，除按规定的机械特性参数项进行机械特性检查外，其余可参照真空断路器的维护内容进行。对电保持型真空接触器，还应检查保持线圈在规定工作电压范围时接触器合闸保持是否可靠，保持状态声音是否正常。

18. 熔断器的维护

对未承受过大电流冲击的熔断器的维护，仅检查熔体是否有破损和放电等痕迹。而对承受过大电流冲击的熔断器，如遇到三相中一相熔断器已经熔断而其他相熔断器未熔断的情况，为保证三相熔断器时间-电流特性的一致性，应予以更换。

4.6.3 KYN28-12 型高压开关柜检修仿真实训

1. 实训目的

（1）掌握 KYN28-12 型高压开关柜的内部结构和工作原理。

（2）掌握 KYN28-12 型高压开关柜的活门打开、关闭和地刀的分、合闸方式及步骤。

（3）掌握 KYN28-12 型高压开关柜检修作业的要点、流程、标准。

2. 实训软件

电力系统仿真试验室"电力一次设备检修"软件。

3. 实训内容

（1）KYN28-12 型高压开关柜断路器室、母线室、电缆室、低压室结构的学习。

（2）观察 KYN28-12 型高压开关柜活门打开、关闭，地刀分、合闸，地刀闭锁闭合、打开，小车闭锁闭合、打开现象。

（3）阅读 10 kV KYN28-12 型高压开关柜检修作业卡、危险点分析及安全控制措施，完成箱体外观检查与维护、母线室检查与维护、手车室检查与维护、手车维护、电缆室的检查与维护、低压室的检查与维护操作。

4. 操作步骤

双击桌面上的"一次设备检修"图标，进入变电一次设备检修仿真培训系统，输入"账号"为"1"，"姓名"为"1"，单击"登录"和"开始"按钮，选择"选取设备"选项，在出现的 4 种类型设备中选取"高压开关柜"选项，在高压开关柜列表中选择"KYN28-12 型高压开关柜"选项，单击"进入"按钮，进入 KYN28-12 型高压开关柜的检修仿真实训。

1）结构学习

单击"结构学习"按钮，单击"确定"按钮，进入 KYN28-12 型高压开关柜结构学习主界面，如图 4.5 所示，单击主界面右侧的菜单，依次完成"设备介绍""断路器室介绍""母线室介绍""电缆室介绍""低压室介绍""联锁保护介绍"的学习，每个内容均有相应的视频讲解。完成"活门打开"操作、"活门关闭"操作、"地刀合闸"操作及"地刀分闸"操作后，单击左下角"退出"按钮，退出结构学习。

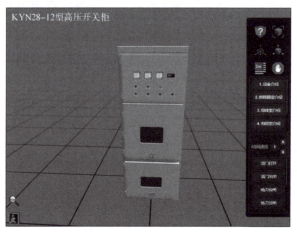

图 4.5 KYN28-12 型高压开关柜结构学习主界面

2）运行与检修技能培训-检修作业培训

单击"开始"按钮，选择"选取设备"选项，选择"高压开关柜"选项，选择

"KYN28-12 型高压开关柜"选项，单击"检修作业培训"按钮，单击"确定"按钮，进入
10 kV KYN28-12 型高压开关柜检修操作主界面。勾选"学习模式"选项，掌握任务介绍，
单击"进入"按钮，阅读检修作业卡，单击"继续"按钮，进入工具选择主界面，选择
"工器具""仪器""任务着装"中的所有工具（处于选中状态的工具可以 360°旋转观察其
外观），单击"继续"按钮，进入 KYN28-12 型高压开关柜检修界面，按照检修操作步骤完
成高压开关柜检修。

（1）高压开关柜箱体外观检查与维护。

检查高压开关柜箱体外观，按主界面中出现的工具提示在工具包中选择相应的工具，单
击主界面中高亮的范围，进行高压开关柜箱体外观的检修。

① 检查箱体漆面。

② 检查箱体柜门。

③ 检查箱体玻璃。

（2）母线室检查与维护。

① 检查母线室内绝缘部件。

② 检查维护母线室内导电接触面及螺栓紧固情况。

③ 检查母线绝缘护套。

（3）断路器手车室检查与维护。

① 检查手车室内壁。

② 检查触头盒及静触头。

③ 检查活门联锁机构。

④ 检查手车导轨。

⑤ 检查加热器。

（4）断路器手车检查与维护。

检查小车滚轮。

（5）电缆室的检查与维护。

① 检查引线和设备螺栓。

② 检查接地开关。

③ 检查接地开关传动部分。

④ 检查绝缘件。

⑤ 检查导电金属裸露部分。

⑥ 检查电缆室电气设备。

（6）低压室的检查与维护。

① 检查信号灯。

② 检查二次接线线头。

③ 紧固二次接线。

④ 检查温湿度控制、照明。

单击"退出"按钮，返回系统主界面。

4.6.4　KYN61-40.5 型高压开关柜检修仿真实训

1. 实训目的

（1）掌握 KYN61-40.5 型高压开关柜的内部结构和工作原理。

（2）掌握 KYN61-40.5 型高压开关柜的活门打开、关闭和地刀的分、合闸方式及步骤。

（3）掌握 KYN61-40.5 型高压开关柜检修作业的要点、流程、标准等。

2. 实训软件

电力系统仿真试验室"电力一次设备检修"软件。

3. 实训内容

（1）KYN61-40.5 型高压开关柜断路器室、母线室、电缆室、低压室结构的学习。

（2）观察 KYN61-40.5 型高压开关柜活门打开、关闭，地刀分、合闸，地刀闭锁闭合、打开，小车闭锁闭合、打开现象。

（3）阅读 35 kV KYN61-40.5 型高压开关柜检修作业卡、危险点分析及安全控制措施，完成箱体外观检查与维护、母线室检查与维护、手车室检查与维护、电缆室的检查与维护、低压室的检查与维护操作。

4. 操作步骤

双击桌面上的"一次设备检修"图标，进入变电一次设备检修仿真培训系统，输入"账号"为"1"，"姓名"为"1"，单击"登录"和"开始"按钮，选择"选取设备"选项，在出现的 4 种类型设备中选取"高压开关柜"选项，在高压开关柜列表中选择"KYN61-40.5 型高压开关柜"选项，单击"进入"按钮，进入 KYN61-40.5 型高压开关柜的检修仿真实训。

1）结构学习

单击"结构学习"按钮，单击"确定"按钮，进入 KYN61-40.5 型高压开关柜结构学习主界面，如图 4.6 所示，单击主界面右侧的菜单，依次完成"设备介绍""断路器室介绍""母线室介绍""电缆室介绍""低压室介绍""联锁保护介绍"的学习，每个内容均有相应的视频讲解。完成"活门打开"操作、"活门关闭"操作、"地刀合闸"操作及"地刀分闸"操作后，单击左下角"退出"按钮，退出结构学习。

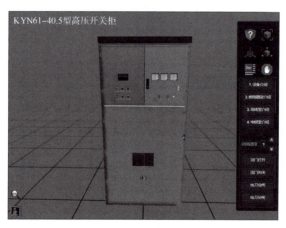

图 4.6 KYN61-40.5 型高压开关柜结构学习主界面

2）运行与检修技能培训-检修作业培训

单击"开始"按钮，选择"选取设备"选项，选择"高压开关柜"选项，选择"KYN61-40.5 型高压开关柜"选项，单击"检修作业培训"按钮，单击"确定"按钮，进入 35 kV KYN61-40.5 型高压开关柜检修操作主界面。勾选"学习模式"选项，掌握任务介绍，单击"进入"按钮，阅读检修作业卡，单击"继续"按钮，进入工具选择主界面，选择"工器具""仪器""任务着装"中的所有工具（处于选中状态的工具可以 360°旋转观察其外观），单击"继续"按钮，进入 KYN61-40.5 型高压开关柜检修界面，按照检修操作步骤完成高压开关柜检修。

（1）高压开关柜箱体外观检查与维护。

检查高压开关柜箱体外观，按主界面中出现的工具提示在工具包中选择相应的工具，单击主界面中高亮的范围，进行高压开关柜箱体外观的检修。

① 检查箱体漆面。

② 检查箱体柜门。

③ 检查箱体玻璃。

（2）母线室检查与维护。

① 检查母线室内绝缘部件。

② 检查维护母线室内导电接触面及螺栓紧固情况。

③ 检查母线绝缘护套。

（3）断路器手车室检查与维护。

① 检查手车室内壁。

② 检查触头盒及静触头。

③ 检查活门联锁机构。

④ 检查手车导轨。

⑤ 检查加热器。

（4）电缆室的检查与维护。

① 检查引线和设备螺栓。

② 检查接地开关。

③ 检查接地开关传动部分。

④ 检查绝缘件。

⑤ 检查导电金属裸露部分。

⑥ 检查电缆室电气设备。

（5）低压室的检查与维护。

① 检查信号灯。

② 检查二次接线线头。

③ 紧固二次接线。

单击"退出"按钮，返回系统主界面。

4.7　气体绝缘开关设备的基本结构及运行与维护

4.7.1　气体绝缘开关设备的基本结构

气体绝缘开关设备（Gas-insulated Switchgear，GIS）是指 72.5 kV 及以上电压等级的 SF_6 气体绝缘金属封闭开关设备，又称封闭式组合电器。从原理上看，气体绝缘开关设备与充气式高压开关柜并无多大差别。但是，电压等级提高后，对绝缘性能有了更高的要求，气体压力提高到 0.3 MPa（表压）后，箱体结构从机械强度考虑已经很难满足，因此气体绝缘开关设备多采用圆筒式结构（充气柜采用柜式结构），即所有电气元件如断路器、互感器、隔离开关、接地开关和避雷器都放置在接地的金属材料（钢、铝等）制成的圆筒形外壳中。气体绝缘开关设备一般在户内使用，也可用于户外。目前，气体绝缘开关设备已广泛应用到 $72.5 \sim 800$ kV 电压等级的电力系统中。

1. 气体绝缘开关设备的整体结构组成

气体绝缘开关设备由断路器、母线、隔离开关、电流互感器、电压互感器、避雷器、套管等电气元件组合而成，其绝缘介质为 SF_6 气体。

2. 气体绝缘开关设备的结构形式

气体绝缘开关设备有以下几种结构形式。

1）分相式

早期的气体绝缘开关设备采用三相分筒式结构，各种高压电器的每一相放在各自独立的接地圆筒形外壳中。这种结构最大的优点是相间影响小，运行时不会出现相间短路的故障，而且带电部分采用同轴结构，电场均匀问题比较容易解决，制造也较为方便；缺点是钢外壳中感应电流引起的损耗大，采用分筒式结构后，外壳数量及密封面也随之增加，增加了漏气的可能性，另外，气体绝缘开关设备的占地面积和体积也会增加。图 4.7 所示为分相式气体绝缘开关设备。

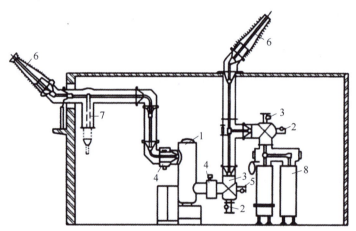

1—断路器；2—隔离开关；3—接地开关；4—电流互感器；5—电压互感器；
6—充气套管；7—电缆终端；8—避雷器。

图 4.7 分相式气体绝缘开关设备

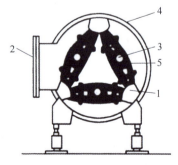

1—屏蔽罩；2—端盖；3—母线；
4—外壳；5—绝缘体。

图 4.8 三相母线排列

2）三相母线共体式

为了解决金属外壳中的产生的损耗，可将三相母线放在同一个圆筒当中，三相母线通过绝缘件固定在圆筒内，呈三角形排列，如图 4.8 所示。当母线较长时，将三相母线一体化，可以大大简化站内总体的布置，节省投资。这种结构比分相式可减少 10%～30% 的占用空间。目前，除 800 kV 及以上电压等级外，三相母线共体式结构在各个等级的气体绝缘开关设备中均得到广泛应用。

3）三相共体式

三相共体式是将三相组成元件都集中安装在一个公共的

外壳内，用浇注绝缘子支承和定位。图 4.9 所示为三相共体式气体绝缘开关设备。这种结构的优点是十分紧凑，外壳数量减少，外形尺寸和外壳损耗均非常小，节省材料，运输和安装都很方便；缺点是内部电场不均匀，相间影响大，容易出现相间短路，复杂的电场结构使设计、制造和试验都比较困难。这种结构多用于 126 kV 和 72.5 kV 电压等级的气体绝缘开关设备。

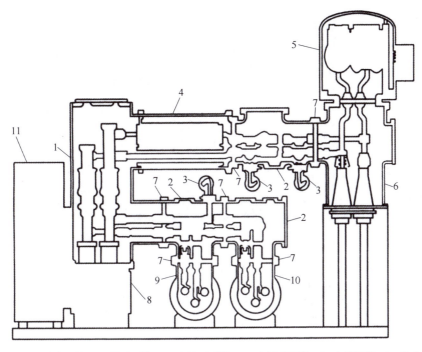

1—断路器；2—隔离开关；3—接地开关；4—电流互感器；5—电压互感器；6—电缆终端；7—盆式绝缘子；
8—支撑绝缘子；9—主母线；10—备用母线；11—弹簧操动机构。

图 4.9　三相共体式气体绝缘开关设备

3. 间隔及其组合

气体绝缘开关设备是由完成某一功能的各个单元（间隔）组成的，如进线间隔、出线间隔、母联间隔、桥路间隔（桥式接线）、电压互感器和避雷器的保护间隔等，通过各种单元的组合，可以满足电力系统不同接线的要求。

气体绝缘开关设备每一功能单元（间隔）又由若干个隔室组成，如断路器隔室、母线隔室等。隔室的分割既要满足正常的运行要求，又要在出现内部故障时使电弧效应得到限制。隔室的分割通过绝缘隔板来完成。不同隔室内允许有不同的气体压力，一般除断路器隔室外，作为绝缘介质的 SF_6 气体压力为 0.3 MPa（表压）。断路器隔室要考虑 SF_6 气体的灭弧效果，压力通常较高，一般为 0.6 MPa（表压）。

图 4.10 所示为 220 kV 变电站桥式接线的总体布置图，它由两个套管式架空进线间隔（F-F）、两个电缆出线间隔（E-E）和一个桥路间隔（D-D）共 5 个间隔组合而成。220 kV 变电站桥式接线及气体绝缘开关设备间隔结构如图 4.11 所示。

4. 气体绝缘开关设备的特点

气体绝缘开关设备和常规电器相比，具有下列特点。

（1）缩小了配电设备的尺寸，减少了变配电站的占地面积和空间体积。由气体绝缘开关设备组成的变电站的占地面积和空间体积远比由常规电器组成的变电站小，电压等级越高，效果越显著。

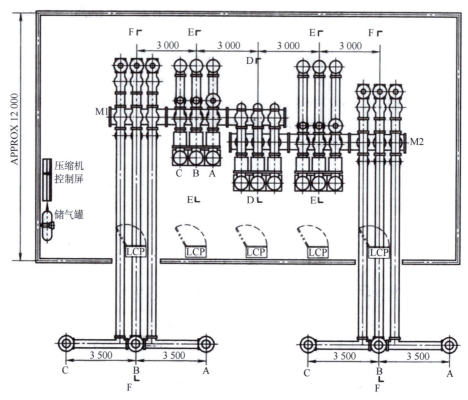

图 4.10　220 kV 变电站桥式接线的总体布置图

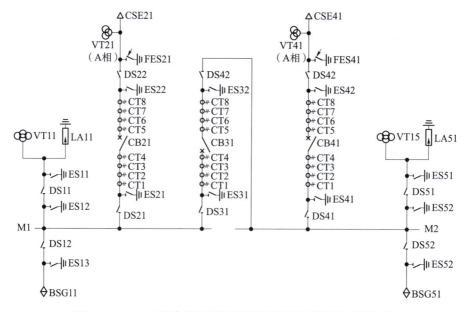

图 4.11　220 kV 变电站桥式接线及气体绝缘开关设备间隔结构

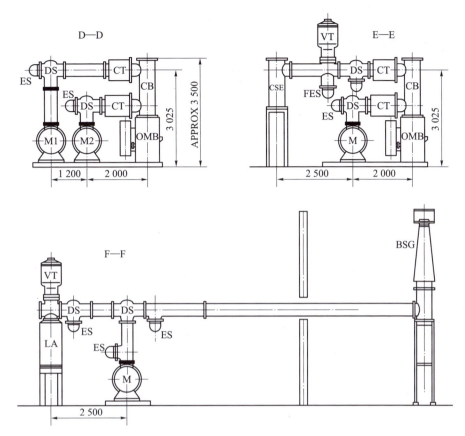

VT—电压互感器；LA—避雷器；BSG—充气套管；CSE—电缆终端；M—主母线；CB—断路器；DS—隔离开关；

ES—接地开关；FES—快速接地开关；CT—电流互感器；OMB—操动机构箱。

图 4.11 220 kV 变电站桥式接线及气体绝缘开关设备间隔结构（续）

60 kV 由气体绝缘开关设备组成的变电站户内布置所占面积和体积，分别只有 60 kV 由常规电器组成的变电站户内布置所占面积和体积的 22% 和 25.4%；110 kV 由气体绝缘开关设备组成的变电站户内布置所占面积和体积，分别只有 110 kV 由常规电器组成的变电站户内布置所占面积和体积的 7.6% 和 6.1%；220 kV 由气体绝缘开关设备组成的变电站户内布置所占面积和体积，分别只有 220 kV 由常规电器组成的变电站户内布置所占面积和体积的 3.7%~4% 和 1.8%~2.1%；500 kV 气体绝缘开关设备变电站占地面积仅为常规变电站的 1.2%~2%。

因此，气体绝缘开关设备特别适用于变电站征地特别困难的场所，如水电站、大城市地下变电站等。

（2）运行可靠性高。气体绝缘开关设备由于带电部分封闭在金属筒的外壳内，故不会因为污秽、潮湿、各种恶劣气候和小动物等造成接地和短路事故。SF_6 气体为不燃的惰性气体，不致发生火灾，一般不会发生爆炸事故。因此，气体绝缘开关设备适用于污染严重的重工业地区和沿海盐污地区，如钢铁厂、水泥厂、炼油厂、化工厂等。

（3）维护工作量小，检修周期长，普遍定为 10~20 年，安装工期短。

（4）由于封闭金属筒外壳具有屏蔽作用，因此消除了无线电干扰、静电感应和噪声。

（5）抗震性能好，适宜使用在高地震烈度地区。

（6）气体绝缘开关设备金属消耗量较多，对采用的材料性能、加工和装配工艺及环境要求比较高，因此这种组合电器的配电装置造价是很昂贵的。

4.7.2 气体绝缘开关设备的运行与维护要求

过去几十年，气体绝缘开关设备的高可靠性已被广泛证明。厂商推出了"免维护"的概念，这并不意味着根本不需要维护，而是相比其他技术，这种技术需要的维护极少。

相关厂商为用户提供建议维护计划，不同制造商的计划可能略有不同，但基本的指导原则如下。

1. 目视检查

建议对所有的气体绝缘开关设备部件定期（最好一年几次）进行目视检查。设备不需要停电，检查旨在确认设备不存在意外磨损或误操作等。用仪表或安装探头（可用时）记录和检查 SF$_6$ 气体密度；使用动作计数器（可用时）记录开合装置的操作；使用液压机构时检查油压和密封性，检查气动系统压缩机运行时间和正常操作；使用弹簧机构时目视检查是否存在异常；检查低压装置（指示器、加热器等）是否正常运行。

2. 常规检查

此检查是针对气体绝缘开关设备部件，可以每隔 5~10 年进行一次，也可以根据开关装置的操作次数来决定，目的是检查所有开关装置是否正常运行，进行此项检查，相应的电气设备需要停电。气体的试验室分析可以帮助识别因电弧或局部放电造成的异常磨损、绝缘子问题和其他问题，以便在这些问题发展成意外重大故障前进行修复。

此项维护不需要打开气室。检查中的典型操作如下：检查 SF$_6$ 气体压力（密度）；检查 SF$_6$ 气体密度继电器（包括线路和报警）；检查 SF$_6$ 气体纯度；检查 SF$_6$ 气体分解物及异物含量（如果气室未配装吸附剂，则需检查 SO$_2$ 和水分）；定位所有漏气点（如果上次检查时报警）；记录核实断路器动作次数，操作断路器和开关设备；如果使用液压操动机构，确认压力开关操作的正确；检查位置指示器对准状况和操作；检查控制和警报功能。

3. 重点检查

此类检查可每隔 15~20 年进行一次，主要取决于开关设备的操作次数，主检查通常更基于工况而非时间。此类检查中，一些气室需要打开。

检查中的典型操作如下：润滑各种连接和驱动部位；全面检查液压机构的油、过滤器和开关复位的情况，外加维护活塞和驱动部位，检查断路器开断单元包括喷口的触指；如果设备已达制造商建议的使用年限，打开并检查开合装置；当气室被打开后，置换垫圈和吸附剂；记录和检查断路器机械行程。

设备达到使用年限后进行大修，这通常根据用户的建议和经验来确定。大修需原设备供应商的专业意见，其他检查通常经制造商培训后可由用户自行进行。

维护所用的工具和设备，如气体回收装置，也应妥善保存并定期维修。

4.7.3 典型气体绝缘开关设备检修仿真实训

1. 实训目的

（1）掌握 ZF12-126 型电压互感器间隔气体绝缘开关设备、线路间隔气体绝缘开关设备的内部结构和工作原理。

（2）掌握 ZF12-126 型电压互感器间隔气体绝缘开关设备主刀和地刀的分合闸方式及步骤、左右侧地刀的分合闸方式及步骤。

（3）掌握 ZF12-126 型线路间隔气体绝缘开关设备断路器储能、断路器分合闸、刀闸分合闸方式及步骤。

2. 实训软件

电力系统仿真试验室"电力一次设备检修"软件。

3. 实训内容

（1）ZF12-126 型电压互感器间隔气体绝缘开关设备结构、隔离开关动作原理、接地隔离开关动作原理、密度继电器、防爆膜的学习。

（2）ZF12-126 型电压互感器间隔气体绝缘开关设备的主刀和地刀的分合闸操作、左右侧地刀分合闸操作。

（3）ZF12-126 型线路间隔气体绝缘开关设备结构、断路器储能动作原理、断路器分合闸动作原理、线路侧隔离开关动作原理、断路器线路侧地刀动作原理、线路接地隔离开关动作原理、母线隔离开关动作原理、断路器母线侧地刀动作原理、密度继电器、防爆膜的学习。

（4）ZF12-126 型线路间隔气体绝缘开关设备断路器储能、断路器分合闸、母线刀闸主刀地刀分合闸、线路刀闸主刀地刀分合闸操作。

4. 操作步骤

1）ZF12-126 型电压互感器间隔气体绝缘开关设备

双击桌面上的"一次设备检修"图标，进入变电一次设备检修仿真培训系统，输入"账号"为"1"，"姓名"为"1"，单击"登录"和"开始"按钮，选择"选取设备"选项，在出现的 4 种类型设备中选取"GIS 设备"选项，在设备列表中选择"ZF12-126 型电压互感器间隔 GIS"选项，单击"进入"按钮，进入 ZF12-126 型电压互感器间隔气体绝缘开关设备的检修仿真实训中。

单击"结构学习"按钮，单击"确定"按钮，进入 ZF12-126 型电压互感器间隔气体绝缘开关设备结构学习主界面，如图 4.12 所示，单击主界面右侧的菜单，依次完成"设备介绍""设备本体介绍""隔离开关动作原理介绍""接地隔离开关动作原理介绍""密度继电器""防爆膜"的学习，每个内容均有相应的视频讲解。完成"主刀合闸"操作、"主刀分闸"操作、"左侧地刀合闸"操作及"左侧地刀分闸"操作后，单击左下角"退出"按钮，退出结构学习。

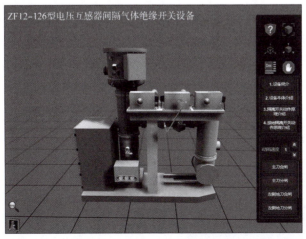

图 4.12　ZF12-126 型电压互感器间隔气体绝缘开关设备结构学习主界面

2) ZF12-126型线路间隔气体绝缘开关设备

双击桌面上的"一次设备检修"图标，进入变电一次设备检修仿真培训系统，输入"账号"为"1"，"姓名"为"1"，单击"登录"和"开始"按钮，选择"选取设备"选项，在出现的4种类型设备中选取"GIS设备"选项，在设备列表中选择"ZF12-126型线路间隔GIS"选项，单击"进入"按钮，进入ZF12-126型线路间隔气体绝缘开关设备的检修仿真实训。

单击"结构学习"按钮，单击"确定"按钮，进入ZF12-126型线路间隔气体绝缘开关设备结构学习主界面，如图4.13所示，单击主界面右侧的菜单，依次完成"设备介绍""设备本体介绍""断路器储能动作原理""断路器合闸动作原理""断路器分闸动作原理""线路侧隔离开关动作原理""断路器线路侧地刀动作原理""线路接地隔离开关动作原理""母线隔离开关动作原理""断路器母线侧地刀动作原理""密度继电器""防爆膜"的学习，每个内容均有相应的视频讲解。完成"断路器储能"操作、"断路器合闸"操作、"母线刀闸01主刀合闸"操作、"母线刀闸01主刀分闸"操作、"母线刀闸01地刀合闸"操作、"母线刀闸01地刀分闸"操作后，单击左下角"退出"按钮，退出结构学习。

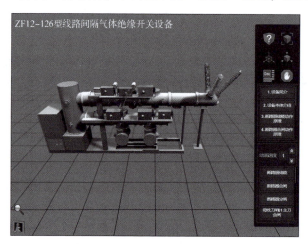

图 4.13　ZF12-126 型线路间隔气体绝缘开关设备结构学习主界面

第5章 变电站运行与维护

变电站是电力系统网络的重要组成部分，是发电厂与用户之间联系的枢纽，在整个电网中有着核心地位，变电站的运行情况，直接关系到电网的安全与稳定。

为了保证变电站的安全运行，必须严格按照国家规定，对变电站一次设备进行定期运行维护、检验和巡视，并对运行维护的各项数据进行记录保存。如果发现问题，必须及时处理，排除故障，保证供电正常。只有实时了解变电站供电设备的运行状况，才能保证整个系统运行的稳定性与安全性。

本章主要介绍变电站一次设备的运行与维护、变电站的巡视检查、变电站异常运行及事故处理、倒闸操作、变电站防误闭锁系统、变电站的运行监控功能等工程实践知识，并给出典型的线路倒闸操作、线路短路故障分析、设备巡视、设备事故处理、变电站"五防"、工厂供电运行操作（倒闸操作、备自投、变压器保护）等具体实训操作案例。

5.1 变电站一次设备的运行与维护

5.1.1 变电站变压器的运行与维护

为了满足用电需要，变压器必须有完成电压变换的功能。电力变压器是变电站的主要设备之一。本节主要介绍变压器的巡视项目、变压器的运行要求、运行中的变压器调整电压的规定和变压器投退操作要求。

1. 变压器运行中的巡视项目

变压器的巡视项目主要有以下内容。

（1）变压器运行中无异响，变压器整体外表面没有渗漏的油渍，呼吸器硅胶变色不超过2/3。

（2）变压器的绝缘瓷质部分干净整洁、没有损坏、不存在裂纹和放电的痕迹。

（3）变压器的油枕、充油套管没有渗漏油的痕迹，并且油的颜色和液位符合要求。

（4）引线接头牢固，没有散股、断股的现象，温度正常。

（5）冷却系统能够正常运行，变压器各部分温度正常，温度计指示正确。

（6）瓦斯继电器充满油，油色正常，防雨罩完好。

（7）压力释放阀密封性能良好，防爆管正常。

（8）有载调压的分接头位置无误，室内外分接头的位置指示相同。

（9）变压器外壳接地无松动锈蚀。

（10）电缆包装良好、完整、封堵严密。

（11）设备铭牌上的数据及内容与变压器实际参数一致。变压器的基础无倾斜下沉。

（12）变压器运行时，必须实时掌握变压器的运行情况，当变压器的运行电流超过变压器额定电流时，应做好记录。

（13）在下列情况下，需进行特殊的巡视检查，并且增加巡视的次数。

① 新设备或经过检修改造的变压器再次投入运行的 72 h 内。

② 变压器有严重缺陷时。

③ 天气突变时，如暴风、厚雾、雪、冰雹及暴雨等。

④ 夏季高温期间，高负荷运行期间，变压器事故过负荷期间。

⑤ 法定休息的节假日及重大活动期间。

2. 变压器的运行要求

（1）变压器全年可以额定容量运行。

（2）变压器的外加一次电压一般不得超过相应分接头电压值的 5%。

（3）变压器上层油温一般不超过 85 ℃，最高不得超过 95 ℃，当上层油温达到 55 ℃或负荷超过 2/3 时，应启动风扇。

（4）当变压器内部压力过大时，释放器的阀盖会自动打开，自动释放压力。当变压器内容压力恢复正常后，释放器的阀盖会自动关闭。

（5）当变压器的三相负荷不平衡时，应关注三相电流中最大相电流所带的负荷。

（6）变压器在新投入运行或重新投入运行前，静置时间要大于 24 h。

（7）变压器在带电状态下进行滤油、注油、大量放油、放气、更换硅胶、开闭净油器阀门、开闭瓦斯继电器连接管道的阀门时，应将重瓦斯保护从跳闸改投信号位置，此时变压器的差动、复合电压闭锁等保护应投入，待工作结束后，空气排尽，再从信号改投跳闸位置。

（8）新投入运行的变压器或停机后重新投入运行的变压器，必须等空气排尽之后，才可以将重瓦斯保护投入，再进行滤油，注油，更换气体继电器、散热器以及套管等工作。

3. 运行中的变压器调整电压的规定

（1）值班员根据调度下达的电压曲线及电压规定值自行调压操作，每次操作应认真检查分接头动作和电压电流变化情况，并做好记录。

（2）运行中有载分接开关的瓦斯继电器发出信号或分接开关换油时，应禁止调压操作，并拉开有载调压电源开关。

（3）两台有载调压变压器并联运行时，允许在变压器 85% 额定负荷电流下进行调压操作，应考虑两台主变压器的负荷分配，避免出现环流，从 1 挡至 N 挡方向调整时，先操作负荷小的主变压器，然后操作负荷大的主变压器，并在差一级的情况下轮换调整。从 N 挡至 1 挡方向调整时，与上述操作相反。注意，不能在单台变压器上连续进行两级调压操作。

（4）电动调挡时，计数器及分接位置指示正常而电压指示又无相应变化，应立即切断操作电源，中止操作。

（5）当电动操作出现"连动"（即操作一次，会出现调整一个以上挡位，称为滑挡）现象时，应立即按下紧急停止按钮，并切断电动机的电源，然后手动操作到符合要求的挡位，并通知检修人员及时处理。

（6）分接开关发生拒动、误动，电压指示异常，电动机构或传动机构故障，位置指示不一致，内部切换异常，看不见油位或大量喷油等其他异常情况时，应禁止操作。

（7）手动机械调挡时，必须将电动调挡电源断开。

（8）投入备用变压器，应将其挡位先调整至与运行变压器相同的挡位。

（9）有载调压开关每操作一挡，动作计数器自动记录一次，有载调压累计操作次数超过 15 000 次时，应申请检修。

（10）在任何情况下，有载调压开关，机构箱挡位指示和控制室远方挡位指示必须完全一致。

（11）调整无载电压分接头，变压器必须停电，当值运行人员必须做好安全措施。

4. 变压器的投退操作要求

变压器运行中，需要完成投入运行和退出运行的操作，应按以下规定进行。

（1）投入运行时，即送电合闸，应先合电源侧开关设备，再合负荷侧开关设备。退出运行时，即停电分闸，应先断开负荷侧开关设备，再依次断开电源侧的开关设备。必须严格遵守上述规程。

（2）110 kV 及以上的电力系统中，属于中性点直接接地的系统，进行投退变压器时，合闸或分闸高压侧断路器之前，必须确保中性点接地状态，操作圆满完成后，再断开中性点接地开关设备。

（3）将变压器投入运行时，必须确保已经投入运行的变压器已开始给负荷供电，并且确认已经退出运行的变压器的断电状态，再检查已经运行的变压器是否有过负荷的可能。

5.1.2　高压断路器的运行与维护

高压断路器是一种专用于断开或接通电路的开关设备，不仅能在正常时通断负荷电流，还能在短路故障时切断短路电流。目前变电站中常用的高压断路器有 SF_6 气体断路器和真空断路器。本节主要介绍 SF_6 气体断路器的运行与维护、真空断路器的运行与维护、小车开关柜的运行与维护和高压断路器的操作要求。

1. SF_6 气体断路器的运行与维护

1）SF_6 气体断路器运行的关注内容

（1）断路器的分闸与合闸位置的指示应该与当时运行状况一致。

（2）SF_6 气体断路器的绝缘瓷质部分应干净无污垢，绝缘部分没有损坏，瓷瓶没有裂纹，更没有放电的现象。

（3）引线接头无松动、发热，引线无散股、断股。

（4）压力表指示的数值应正常。

（5）机构箱密封性应完整，弹簧储能指示应准确。

（6）SF_6 气体断路器的外壳应处于良好的接地状态，接地部分及引线没有发生锈蚀。

（7）SF_6 气体断路器的铭牌显示内容及数据应完整、准确。

2）SF_6 气体断路器的运行与维护要求

（1）SF_6 气体断路器额定分断电流开断大于 20 次或正常跳合大于 3 000 次之后，必须及时进行维护和检修。

（2）如果 SF_6 气体断路器里面的 SF_6 气体压力异常，从而导致分闸及合闸回路闭锁，此时不能执行解锁操作。

（3）当环境温度偏低，或者周围环境潮气过重时，应使用烘干器或加热器，使温度提升，降低环境的湿度。

2. 真空断路器的运行与维护

1）真空断路器运行时的关注内容

（1）真空断路器的分闸与合闸位置的指示应该与当时运行状况一致。

（2）真空罩的颜色是正常的，没有损坏及裂缝隙，真空室内没有放电现象。

（3）真空断路器的绝缘瓷质部分干净无污垢，绝缘部分没有损坏，瓷瓶没有裂纹，更没有放电的现象。

（4）真空断路器的机构箱密封性应完整，弹簧储能指示应准确。

（5）真空断路器的引线接头无松动、发热，引线无断股、散股。

（6）真空断路器的外壳应处于良好的接地状态，接地部分及引线没有发生锈蚀。

（7）真空断路器的铭牌显示内容及数据应完整、准确。

2）10 kV、35 kV 真空断路器的运行与维护要求

（1）当真空断路器正在运行中，其所在的高压开关柜门不能够随意打开，必须严格按照倒闸操作要求，经主管部门领导同意签字，并严格按照一定的操作顺序，才可以解锁，必须由两名工作人员协作完成，一名工作人员负责操作，另一名工作人员负责监督，严格避免误操作，同时注意保持安全距离。

（2）运行中的真空断路器完成分断短路电流不允许大于 50 次，达到 50 次，必须对真空断路器进行维护和检修。

（3）当真空断路器完成检修后，应将设备外壳表面整理干净，不许有灰尘及其他杂物，并确认螺钉等固定金属器件是否已拧紧。

3. 小车开关柜的运行与维护

1）小车开关柜的运行与维护项目

10 kV 及 35 kV 小车开关柜广泛运行于电力系统中，如果出现故障，将严重威胁电网的安全运行，因此必须时刻关注小车开关柜的某些绝缘薄弱环节。

（1）运行中的小车开关柜中应无异常声音、气味，小车开关柜的柜门温度应正常。

（2）小车开关柜的各个运行指示灯均应正常显示。

（3）小车开关柜的铭牌显示内容及数据应完整、准确。

（4）小车开关柜的柜门应干净整洁，封闭完好。

（5）小车开关柜的"五防"装置均应良好。

2）小车开关柜的操作注意事项

（1）当小车开关柜的分合闸位置发生变化时，即由运行位置变化至分闸位置，或由分闸位置变化为运行位置时，必须确认小车开关柜的柜门已关闭良好，断路器在正确的位置。

（2）当小车开关柜的分合闸位置发生变化时，即由运行位置变化至分闸位置，或由分闸位置变化为运行位置时，必须确认与小车开关柜相关的各项指示灯指示内容正确。

（3）当小车开关柜要进行接地刀闸的操作时，在操作之前，确保小车开关柜的运行指示灯已熄灭。

（4）两个小车开关柜之门不能随意交换位置。

4. 新安装或大修后的断路器投运前应检查的项目

当断路器完成检修，或新的断路器准备投入运行时，必须严格检查以下项目。

（1）断路器的操动机构应灵活，操作动作位置应准确。

（2）断路器的弹簧储能应指示正确。

（3）断路器的防误闭锁装置应已经投入运行。

（4）真空断路器真空泡应完好。

（5）断路器的绝缘瓷质部分应干净无污垢，绝缘部分没有损坏，瓷瓶没有裂纹，更没有放电的现象。

（6）断路器的各项检测报告项目应完整，检测报告应符合运行要求。

（7）SF$_6$气体断路器气体压力应高于闭锁值。

（8）长期停运的断路器在正式投运前，应进行 2~3 次传动试验，确认无异常后方能正式操作。

5. 高压断路器的操作要求

（1）高压断路器在投入运行前，操作人员应明确高压断路器具备投运条件。高压断路器检修后，恢复运行操作前，应检查所有工作票已收回，所有安全措施已全部拆除，防误闭锁装置正常。

（2）高压断路器进行分闸与合闸操作时，就采用远程操作的模式，如果由于特殊原因需要本地操作，必须经相关领导，切实做好相应的安全保障措施。

（3）高压断路器完成一次分闸或合闸操作，工作人员必须及时关注表计指示情况是否发生变化，确认该高压断路器的动作是否符合要求。

（4）在断开隔离开关前，必须确认与之相关的高压断路器已经断开。

5.1.3　隔离开关的运行与维护

隔离开关的主要功能是隔离高压电源，以保证其他设备和线路的安全检修及人身安全。本节主要介绍隔离开关的巡视项目、隔离开关的运行及操作注意事项、允许用隔离开关进行的操作、安装或大修后的隔离开关投入前应检查的项目。

1. 隔离开关的巡视项目

（1）导流杆、引线接头及触头温度应正常，引线接触应稳固，传动机构能够正常工作。

（2）隔离开关的绝缘瓷质部分应干净整洁无灰尘覆盖、没有损坏、不存在放电的痕迹。

（3）隔离开关的闭锁装置应工作正常，电动操作箱密封性完好。

（4）隔离开关的触头咬合、辅助接点罩均应完好，能正常工作。

（5）外壳与构架应实现良好接地，接地线不存在锈蚀及断裂。

（6）铭牌上的数据及内容应与设备实际参数一致。隔离开关的基础应完好稳固、无倾斜下沉。

2. 隔离开关的运行及操作注意事项

（1）隔离开关引线接头温度低于 70 ℃。

（2）隔离开关的刀口温度低于 70 ℃。

（3）隔离开关的闭锁装置正常工作。解锁的时候必须经部分领导同意签字，不能随意解锁。

（4）隔离开关的合闸操作顺序：送电操作从电源侧逐步送向负荷侧。

（5）隔离开关的分闸操作顺序：停电操作从负荷侧逐步向电源侧。

（6）在拉合隔离开关前，必须检查断路器确已拉开。

（7）如果隔离开关的支持瓷瓶有故障，立即停止隔离开关的操作。

（8）隔离开关分合闸时应以"慢-快-慢"的节奏进行操作，在触头即将分离或接触时，操作应迅速果断，分合闸终了时不得有冲击。隔离开关合闸以后，检查三相触头接触是否良好，确认无误后加锁。

（9）当与双母线相连接的隔离开关进行分合闸的操作时，确保正确地对辅助接点进行切换。

3. 允许用隔离开关进行的操作

（1）拉合正常运行时的电压互感器、无雷击时的避雷器。

（2）拉合 110 kV 及以下空载母线的电容电流。

（3）拉合系统无接地时的变压器中性点接地刀闸。

（4）拉合经断路器或隔离开关闭合的旁路电流。

（5）拉合励磁电流不超过 2 A 的空载变压器和电容电流不超过 5 A 的空载线路。

（6）拉合电压 10 kV 以下、电流 70 A 以下的环路电流。

（7）拉合电压 10 kV 以下、电流 15 A 以下的负荷电流。

4. 安装或大修后的隔离开关投入前应检查的项目

（1）检查传动机构是否完好、销子是否完好，各引线应接触是否稳固。

（2）检查隔离开关的基础是否下沉，接地是否良好。

（3）瓷绝缘部分应干净整洁、无灰尘、无裂痕。

（4）隔离开关铭牌上的数据及内容应完整、正确。

（5）隔离开关的闭锁装置是否完好。

（6）隔离开关的三相应同期。

（7）隔离开关的刀闸相色是否符合要求。

5.1.4 互感器的运行与维护

互感器是电流互感器和电压互感器的合称，本节主要介绍互感器的巡视项目、运行要求、操作注意事项。

1. 互感器的巡视项目

（1）互感器绝缘瓷质部分干净无污垢，绝缘部分没有损坏，瓷瓶没有裂纹，更没有放电的现象。

（2）干式互感器运行时无异常声音。

（3）充油互感器的油面位置符合要求、油的颜色符合要求，无渗漏油的痕迹。

（4）互感器的一次侧和二次侧接线稳固无松动，接线线路温度正常。

（5）膨胀器良好，封闭良好。

（6）互感器的电压值、电流值指示均正常。

（7）电流互感器电流值无过载。

（8）铭牌显示内容及数据完整准确。

（9）基础构架无倾斜、下沉及锈蚀、裂纹。

2. 互感器的运行要求

（1）电流互感器二次侧不允许开路运行，同时必须可靠接地。

（2）电压互感器二次侧不允许短路运行，同时必须可靠接地。

（3）互感器必须运行于铭牌参数所标记的额定范围。

（4）电压互感器电压变动范围不能超过 10%。

（5）电流互感器电流变动范围不能超过 20%。

（6）小电流接地系统发生接地故障时，电压互感器运行时间不许超过 2 h。

3. 电压互感器的操作注意事项

（1）电压互感器停运时，应根据运行方式切换二次并列开关，若二次无法并列，应根据调度命令将所带保护及自动装置退出（如欠压、距离、低周、方向闭锁等保护），并做好电量估算，防止该电压互感器所带的继电保护及自动装置误动。

（2）两组母线的电压互感器，高压侧未并列前，严禁二次并列。

（3）电压互感器操作，除拉开一次隔离开关外，还应取下一、二次熔断器熔体或切断快速开关。

（4）电压互感器二次侧并、解列操作，要检查相关电压指示情况是否正常。

（5）操作电压互感器隔离开关时，应检查隔离开关辅助接点动作是否正确，避免失去二次电压。

（6）电磁式电压互感器不应与空载母线同时充电，母线停电时，在出线拉完闸后，母线停电前，退出电压互感器。送电时，在母线带电后，先投入电压互感器再送出线。电容式电压互感器可以与空载母线同时充电。

5.1.5　电抗器的运行与维护

本节主要介绍干式电抗器的巡视项目、充油电抗器的巡视项目和电抗器的运行要求。

1. 干式电抗器的巡视项目

（1）干式电抗器本体外观应良好，无严重发热变色现象。

（2）声音应正常，引线接头无松动、发热，引线无散股、断股。

（3）冷却风道应无杂物，垂直绑扎带绑扎应严密无破损。

（4）外壳与构架接地应良好，无锈蚀断裂。

（5）支持绝缘子外观应清洁，无破损、裂纹、倾斜及放电痕迹。

（6）基础无倾斜、下沉及风化。

2. 充油电抗器的巡视项目

（1）充油电抗器外观应清洁，无变形，无渗漏油。

（2）声音应正常，瓷质部分外观清洁，无破损、裂纹及放电痕迹。

（3）引线接头应无松动、发热，引线无散股、断股。

（4）外壳接地应良好，无松动锈蚀。

（5）遮栏门应关闭并加锁，基础无倾斜、下沉及风化。

3. 电抗器的运行要求

（1）补偿电容器组回路中的串联电抗器，能抑制电容器支路的高次谐波和合闸涌流，降低操作过电压，限制故障过电流。

（2）正常运行中的电抗器的工作电流应不大于其额定电流。

（3）电抗器周围不得散落铁件，防止被电抗器吸附。

5.1.6　电容器的运行与维护

本节主要介绍各种电容器的巡视项目、运行要求和操作注意事项。

1. 单只电容器的巡视项目

（1）瓷质部分外观应清洁，无破损、裂纹及放电痕迹。

（2）外壳应无渗油、鼓肚、变形。

（3）引线接头应无松动、发热，引线无散股、断股，熔体无熔断。

（4）室内温度不应超过 40 ℃。

（5）三相电流平衡，两相电流差不应超过 5%，放电回路完好。

（6）外壳与构架接地良好，无锈蚀断裂。

（7）设备铭牌、名称应正确齐全，检查遮栏门关闭并加锁。

（8）基础构架应无倾斜、下沉及锈蚀、裂纹。

2. 密集型电容器的巡视项目

（1）油枕的油色、油位应正常，无渗漏油。

（2）瓷质部分外观应清洁，无破损、裂纹及放电痕迹。

（3）声音应正常，本体无渗漏油，呼吸器硅胶变色不超过 2/3。

（4）引线接头应无松动、发热，压力释放阀未开启。

（5）放电回路应完好。

（6）外壳接地应良好，无松动锈蚀。中性点接头连接紧固，电缆无破损、老化。

（7）二次电缆应无破损、老化，封堵严密。

（8）检查遮栏门应关闭并加锁。

（9）设备铭牌、名称应正确齐全。基础无倾斜、下沉及风化。

3. 电力电容器的运行要求

（1）电容器运行中电压一般不超过额定电压的 1.1 倍，电流不得超过额定电流的 1.3 倍，两相电流之差不得超过 5%，若超过此数值，一般应将电容器退出运行。

（2）电容器室的温度一般应在 -40～40 ℃ 之间，充矿物油或烷基苯的电容器外壳最高允许温度为 50 ℃，充硅油的电容器为 55 ℃。

（3）密集型电力电容器的挡位调整必须在停电后进行，一般由检修人员调整，紧急情况下，经调度和主管生产领导同意，可由运行人员进行挡位操作，调整完毕后，应报告生技部门。

（4）密集型电力电容器投运期间，应定期检查，若发现桩头发热，电容器外壳膨胀，应停止使用。

4. 电容器的操作注意事项

（1）在正常情况下，电容器的投、退必须根据系统的无功分布以及电压情况来决定。

（2）将电容器组停电时，除电容器组自动放电外，还应进行人工放电（单只逐个放电）。放电后运行人员方能触及电容器。

（3）母线失压或停电操作时，应先退出电容器，后拉开各出线。恢复线路送电后，视电压和无功分布情况投入。

（4）电容器断路器跳闸后，不得强送电。熔体熔断，经检查无异常后，可更换同容量熔体，试送电一次，如再次熔断，不得送电。

（5）电容器组禁止带电荷合闸，带放电电压互感器的电容器组跳闸 5 min 后，才能进行再次合闸。带放电电阻电容器跳闸 10～15 min 后，才能进行再次合闸。

5. 新安装或大修后的电容器投运前应做检查项目

（1）电容器外观完好，各种试验合格。

（2）电容器布线正确，安装合格。

（3）三相电容之间的差值不超过一相总电容的 5%。

（4）各部连接牢固可靠，不与地绝缘的每个电容器外壳和构架，均应可靠接地。

（5）放电电压互感器的容量符合设计要求，各部件完好。

（6）电容器组的保护和监视回路完整并全部投入。

5.2　变电站的巡视检查

5.2.1　概述

为了及时掌握变电站设备的运行情况，及时发现和消除设备故障，预防事故发生，变电站工作人员应严格按照变电站巡视标准化作业指导书进行巡视，及时发现异常和缺陷，及时汇报调度和上级有关部门，杜绝事故发生。

变电站设备巡视分为 5 种类型：正常巡视（含交接班巡视）、全面巡视、熄灯巡视、特殊巡视及会诊巡视。

（1）正常巡视：按照变电站相关规定定期进行设备巡视。

（2）全面巡视：主要包括对设备整体进行外部检查，对缺陷有无发展作出鉴定；详细检查设备的薄弱环节，如防火工作是否到位、防小动物的措施是否完善、防误闭锁功能是否完好；详细检查接地设备是否稳固，接地引线是否有锈蚀痕迹。每种电压等级的变电站按照各自规定的巡视周期，每个巡视周期内进行一次全面巡视。

（3）熄灯巡视：指变电站夜间开灯时进行的巡视，每个巡视周期内进行一次。内容是检查主变压器周围有无异常气味，主要电气设备有无电晕、过热、放电及接头发红现象，直流工作屏是否工作正常等。

（4）特殊巡视：主要包括特殊天气的巡视，如大风前后、雷雨过后、冰雪、冰雹、雾天，对变电站进行巡视，及时发现由天气原因导致变电站设备线路发生故障或运行异常；设备变动后的巡视，如设备新投入运行后、设备经过检修后、改造或长期停运后重新投入系统运行后，对该设备进行巡视；变电站发生异常运行时，如过负荷或负荷波动剧烈、系统出现冲击负荷、发生短路故障导致断路器跳闸，应加强巡视。

（5）会诊巡视：每月末、每季度末，由相关部门领导组织各级工作人员进行会诊性巡视，对设备进行全面检查，每季度末还要对设备进行评级，对重大的设备缺陷应有计划地制订跟踪措施和防范措施，记入运行分析记录。

下面介绍变压器、断路器、隔离开关、电压互感器、电流互感器、避雷器、电容器以及变电站二次系统的巡视检查。

5.2.2　变压器的巡视检查

1. 变压器的巡视检查要点

变压器的巡视检查要点如下。

（1）电力变压器有无渗漏油，油温及油位有无异常。

油浸式变压器渗漏油故障是变压器的普遍故障，可分为油箱焊缝渗漏、高压侧套管渗漏、低压侧套管渗漏、防爆管渗漏等。运行中的变压器套管油位应正常、无渗漏，瓦斯继电器油位应正常、无渗漏，有载调压储油柜油位应正常、无渗漏。

运行中的电力变压器的油温会随环境温度和负荷大小的不同而发生变化，但是不会超过变压器的最高允许温升。如果是其他原因导致变压器温度异常升高，应及时处理。可能导致变压器油温过高的原因：冷却器异常、散热器不通畅。

主变压器储油柜的油位的位置直接影响变压器是否能正常运行。运行中变压器的油位有可能过高，也有可能过低，必须时刻关注。变压器油位过高的原因有很多，如呼吸器堵塞、防爆管通气孔堵塞等；变压器油位过低的原因有变压器漏油、检修后没及时补油、温度过低等。

（2）电力变压器外表有无异常。

电力变压器的外观主要包括变压器压力释放阀、安全气道及其防爆膜、绝缘瓷瓶套管和呼吸器。压力释放阀、安全气道及其防爆膜应完好无损；绝缘瓷瓶套管外部应整洁，没有灰尘、没有损坏、没有放电痕迹；呼吸器应完好，呼吸器油封不应缺油，呼吸应畅通，硅胶应干燥。

（3）电力变压器的本体声音有无异常。

电力变压器正常运行时一般有均匀的嗡嗡声。若出现其他声音，则变压器绕组可能出现了短路，还有可能是变压器的套管或变压器内部有放电现象。若出现爆裂声，则变压器内部很可能已经被击穿。

（4）冷却系统有无异常。

电力变压器冷却系统的风扇应运行正常，出风口和散热器无异物附着，没有出现积污。

2. 主变压器的正常巡视检查项目

主变压器的巡视检查项目如下。

（1）变压器运行中本体应无异常声音。

（2）油枕的油位应正常、无渗漏；套管油位应正常、无渗漏；瓦斯继电器油位应正常、无渗漏；有载调压储油柜油位应正常，无渗漏。

（3）呼吸器的硅胶应正常，无变色。

（4）绝缘套管外观应完整无损坏，没有出现裂纹，没有放电的痕迹。

（5）套管各引线接头接触应稳固，没有锈蚀或因温度过高而发红的现象。

（6）瓦斯继电器应无气体。

（7）变压器测量表计均应指示正确。

（8）调压装置应指示正确，能够正常工作。

（9）主变压器端子箱密封性应良好，整洁无灰尘。

3. 主变压器的特殊巡视

（1）由于天气恶劣或运行出现故障，变电站工作人员应对变压器执行特殊巡视。例如，在暴雪、大雾、冰雹、大雨等恶劣天气下，应对变压器进行特殊巡视，并增加巡视次数。

① 大风时检查变压器的引线和套管是否被挂上杂物。

② 大雾时检查变压器绝缘套管是否有放电痕迹。

③ 下雪时检查变压器分接头处是否发热，并及时将覆盖在变压器上的冰雪清理掉。

④ 雷雨之后，检查变压器绝缘套管是否有放电痕迹，检查安装于变压器附近的避雷器

及保护间隙的是否有动作情况。

⑤ 温度骤然变化（骤冷或骤热）时，对变压器的油枕油面进行检查。

（2）运行中的故障会导致瓦斯保护动作，短路故障会导致断路器跳闸，变电站工作人员应对变压器执行特殊巡视。

① 瓦斯继电器发出信号时，对变压器本体油位进行检查。

② 当变压器出现过负荷时，重点监视负荷数值、关注变压器油温和油位的数值、检查变压器套管引线接头是否有发热现象。

③ 发生短路故障跳闸后，重点检查相关的设备接点是否有异常。

5.2.3　断路器的巡视检查

断路器的巡视检查项目如下。

（1）巡视 SF_6 气体断路器时，工作人员应力求从"上风"接近设备检查，打开机构箱门时，要先敞开一会，以防 SF_6 气体泄漏，造成中毒事故。

（2）检查 SF_6 气体断路器时，SF_6 气体压力应正常，且气体无泄漏。

（3）断路器机构箱内各元件运行正常，无异响、异味、破损、变形、松动等异常现象。

（4）套管引线接头完好、接头无发热变色或松动现象。

（5）瓷瓶部分应整洁干净，没有破损裂纹，没有流胶或闪络痕迹。

（6）机械闭锁应与开关的位置相符合。

（7）断路器分合闸指示与机构的机械位置指示、主控室的电气指示应一致。

（8）液压机构的工作压力应正常，各部位应无渗漏油现象，压力偏低时应检查是否漏气。

（9）检查分、合闸线圈，接触器，电动机应无焦臭味。

（10）弹簧操动机构打压电动机启动应正常，无频繁启动现象。当断路器在运行状态时，储能电动机的电源应在闭合位置；当断路器在分闸备用状态时，合闸弹簧应储能，储能电动机、行程开关接点无卡住、变形，分、合闸线圈无冒烟、异味。

若有以上异常现象，应立即查明原因，及时进行维护检修，消除隐患，避免发生严重事故。

5.2.4　隔离开关的巡视检查

隔离开关在变电站运行数量多，并且隔离开关分闸时，有明显的断点，触头长期暴露在空气中，容易发生腐蚀和积累灰尘。为了保证隔离开关能够正常运行和操作，必须按规定进行巡视检查。隔离开关的巡视检查项目如下。

（1）操动机构箱、端子箱应关闭且密封完好，不受雨雪天气影响。

（2）操动机构箱、端子箱内所有设备及导线应完好。

（3）接地开关应实现良好的接地效果，接地引线无损坏、锈蚀现象。

（4）支持绝缘子应整洁无破损、裂纹、闪络痕迹。

（5）触头、接点应完全合入，接触应良好。

（6）隔离开关外观及各机械部位应完好，无锈蚀，无严重积尘，各部件连接应稳固。

（7）均压环应稳固，不偏斜。

（8）刀片和刀口应整洁，无严重积尘，无烧伤、锈蚀痕迹。

（9）传动机构应完好，销子无脱落。

（10）联锁装置应完好。

（11）隔离开关运行时最高允许温度不能超过 70 ℃，可采用变色漆、蜡片或红外检测仪对隔离开关的静触头和动触头进行监视，如果发现缺陷，应及时消除，保证隔离开关安全运行。

5.2.5 电压互感器的巡视检查

电压互感器的巡视检查项目如下。

（1）电压互感器瓷瓶的瓷质部分应完好，无破裂、损伤、放电现象。

（2）电压互感器的线夹压接应良好，无过热、松动、放电现象。

（3）电压互感器的接线盒应清洁，箱门关闭良好，电缆出口封堵严密。

（4）电压互感器的外表应清洁、完好，端子箱关闭应严密，无渗油、漏油现象。

5.2.6 电流互感器的巡视检查

电流互感器的巡视检查项目如下。

（1）电流互感器的外观应完整无损。

（2）电流互感器的金属部位应无锈蚀，器身外涂漆层清洁、无爆皮掉漆。

（3）电流互感器的绝缘套管表面应清洁、完整，无裂纹、放电痕迹、老化迹象。

（4）电流互感器的接头压接应良好，无过热变色现象。

（5）电流互感器的二次接线端子盒处密封应严密、无污物。

（6）电流互感器应无异常震动，内部无异响。

（7）电流互感器应无异常异味。

5.2.7 避雷器的巡视检查

避雷器及避雷针的特殊巡视检查项目如下。

（1）避雷器及避雷针的外观应完好，安装无倾斜。

（2）检查避雷器的放电记录器的动作情况，并做好记录。

（3）避雷器瓷套应良好，无裂纹、闪络痕迹。

（4）避雷器和避雷针的引线及接地应稳固、完好。

注意事项如下。

（1）工作人员在雷雨天气巡视设备时，一定要在避雷器和避雷针 5 m 以外。

（2）避雷针或装有避雷针的构架上或附近，不能架设低压照明线路。

5.2.8 电容器的巡视检查

电容器的巡视检查项目如下。

（1）检查电容器本体是否有膨胀、变形、喷油、漏油等现象，是否有异常及火花现象。

（2）检查电容器运行电压、电流是否正常、平衡。

（3）检查电容器瓷质部分是否干净整洁，是否有闪络痕迹。

（4）检查接地线是否牢固。

（5）检查室内通风设备是否符合规定。

5.2.9　变电站二次系统的巡视检查

变电站二次系统的巡视检查项目如下。

（1）检查变电站二次系统中各保护装置运行是否正常，有无异常声响、外观破损、锈蚀、闪络冒烟现象。

（2）检查变电站二次系统中各端子是否有变色发黑、锈蚀和闪络现象。

（3）检查变电站二次系统中各类运行指示灯、显示数据内容是否正常，是否有报警灯亮，是否有报警信息发生。

（4）检查变电站二次系统中各保护装置电源工作是否正常。

（5）检查变电站二次系统中信号、控制、电源空气开关位置是否符合运行要求。

5.3　变电站异常运行及事故处理

5.3.1　概述

1. 电力系统事故

电力系统事故是指因电力系统设备故障或者人员工作失误，影响电能供应的数量或质量超过规定范围。

当电力系统发生事故或故障时，将导致电气设备破坏、部分或大面积停电。电能在社会工作、生产和生活中十分重要，大面积停电必然会严重影响社会生产和生活。因此，当电力系统发生事故或设备发生故障时，必须及时、准确地处理事故，尽快隔离故障，恢复其他设备送电，尽可能减少停电范围。

变电站在电力系统中处于枢纽环节，起改变电压、接受和分配电能的作用。正确分析和及时处理变电站异常运行及事故，将有助于提高电力系统的运行稳定性。

2. 电力系统事故的原因

（1）工作人员操作失误。

（2）天气原因，如雷电、暴风雪、狂风、沙尘等。

（3）维护检修不及时。

（4）受到外力撞击。

（5）二次系统继电保护装置失灵或误动作。

（6）没有及时调整运行方式，导致运行方式不合理。

（7）维护检修不到位。

（8）异常运行处理不当造成严重事故。

3. 事故处理时各级值班人员的权限

（1）值班调度员是处理事故的负责人，变电站值班员应迅速准确地将设备异常、事故及处理情况及时报告值班调度员，值班人员可以提出自己的分析、判断和处理意见，但应以值班调度员的命令处理。

（2）如果值班人员认为值班调度员的命令有错误，应予指出，并作简单的解释。如果值班调度员确定自己的命令正确，值班人员应立即执行。

（3）如果值班调度员的命令直接威胁人身和设备的安全，则无论在任何情况下均不得执行。当值班人员接到此类命令时，应该把拒绝执行命令的理由报告主管领导，并记载在调度命令记录簿中，然后按主管领导的指示行动。

（4）变电站值长是变电站事故处理的直接负责人，应对事故的正确处理负责，其他值班人员在运行中发现一切不正常现象都首先要报告变电站值长。

（5）发生事故时，当值值长有权召集在站的非当值人员，非当值人员必须服从当值值长的指挥，协助进行事故处理。

（6）变电站站长在事故时，应注意值班人员的动作，必要时协助处理。站长在发生事故时，也可以对值班人员发出指示，但这些指示无论如何也不得与值班调度员的命令相抵触。在发出涉及调度权限的指示时，应将该指示向值班调度员汇报并转化成调度命令的形式下达给值班人员。在发现值班人员不能胜任时，可解除值班人员的职务，临时指定人员代替，或自己直接领导处理。

（7）下列人员有权对值班人员发出指示：变电站站长，主管部门工程师。这些指示不得与值班调度员的命令相抵触，在发出涉及调度权限的指示和操作时，应将该指示向值班调度员汇报并转化成调度命令的形式下达给值班人员。

（8）下列人员有权对值班人员发出命令：生产副总工、总工、经理。值班人员在接到命令后，必须立即执行。

4. 值班人员处理事故的主要任务

（1）尽快限制事故的发展，消除事故的根源，解除对人身和设备的威胁，减轻损失程度。

（2）尽快查明事故原因和设备损坏情况，立即报告中调值班调度员及上级领导。在检修人员到达现场之前，应先做好安全措施。

（3）如果事故和异常运行造成站用电停电，应首先处理和恢复站用电的运行，保证站用电的正常运行。

（4）采取必要的安全措施，对未发生事故的设备进行隔离，减小事故面积，减小停电范围。

（5）对每一阶段的事故处理，值班人员应如实地向上级调度员报告事故处理的进展情况，并将上级值班调度员下达的命令电话录音，做好记录。

（6）当设备发生火灾时，应迅速切断该设备所有高、低压电源并进行灭火。必要时拨打 119 火警电话，通知消防部门给予现场配合。

5. 特殊情况的处理

如果出现特殊情况，变电站值班人员可自主处理异常运行或事故，不必等待上级调度员的指令，以免事故范围和影响扩大，但应尽快将情况上报给上级调度员。特殊情况包括以下几种。

（1）对于有可能对人员生命有直接威胁的设备，应立即将其断电。

（2）对于已经确认损坏的设备，应立即将其停电隔离。

（3）当母线电压消失时，将连接到该母线上的开关断开。

（4）如果某设备受到严重损坏的威胁，应立即将开关断开，并将该设备与异常运行和出现故障的设备隔离。

6. 事故处理的程序

对事故处理的一般程序可以概括为及时记录、迅速检查、简明汇报、认真分析、准确判断、限制发展、排除故障、恢复供电。

（1）及时记录：及时记录仪器仪表和显示屏中每个阶段数据的变化和数据发生变化的时间。

（2）迅速检查：检查各线路中保护装置的动作情况，通知继电保护班，检查故障的情况。

（3）简明汇报：将事故情况及事故处理情况及进度报告值班及上级调度员。

（4）认真分析：对有关设备在事故前的运行状态和运行数据进行全面检查，分析事故的性质和范围。

（5）准确判断：根据分析结果，明确事故原因，并上报值班调度员。

（6）限制发展：根据调度员指令执行相应操作，减小事故面积，减小停电范围。

（7）排除故障：确认事故地点，清除故障因素。

（8）恢复供电：按照正确的操作方式，重新恢复供电。处理结束后，做好各种记录，报告上级有关领导。

5.3.2 变压器的异常运行及故障处理原则

变压器是电力系统中非常重要的设备，它的故障将对供电的可靠性和系统的正常运行带来严重的影响。变压器的故障一般发生在绕组、铁芯、套管、分接开关、油箱等部件，漏油、引线接头发热的问题具有普遍性。

变压器运行中发现任何不正常情况（如漏油、油枕内油面高度不够、发热不正常、声响不正常），应迅速查明原因，用一切方法将其消除，并立即报告值班调度员及主管部门，将经过情况记录在运行记录及缺陷记录簿内。变压器常见故障及异常运行时的处理原则如下。

（1）变压器有下列情况之一时，应立即停止运行。

① 变压器内部声响很大，很不均匀，有爆裂声。

② 油枕喷油或防爆管喷油。

③ 变压器着火。

④ 在正常负荷、正常冷却条件下，变压器温度异常，并不断上升，超过限额温度（应确定温度计正常）。

⑤ 变压器严重漏油，致使油位计看不到油位。

⑥ 套管有严重破损和放电现象。

（2）变压器着火时，应立即断开各侧开关，开启事故放油阀，使油面低于着火点，确保变压器的安全。

（3）变压器严重过负荷时，按过负荷的规定执行，并采取如下措施。

① 报告值班调度员，考虑是否减负荷。

② 投入所有的冷却风扇。

③ 变压器温度（油温、绕组温度）超过允许值时，应按紧急减载顺序减负荷。

④ 加强对变压器的监视。

（4）变压器温度异常升高，上层油温超过 75 ℃时，应做如下处理。

①检查变压器是否过负荷。

②检查各温度计指示是否正常。

③检查冷却系统是否正常，各散热阀门是否开启，风扇工作是否正常。

④检查变压器油色、油位、声音是否正常。

⑤若上述情况均正常，应报告值班调度员及主管部门同意，将该变压器停止运行。

（5）变压器油枕油位不正常升高时，为查明油位升高的原因，在未将重瓦斯保护压板改投至信号位时，禁止打开放气或放油阀门，以防重瓦斯保护误动跳闸。

（6）轻瓦斯保护动作报信号，值班人员应解除声响信号，并做如下处理。

① 向调度及主管部门汇报，并复归事故声响信号。

② 检查变压器的油枕油位、上层油位是否正常，瓦斯继电器内是否有气体，如确系油位过低，应设法加油。

③ 倾听变压器内部有无异响。

④ 若外部检查无异状，可进行放气处理。

⑤ 若轻瓦斯保护连续动作，又无气体排出。应检查瓦斯继电器二次回路是否有故障。

⑥ 若有气排出，应检查瓦斯继电器内部气体的性质，查明故障的原因。

（7）重瓦斯保护动作，使变压器从系统中断开，应做如下检查和处理。

① 向调度及主管部门汇报，并复归事故声响信号。

② 收集瓦斯继电器内的气体，判明颜色，判断是否可燃。

③ 油枕及瓦斯继电器是否有油。

④ 压力释放阀是否喷油。

⑤ 变压器外壳是否开裂和喷油。

⑥ 变压器是否有异味。

（8）重瓦斯保护动作跳闸后，应收集气体试验，不论气体可燃与否，都必须进行内部检查，故障未消除前，未经主管领导批准，不准将变压器投入运行。

（9）经检查确认为二次回路故障引起误动后，经主管领导批准，在变压器差动保护、过流保护均投入的情况下，将重瓦斯保护停运，可投入变压器，并加强监视。

（10）如轻瓦斯保护发信号和重瓦斯保护跳闸同时出现，可认定是变压器内部发生故障。

（11）变压器差动保护动作跳闸时，应做如下处理。

① 向调度及主管部门汇报，并复归事故声响信号。

② 对差动保护范围内所有一、二次设备进行检查，检查变压器各侧所有设备、引线、电流互感器、穿墙套管以及二次差动保护回路等有无异常和短路放电现象。

③ 瓦斯继电器内是否有气体，如发现有气体，应收集气体，判明颜色以及是否可燃。

④ 差动保护二次接线是否正确，接触是否良好。

⑤ 检查直流系统有无接地现象。

经过上述检查后，如判断确认差动保护是由外部原因，如保护误动、保护范围内的其他设备故障等导致动作（瓦斯保护未动作），则变压器可在报主管领导批准后，不经内部检查而重新投入运行。

如不能判断为外部原因，则应对变压器做进一步的测量、检查分析，以确定故障性质及差动保护动作原因，必要时进行吊壳检查。

（12）如重瓦斯保护和差动保护同时动作跳闸，则可认为是变压器内部发生故障，故障未消除前不得送电。

（13）变压器过流保护动作跳闸，应做如下处理。

① 向调度及主管领导汇报，并复归事故声响信号。

② 检查母线及母线上各设备有无短路。

③ 母线失压后，立即拉开各分路开关，检查主变压器及母线有无故障，若无故障，即可对主变压器和母线强送电。强送电良好后，对分路开关试送电。如强送电不成功，并且未查明原因，不得将主变压器投入运行。

④ 对各分路开关试送电时，再次引起主变压器开关跳闸，立即断开该故障线路，可再对主变压器强送电，恢复无故障线路的供电，该故障线路未查明原因前不得再送电。

（14）调压开关装有瓦斯保护，若有保护动作，与本体一样处理。

5.3.3　高压断路器的异常运行及故障处理原则

在变电系统设备中，断路器的故障率比较高，断路器的故障对电力系统的影响也比较大，本节介绍断路器常见故障及异常运行的处理原则。

1. 高压断路器拒绝合闸的原因

（1）操动机构机械部分有故障。

（2）操作回路中无电压或电压过低，如熔体熔断、接触不良、二次回路有断线、开关辅助接点接触不良。

（3）主合闸回路无电压或电压过低，如回路接触不良、熔体熔断、合闸线圈烧坏或断线、操作次数过多线圈发热。

（4）液压机构压力低。

（5）由于 SF_6 气体压力低而造成合闸闭锁。

2. 高压开关拒绝合闸的处理原则

（1）将该开关停下检修。

（2）操作回路或合闸回路有故障时，应详细检查直流回路，如检查有熔断器回路接触不良等，应设法消除。

3. 高压开关拒绝分闸的原因

（1）操动机构的机械部分有故障。

（2）操作回路有故障，如熔体熔断、跳闸线圈烧坏或断线、辅助接点接触不良、控制开关接触不良、操作回路电压过低、容量不足或直流多点接地等。

（3）SF_6 气体压力低造成跳闸闭锁。

（4）液压机构压力低。

4. 高压开关拒绝分闸的处理原则

（1）在紧急情况下或因电气原因无法电动跳闸时，允许手动跳闸。

（2）应与调度联系，设法减负荷后拉开刀闸（必须符合刀闸开断的条件），或切断上一级电源，使开关断开电源后停下修理。

5. 高压开关跳闸原因不明（误动作）时的处理原则

（1）开关自动跳闸，但保护装置未动作，系统中又未发现短路或接地现象时，可在经调度许可后，按操作步骤合闸送电。

（2）如由人员误动或工作震动造成跳闸，可立即合闸送电。

（3）如操作回路绝缘情况不良，应查明原因后再送电。

6. 操动机构的异常运行原因及处理

（1）拒分、拒合的原因可能为控制回路故障、机械卡涩、操作电源电压过低等，应消除故障后，在开关不带电时，试拉合正常后方可送电运行。

（2）开关误动的原因可能为直流两点接地造成保护误动、人为误碰、机械故障等，应查明原因，消除故障后再送电。

（3）分合闸线圈烧坏或冒烟的原因可能为控制系统故障，造成线圈长时间通电而烧坏或冒烟，必须更换线圈并调试。

（4）弹簧储能装置在运转过程中，因马达故障或马达电源中断，及马达控制装置故障，造成储能不到位。如果开关未合，应立即将该开关转检修进行处理。如果开关合上带负荷时，应将马达电源断开，取下电源熔体，手摇使弹簧储能到位。

7. 液压机构压力异常处理

（1）压力异常升高的原因有微动断路器失灵、时间继电器闭锁接点失灵、油泵接触器接点粘住、环境温度升高等。若油泵仍在运转，应立即切断油泵电源，查明原因并进行处理。

（2）压力异常降低的原因有漏气或漏油、微动开关失灵、油泵电源中断、接触器断线等。若压力未降至跳闸闭锁值，可手动点压启泵进行初步判断后打压至正常值，再查找原因进行处理。若压力已降至跳闸闭锁值或打压时有喷涌现象，应立即汇报调度员并通知检修人员处理。

8. 油泵打压异常的处理

（1）油泵打压时间过长。正常时油泵打压一般不超过 1.5 min，超过 3 min 即为打压时间过长，其原因多为油泵吸油不良、油泵逆止阀密封不好或滤油器不够畅通等，应汇报调度进行检修。

（2）油泵打不起压。除上述打压时间过长的原因外，还可能是放油阀未复位、油泵打压侧有空气、油泵电动机过载、油泵电动机与油泵连接键磨坏造成电动机转油泵不转等原因，应将放油阀复位或进行检修。

（3）油泵启动频繁。油泵启动时间不到 12 h 的为油泵启动频繁，此时可认为液压泵系统密封已不好，应汇报有关单位或主管领导并派人检修。

9. 断路器着火的事故处理

（1）迅速将故障开关与带电部分隔离，切断着火断路器的各侧电源及控制电源、储能电动机电源，然后进行灭火。

（2）若火势较大，应当把可能波及的设备、直接连接的设备与电源隔离后进行灭火，并防止火势危及带电设备。

（3）对于火势波及不到的无故障部分，应恢复供电。

（4）及时向调度和上级有关部门汇报火灾情况，严重时应拨打 119 火警电话。

10. 户外 SF_6 气体断路器的 SF_6 气压降低处理

（1）报 SF_6 气体压力降低时，应检查压力表指示，检查信号报出是否正确，是否漏气。检查时如嗅到有强烈刺激气味，自感不适时，应立即离开现场 10 m 以外，靠近设备时必须穿戴防护用具。

（2）如检查没有漏气现象，属于长时间运行中气压正常下降，应汇报上级和有关单位，由专业人员带电补气，补气后应继续监视气压。

（3）如检查有漏气现象，应立即汇报调度，及时转移负荷或倒换运行方式，将故障断路器停电检查（此时 SF_6 气体尚可保证灭弧）。

（4）报压力降低闭锁操作信号时，先取下该断路器控制电源熔断器熔体，以防闭锁不可靠，断路器跳闸时不能灭弧。此时，断路器只能在不带电的情况下断开。

（5）SF_6 气体断路器发生意外爆炸或 SF_6 气体大量漏气时，值班人员接近设备时应选择从上风处接近，必要时应戴防毒面具，穿防护服。运行人员在设备附近检查、操作和布置安全措施后，应将防护用具清洗干净，人员要洗手洗澡。进行上述工作、操作、检查和清洗防护用具时，必须有监护人在场。

5.3.4　母线、隔离开关的异常运行及事故处理原则

母线、隔离开关的异常运行及事故处理原则如下。

（1）当母线、刀闸发热温度达到 70 ℃时，应报告值班调度员，并根据发热情况做如下处理。

① 考虑是否能转换运行方式，将负荷全部或部分转移后，可考虑停运处理。

② 如不能转移负荷，可考虑是否减负荷，如减负荷仍无效时，应立即将设备停止运行。

（2）母差保护动作的处理。

当母差保护动作使母线电压消失时，先查明母线及其所连接的设备有无故障。如母线有故障，应先隔离故障母线（或故障点），完成母线倒闸操作，给线路送电，恢复运行。如判明为二次回路故障引起母差保护误动，应立即停用母差保护，尽快恢复运行。

（3）带负荷误操作隔离开关。

带负荷拉合隔离开关将会发生弧光短路事故。在实际工作中，如果由于不执行倒闸操作票及监护制度或检查失误发生误操作，应按以下原则进行紧急处理。

① 如果拉错隔离开关，刀口上出现电弧，此时应急速合上。如果隔离开关已全部拉开，不允许再合上。

② 如果隔离开关是单极，操作一相后发现拉错，其他两相不允许继续操作。

③ 如果合错隔离开关，并且在合闸时产生电弧，不允许再拉开，否则会造成三相弧光短路。

5.3.5　互感器的异常运行及处理原则

互感器的异常运行及处理原则如下。

（1）运行中的互感器，发现下列现象之一时，应立即停运。

① 电压互感器一次侧熔断器熔体连续烧断两次（严禁为防止烧断而加大熔体容量）。

② 互感器严重向外喷油。

③ 内部有严重放电声或爆裂声。

④ 互感器发出异味、冒烟。

⑤ 外壳破裂，严重漏油。

（2）当发生下列情况时，应立即报告值班调度员，进行必要的倒闸操作，将互感器停运。

① 线圈与外壳之间或引线与外壳之间有间隙性放电及接地现象。

② 内部有异常声响，冒烟。

③ 引线和接头严重烧毁。

（3）当发生上述故障时，不可直接用刀闸切断故障电压互感器。事故有可能造成电压互感器内部短路时，应断开上一级开关，退出电压互感器。

（4）电压互感器一次侧熔断器熔体熔断时，应立即停止有关保护装置，或切换至并联的另一组电压互感器上，并报告调度拉开刀闸，然后进行下列检查。

① 有无放电痕迹。

② 外部有无其他异常现象。

③ 如外部检查未发现故障，应做好安全措施，用摇表测电压互感器一、二次回路之间及对地绝缘电阻，如绝缘合格，可更换熔体，试投入运行。

④ 发现电压互感器有故障，应报告值班调度员和主管部门，设法消除。

（5）电压互感器二次回路熔断器熔体熔断及快速开关断开，应对二次回路进行检查。

（6）如电流互感器二次回路断线，一般有下列现象。

① 串联在该回路中的仪表失常。

② 二次回路出现较高电压，并可能有火花。

③ 电流互感器有异常声响。

（7）发现电流互感器二次回路断线或开路时，应考虑切断该电流互感器进行处理。

5.3.6 线路断路器跳闸处理

1. 10 kV 及 35 kV 线路断路器跳闸的处理

（1）单电源辐射线路、馈电线路的断路器跳闸后，应在站内保护范围内检查，无故障的情况下，可以进行一次试送。

（2）当重合或试送电不成功时，应报告调度，再次检查站内设备若无异常，可以根据调度命令再试送电一次。若再次跳闸，则必须消除故障后，方能送电。

（3）遇浓雾或大风时，断路器跳闸，无论有无重合闸，一般不试送电，如试送电，应按调度命令执行。

（4）断路器跳闸后，经检查发现有严重故障的，不准试送电。

（5）35 kV 双电源线路断路器跳闸，应立即报告调度，并按调度命令进行试送电。

（6）断路器已达到规定跳闸次数，但对重要用户停电会造成人身伤亡或重大损失时，可经开关外部检查无异常后，再试送电一次。如开关经检查无法再送电，允许将线路断路器当刀闸使用，用上一级断路器对线路试送电，上述操作按调度命令执行。

（7）全部或部分电缆组成的线路，必须按调度命令试送电。

2. 110 kV 线路断路器跳闸的处理

（1）检查保护动作及断路器跳闸情况。

（2）检查该线路保护范围内一、二次设备有无故障，将检查结果报告调度。

（3）根据调度命令进行送电，严防非同期并列。

5.3.7 系统接地故障分析判断及处理

1. 系统接地故障可根据电压指示的情况判断

（1）一相电压为零或接近零，其他两相电压升高为线电压，此现象为金属性接地，接地相电压为零。

（2）一相电压降低但不为零，两相电压升高但不相等，其中一相可略高于线电压，此现象为单相不完全接地，电压降低相为接地相。

（3）中性点不接地的系统，一相电压升高不超过线电压，两相电压降低但不相等，按正序，对地电压最高相的下一相为接地相，此现象为单相不完全接地。

（4）中性点经消弧线圈接地的系统（过补偿），一相电压升高，两相电压降低，按正序，对地电压最高相的上一相为接地相。

（5）一相电压升高，不超过 1.5 倍相电压，两相电压降低且相等，不低于 0.866 倍相电压，电压升高相为断线相，此现象为电源干线单相断线。

（6）一相电压降低不为零，两相电压升高且相等，但不超过线电压，电压升高的两相为断线相，此现象为电源干线两相断线。

（7）三相电压均升高且电压波动较大，幅值可达 1.5~2.5 倍最高运行相电压，此现象为铁磁谐振。

（8）一相电压降低，两相电压不变，此现象为电压互感器一相高压熔断器熔体熔断。

（9）两相电压降低，一相电压不变，此现象为电压互感器两相高压熔断器熔体熔断。

（10）二次侧熔断器熔体熔断后，各站电压指示不同，可根据现场情况判断。

2. 系统接地的查找

（1）若母线有母联断路器，经调度同意后，可以断开母联断路器，判明接地点在哪一段。

（2）发生接地以后，值班人员应对站内接地系统的母线及辅助设备、各支路设备进行检查。

（3）若站内未发现接地点，应根据调度命令进行拉路查找。

（4）拉路查找接地的顺序应先从线路最长、负荷最轻、损失最小的线路开始。

（5）若拉路查找未发现接地线路，判断可能为多条线路同相接地。可请示调度，逐路停电查找。

（6）有小电流接地选线装置的变电所，可根据装置所发报文判断接地线路。

3. 系统接地后注意事项

（1）电压互感器带系统接地运行的时间不得超过 2 h。对于单台运行的电压互感器，运行时间超过 2 h 后，应退出运行。必要时 15 min 投入一次，以检查接地是否消除，同时做好电量估算。

（2）使用两台电压互感器运行时，系统接地以后，可根据允许持续运行的时间倒换互感器，不必两台同时退出运行，以致失去监视。

（3）中性点经消弧线圈接地的系统发生接地以后，消弧线圈运行时间超过 2 h，应将故障线路切除。

（4）35 kV、10 kV 线路接地时，应联系调度，通知线路管辖单位查找处理，必要时可申请将接地线路停电。

（5）当空载母线送电后，发出接地信号，经检查未发现接地点时，可认为是虚幻接地，可对几路出线试送电。

（6）接地时，应加强对接地系统电压互感器及接地变压器运行状况的监视。

5.3.8　电容器的异常及故障处理

1. 电容器发生下列情况应退出运行

（1）接头严重过热或熔化。

（2）电容器爆炸。

（3）电容器喷油、起火。

（4）外壳严重鼓肚、漏油。

（5）套管严重破裂，并有放电现象。

（6）室温超过 40 ℃。

（7）电容器内部或放电设备有严重异响。

2. 电容器跳闸的事故处理

（1）当发现过流、速断、不平衡保护动作时，应报告调度，并进行检查，查明原因，消除故障后，才能恢复运行。

（2）电容器跳闸后，不得强送电。

（3）电容器跳闸后，外部检查如无故障，经调度同意后，可试送电一次，其跳闸到试送电的时间应间隔 5 min 以上。35 kV 电容器按厂家规定间隔时间进行试送电，无明确规定的间隔 15 min。

（4）外部无短路，熔断器熔体无熔断，应拉开隔离开关进行短路放电后，以手触摸电容器外壳是否有过热等现象，必要时进行绝缘电阻的检测。

3. 电容器的异常处理

（1）不论何种原因，电容器组与系统断开后，不得立即强行送电，间隔时间遵循上述第（3）条之规定。

（2）母线失压后，应先退出未断开的电容器，以免产生过电压，引起电容器爆炸、熔断器熔体熔断等事故。

（3）电容器组检修或维护时，应充分放电，做好安全措施后，才能进行工作。

（4）一相单只电容器故障后，为保持回路的电流平衡，应将其他两相退出等容量的电容器。

（5）单只电容器熔断器熔体熔断，在做好安全措施后，更换同容量熔体。若再次熔断，应查明原因。

5.3.9 避雷器和避雷针的故障处理原则

1. 避雷器

（1）避雷器在运行中，上引线或下引线松脱或折断。此时，应尽快停电进行检修或更换避雷器。

（2）避雷器瓷套管破裂放电。正常运行时，避雷器的瓷套管用于保证避雷器的绝缘水平。如果瓷套管发生破裂放电，当出现雷电时，强大的雷电流进入避雷器线路中，由于绝缘水平不够，极有可能发生严重的放电事故，此时应尽快停电进行检修或更换避雷器。

（3）避雷器内部有异响。正常运行时，避雷器内部基本没有电流通过，不应该有任何声音。此时，可认为避雷器已损坏，不能完好地胜任引防雷功能，甚至会引发事故，应立即汇报上级值班调度员，尽快停电进行检修或更换避雷器。

（4）如果避雷器的泄漏电流表读数超过正常值，此时应立即汇报上级值班调度员，尽快停电进行检修或更换避雷器。

（5）如果避雷器的泄漏电流表指示为零。一种可能是表坏了，此时应及时修理或更换；

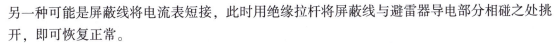

另一种可能是屏蔽线将电流表短接，此时用绝缘拉杆将屏蔽线与避雷器导电部分相碰之处挑开，即可恢复正常。

2. 避雷针

避雷针最常见的异常情况有基础不均匀沉降，接地电阻不合格，接地引线开焊，锈蚀使截面不符合要求等，一旦发生这些异常，应尽快处理。

5.3.10 直流系统接地故障的处理原则

当直流系统发生一点接地故障后，必须及时处理，否则如果在同一极的另一地点再发生接地故障或另一极的一点接地，将造成两点接地短路，会导致继电保护装置和断路器的误动作，两点接地还可能会将跳闸回路短路，导致保护拒动，更有可能导致熔断器熔体熔断、继电器接点烧坏等事故。因此，当直流系统发生一点接地时，应迅速寻找故障点，明确事故原因，及时消除故障，保证直流系统的正常运行。

（1）当直流系统发生接地故障时，绝缘监视装置应可靠动作，发出故障信号，工作人员及时进行以下处理。

① 停止故障报警。

② 检查直流绝缘监视设备，确定接地故障，以及接地的程度如何。

③ 检查接地故障原因。

④ 经调度员批准后，检查照明、通信回路来判断接地故障点，应遵循"先户外后户内，先合闸回路后控制回路，先负荷侧后电源侧，先蓄电池组后直流母线"的顺序。

⑤ 对控制回路寻找接地点，应按各电气单元分别断合空气开关。在断合控制及保护电源时，有可能引起保护误动，一定要经调度员同意后，先将该保护压板解除，再进行拉合熔断器的检查，检查完后应立即将压板投入。

⑥ 确认接地故障点的位置后，及时消除故障。如果有特殊原因不能马上消除故障，应报告值班调度员。

⑦ 当直流系统的电压数值非正常时，如有晶体管保护装置、集成电路保护、微机保护的电源自动切除，异常排除后，电源重新启动时，应退出相应的保护装置压板，以防止保护误动。

（2）查找和处理故障时，应注意以下事项。

① 应经调度同意，才能进行信号开关的操作，并且操作时间应尽可能短，断电时间不能超过 3 s。

② 尽量避免在高峰负荷时进行。

③ 禁止使用灯泡查找接地故障。

④ 严格防止引起新的接地点或引起短路，以防引起继电保护、自动装置的误动。

⑤ 检查用的仪表内阻不低于 2 000 Ω/V。

⑥ 如直流系统绝缘严重破坏但未完全接地，所测极对地电压应低于 220 V（合闸回路应低于 250 V），应根据切除某部分负荷，观察所测电压值是否下降较多来判断绝缘是否损坏。

⑦ 查找故障时，工作人员的人数必须不少于两人，不能单独进行。工作人员应佩戴好安全防护用具，做好安全防护措施。

⑧ 防止保护误动作，在瞬断操作电源前，解除可能误动的保护。操作电源恢复供电后，再投入保护。

⑨ 当确认直流发生接地时，禁止在二次回路进行任何操作。

（3）直流系统接地点确定在蓄电池组上或充电设备上时，应做如下处理。

① 查明是否有人工作引起事故。

② 依次断开高频模块，检查接地是否消除，如果确认故障点在高频模块，拉开该设备进行检查处理。

③ 如果断开高频模块而接地未消除，对蓄电池组进行检查。先汇报值班调度员，经值班调度员同意后，再断开蓄电池组，短时间用高频模块供电。

5.4 倒闸操作

5.4.1 变电站运行倒闸操作规程

变电站倒闸操作是一项十分繁杂且重要的工作。为了防止误操作事故的发生，保证电力系统的安全和经济运行，国家制定了相关的制度及规定。

1. 断路器的合闸与分闸操作

（1）手动操作断路器合闸之前，先确认负荷侧处于断电状态。

（2）远方操作断路器时，合闸或分闸操作结束后，到现场查看已操作断路器的机械位置指示，确认跟操作后的实际状态一致。

（3）断路器合闸与分闸操作前，先判断终端线路的负荷是否已断电，并判断如果该线路分闸后，其他线路是否会出现过负荷现象。

（4）断路器分闸操作时，应先断开负荷侧开关，再断开电流侧开关。

（5）核对断路器名称和编号无误后，再对断路器进行分闸操作。观察到红灯灭、绿灯亮，表明断路器已分闸。

（6）断路器合闸时，如果出现非全相合闸，即两相上一相合不上，应先将断路器分闸，再重新合闸，如仍合不上，应进行检修。

（7）断路器合闸操作，应先合电源侧开关，再合负荷侧开关。

（8）断路器分闸时，如果出现非全相分闸，应立即将未分闸相断开。

（9）核对断路器名称和编号无误后，再对断路器进行合闸操作。观察到绿灯灭、红灯亮，表明断路器已合闸。

（10）对变压器进行投停操作时，如果变压器装有纵差动保护，断路器合闸前，就应先停用纵差动保护，再合上断路器，运行正常后，再投入纵差动保护。

（11）对于储能机构的断路器，检修前必须将能量释放。

（12）线路中的断路器合闸前，应先投入其控制回路的熔断器和继电保护装置。

（13）线路中的断路器合闸前，先合上母线侧隔离开关，后合上负荷侧隔离开关，再合上断路器。

2. 隔离开关的合闸与分闸操作

1）合闸操作

（1）手动操作隔离开关时，应先拔出联锁销子后再进行合闸。开始时应缓慢，当刀片接近刀嘴时迅速合上，以防止发生弧光。

（2）如果合闸开始时发生电弧，应迅速将隔离开关合上，禁止将隔离开关再往回拉，因为往回拉将使弧光扩大。

（3）在合闸结束时，避免合闸过深，刀片完全进入固定触头内即可。

（4）隔离开关合闸操作结束后，确认触头接触良好，防止因接触不良导致触头发热。

（5）线路隔离开关装有接地开关时，应装机械闭锁装置。当工作隔离开关合闸时，确保接地开关是分闸状态。在接地开关合上时，不能对工作隔离开关进行合闸操作。

2）分闸操作

（1）开始时应慢且谨慎，当刀片离开固定触头时，如发生电弧，应立即将隔离开关重新合上，停止操作。

（2）在切断小负荷电流时，隔离开关分闸将产生电弧，此时应迅速将隔离开关断开，以便消灭电弧。

（3）在拉闸终了时要缓慢，以避免冲击力对支持瓷瓶的损坏，然后将联锁销子锁好。

（4）在隔离开关分闸操作结束后，应确认刀片已拉至尽头，其拉开角度应符合制造厂规定。

3. 变压器的投退操作

（1）变压器分合闸原则。

① 变压器装有断路器时，分合闸必须使用断路器。

② 变压器如未装设断路器，可用隔离开关切断或接通空载变压器。对变压器的容量要求如下：额定电压为 10 kV 的变压器容量低于 320 kV·A，额定电压为 35 kV 的变压器容量低于1 000 kV·A，额定电压 110 kV 的变压器容量低于 3 200 kV·A。

（2）变压器断路器停分闸与合闸操作顺序。

分闸时，先断负荷侧，后断电源侧。

合闸时，先合电源侧，后合负荷侧。

（3）对于无载调压变压器，调整变压器的分接头电压时，必须将变压器退出运行。在切换分接头后，确认三相分接头位置是否一致，确保各相线圈直流电阻的相间差别不应大于三相平均值的2%，将测得数值记入测试记录簿。

4. 母线停电检修操作

（1）断开接至该母线上的所有断路器（先断负荷侧，后断电源侧）。

（2）断开所有断路器两侧的隔离开关，将母线电压互感器和接至该母线上的变压器从高压侧至低压侧断开。

（3）在母线上工作地点验电接地。

5. 电压互感器投退操作

1）送电前准备工作

（1）确认绝缘电阻值。送电前先测量电压互感器的绝缘电阻，确认低压侧绝缘电阻不低于 1 MΩ，高压绝缘电阻每千伏不低于 1 MΩ。

（2）确定相位的正确性。如果高压侧相位正确，低压侧相位接错，则会破坏同期的准确性。此外，在母线倒闸操作时，会使两台电压互感器短路并列，产生很大的环流。

2）电压互感器的操作

（1）确认送电前的准备工作已就绪，进行送电操作，先将高压侧和低压侧的熔断器安装好，再合上隔离开关。

（2）在分段母线中，每组母线连接一台电压互感器。

（3）电压互感器停用时，其操作程序如下。

① 取下低压熔断器。

② 断开电压互感器隔离开关。

③ 取下高压熔断器。

④ 在电压互感器各相分别验电，确认验电结果为无电压，装设好接地线，悬挂标示牌。

6. 电流互感器投退操作

（1）电流互感器的启、停用是在被测量的断路器断开后进行的。

（2）在被测电路的断路器不允许断开时，要进行二次回路工作，必须将互感器二次回路三相短接，短接必须可靠，并监视测量电流表计是否归零，归零后方可工作。

（3）在电流互感器启、停中，应注意在取下端子板时是否出现火花，如发现有火花，应立即将端子板装上并旋紧，再查明原因，以防止电流互感器二次回路开路。

7. 电容器组的投退操作

1）电容器组的投入或退出要求

正常情况下，并联电容器组投入或退出运行，应根据当前的电力系统无功功率负荷潮流计算值、负载的功率因数值及系统电压值确定。

（1）当负载功率因数 $\cos \varphi < 0.9$ 时，投入电容器组。

（2）当负载功率因数 $\cos \varphi > 0.95$ 时，应退出部分电容器组。

（3）当系统电压偏低时，可投入部分电容器组。

（4）当电容器组母线电压高于额定电压的 1.1 倍，或电流大于额定电流的 1.3 倍时，应退出电容器。

（5）当室温超过 40 ℃，电容器组外壳温度超过 60 ℃时，电容器组应退出运行。

2）电容器组的投入运行操作顺序

（1）将电容器组的隔离开关合闸。

（2）将电容器组的断路器合闸。

（3）确认电容器组三相电流是否平衡。

（4）向调度员汇报操作任务完成情况。

（5）操作并记录数据。

3）电容器组的退出运行操作顺序

（1）将电容器组的断路器分闸。

（2）将电容器组的隔离开关分闸。

（3）放电，将电容器组内储存的电能释放掉。

（4）验电，确认电容器组的进线侧和出线侧均无电压。

（5）装接地线。

（6）向调度员汇报操作任务完成情况。

（7）操作并记录数据。

5.4.2　倒闸操作的步骤、规范及要求

所有与电气倒闸相关的操作，必须按照规定步骤执行。

（1）由调度员向工作人员预发操作任务，工作人员接受任务，复诵无误。倒闸操作必须由 2 位以上的工作人员执行，1 人为监护人，另 1 人为操作人。

（2）工作人员按照正确的操作顺序，填写操作票。倒闸操作票任务及顺序栏均应填写双重名称，即设备名称和编号。旁路断路器、母联断路器、分段断路器应标注电压等级。操作票中设备名称编号和状态、有关参数（包括保护定值参数、调度正令时间、操作开始时间）不得涂改。

（3）由审票人确认操作票操作正确。审票人在审核栏亲笔签名。

（4）确认倒闸操作票无误后，监护人与操作人相互提问，提出操作中可能遇到的问题（如设备操作不到位、拒动、联锁发生问题等），做好必要的思想准备。

（5）调度员正式发布操作指令，监护人接受操作指令。调度员发布操作指令时，双方先互通各自所在单位部门姓名，监护人分别将调度员监护人填写在相应栏目内。调度员将操作任务的编号、操作任务、发令时间一并交给监护人，监护人填写完毕，向调度员复诵一遍，经双方核对确认无误后，调度员发出"对，执行"的操作命令，操作人方可操作。

（6）模拟预演。监护人手持操作票，根据操作票的步骤，手指模拟图上具体的设备位置，发令模拟操作，操作人则根据监护人指令核对无误后，复诵一遍。当监护人再次确认无误后即发出"对，执行"的指令，操作人即对模拟图板上的设备进行变位操作。

（7）模拟操作步骤结束后，监护人、操作人应共同核对模拟操作后系统的运行方式、系统接线是否符合调度操作任务的操作目的。

（8）选择正确的安全工具，如绝缘板、绝缘靴、绝缘拉杆、验电笔、钥匙等。操作人携带好必要的工器具、安全用具等走在前面，监护人手持操作票及有关钥匙走在后面。

（9）由监护人逐项唱票，操作人复诵无误，并核对设备名称编号是否相符。

（10）由监护人确认无误后，发出允许操作的命令；由操作人正式操作。

（11）由监护人将已完成的操作项逐项勾选。

（12）操作结束后，对设备进行全面检查，确认操作是否完整无遗漏，设备是否处于正常状态，核查被操作设备的状态是否已达到操作的目的。

（13）向调度员汇报任务完成情况，并做好记录，盖"已执行"章。

5.5　变电站防误闭锁系统

5.5.1　防误装置的概念

电力系统中的事故原因之一就是工作人员的误操作。为避免误操作的发生，电力系统中的防误装置不断升级，不断更新和发展，日益完善。

防误装置又称"五防"，应实现的功能有防止误分合断路器、防止带负荷拉合隔离开关、防止带电挂（合）接地线（接地刀闸）、防止带接地线（接地刀闸）合开关（隔离开关）、防止误入带电间隔。

防误装置及防误技术在变电站中广泛应用。

5.5.2　防误闭锁逻辑实现方式及技术要求

防误闭锁逻辑装置应满足简单、可靠的技术要求。目前，电网中使用的防误闭锁逻辑有以下几种：机械防误闭锁、电气防误闭锁、电磁防误闭锁、微机防误闭锁、计算机监控系统防误闭锁。

1. 机械防误闭锁

机械防误闭锁是利用电气设备的机械联动部件，对相应电气设备操作构成闭锁。可以构成机械防误闭锁功能的设备有以下几种。

（1）隔离开关与接地刀闸之间实现防误闭锁。

（2）手车开关柜与接地刀闸之间实现防误闭锁。

（3）断路器与手车开关柜之间实现防误闭锁。

（4）隔离开关与断路器之间实现防误闭锁。

（5）接地闸刀（接地线）与柜门之间实现防误闭锁。

（6）隔离开关与柜门之间实现防误闭锁。

2. 电气防误闭锁

电气防误闭锁是将具备辅助接点的电气开关设备的辅助接点连入电气操作电源回路，以实现防误闭锁的功能。这些开关设备可以是高压断路器、隔离开关、接地刀闸等。

3. 电磁防误闭锁

电磁防误闭锁是将具备辅助接点的电气开关设备的辅助接点连入电磁闭锁电源回路，以实现防误闭锁的功能。这些开关设备可以是高压断路器、隔离开关、接地刀闸等。

4. 微机防误闭锁

微机防误闭锁是通过微机应用软件来实现各设备之间的闭锁。

5. 计算机监控系统防误闭锁

计算机监控系统防误闭锁是计算机监控系统根据采集到的设备运行状态，按照一定算法，设置闭锁逻辑，控制电气回路中的通断电状态，从而实现防误闭锁功能。

5.5.3　变电站的防误闭锁系统

1. 变电站防误闭锁系统构成

目前变电站中的防误闭锁系统已形成有效的防误体系。变电站防误闭锁系统的组成如图5.1所示，包括监控系统、防误主机、通信管理机、模拟操作盘、遥控闭锁控制器、通信适配器、智能计算机钥匙、各种各样的锁和地线头等。

2. 变电站微机防误闭锁系统的逻辑判断规划和工作原理

1）变电站微机防误闭锁系统的逻辑判断规则

根据《国家电网公司电力安全工作规程（变电部分）》中关于"五防"的要求以及关于

倒闸操作的规定，防误闭锁的逻辑判断规则如下。

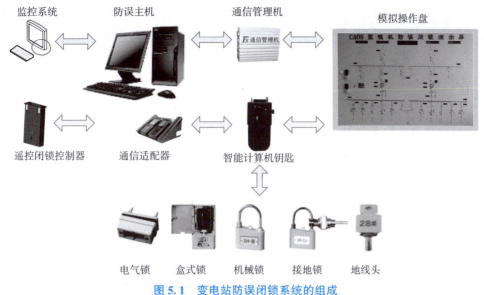

图 5.1　变电站防误闭锁系统的组成

（1）确认隔离开关两侧的断路器均在断开位置，才能拉合隔离开关。

（2）合上负荷侧隔离开关时，应先合上电源侧隔离开关，再合上负荷侧隔离开关。合上电源侧隔离开关时，应确认负荷侧的隔离开关处于断开的状态。

（3）如果隔离开关的两侧没有断路器，应确认其两侧电压为等电位，才能拉合隔离开关。

（4）隔离开关两侧相连的接地刀闸都在断开位置，才能拉合隔离开关。

（5）在挂接地线时，必须确认接地点的两侧的隔离开关均为断开状态。

2）变电站微机防误闭锁系统的工作原理

（1）变电站对每个加装闭锁装置的设备均分配唯一的识别编码，确保防误闭锁系统的逻辑规则和具体设备一一对应关系。

（2）工作人员执行倒闸操作时，必须首先在防误闭锁系统中确认自己的身份。

（3）工作人员的身份得到认证后，在应用软件中进行模拟预演，模拟预演中每完成一个操作步骤，防误闭锁系统都会根据当前设备的实际运行状态，进行防误闭锁逻辑判断。所有操作步骤必须都得到防误闭锁系统的逻辑确认，否则该项操作将被禁止。

（4）防误闭锁系统将得到确认的操作过程生成倒闸操作票，并打印输出倒闸操作票。工作人员严格按照倒闸操作票前往模拟屏上预演，将操作信息传输到计算机钥匙。

（5）工作人员携带倒闸操作票及计算机钥匙前往现场。

（6）工作人员到达现场后，将计算机钥匙插入相应的闭锁装置编码锁，若正确，则提示解锁，释放闭锁回路，这时工作人员才可以按照操作票进行倒闸操作。如果工作人员操作失误，将计算机钥匙插入错误的闭锁装置编码锁，计算机钥匙会语音提示报警，禁止继续操作，本次操作失败。

（7）工作人员完成全部倒闸操作后，将计算机钥匙回传，本次倒闸结束，向上级领导汇报完成情况。

5.6　变电站的运行监控功能

5.6.1　变电站综合自动化系统的监视功能及要求

变电站综合自动化系统中，通过显示器对主要电气设备的运行参数及状态进行监视。应显示的内容至少包括以下项目。

（1）电气主接线图，包括显示设备实时运行状态（包括变压器分接头位置等）、各主要电气量（电流、电压、频率、有功功率、无功功率、变压器及绕组温度及油温等）的实时值，并能指明潮流方向。

（2）二次保护配置图，反映各套保护投切情况和连接片位置等。

（3）直流系统图。

（4）站用电系统状态图。

（5）趋势曲线图。对指定测量值，按特定的周期采集数据，并可按运行人员选择的显示间隔和区间显示趋势曲线，同时画面上应给出测量值允许变化的最大、最小范围。每幅图可按运行人员的要求显示 4 个以上测量值的当前趋势曲线。

（6）自动化系统运行工况图，用图形方式及颜色变化显示自动化系统工作状态和通信状态。

（7）事件顺序记录报表。

（8）各种保护信息及报表。

（9）保存控制操作过程记录及报表。

（10）光字牌图。

（11）通信设备运行工况图。

5.6.2　变电站综合自动化系统运行时进行的在线参数计算

变电站综合自动化系统运行时的在线参数计算包括对所采集的各种电气量进行的计算，以及对变电站运行参数及运行状况的计算，具体如下。

（1）计算交流采样计算电流、电压、有功功率、无功功率、频率、功率因数，并计算出日、月、年最大值、最小值及出现的时间，其中日、月可设置为非自然日和非自然月。

（2）计算主变压器温度、室温等温度值。

（3）计算日、月、年电压合格率。

（4）计算电量累计值计算和分时段值。

（5）计算功率总加和电能总加。

（6）计算主变压器的负荷率及损耗。

（7）计算变电所送入、送出负荷及母线电量的平衡率。

（8）计算变压器的停用时间及次数。

（9）计算断路器的正常及事故跳闸次数、停用时间、月及年运行率等。

（10）计算站用电率。

（11）计算累计安全运行天数。

5.7　典型变电站运行与维护仿真实训

本节主要介绍与变电站运行与维护相关的典型实训，对每个实训给出了详细的作业操作说明，内容涉及线路倒闸操作、线路短路故障分析、设备巡视、设备异常处理、变电站防误闭锁、备用电源自动投入、变压器继电保护等。所有实训项目以辽宁工业大学电气工程学院电力系统仿真试验室和工厂供电试验室为操作平台。

5.7.1　变电站运行及监控仿真实训

1. 实训目的

通过本实训项目，让学生能够阅读和分析变电站电气主接线图，认识变电站中的主要一次电气设备，掌握一次电气设备的工作原理及在主接线中的连接方式，掌握高压断路器和隔离开关的就地及远程操作方法，掌握变电站遥控、遥信、遥测和遥调的含义。

2. 实训软件

辽宁工业大学电气工程学院虚拟仿真试验室中的"变电站仿真实训"软件。

3. 实训内容

（1）阅读分析 220 kV 柳二变电站的电气主接线图。

（2）观察变电站运行显示界面中各个参数的含义。

（3）认识变电站的一次电气设备和二次继电保护装置。

（4）掌握一次电气设备的工作原理。

（5）完成断路器和隔离开关的就地操作控制。

（6）完成变电站的遥控、遥信、遥测、遥调等操作。

4. 实训步骤

1）启动仿真系统

操作方法：双击"变电站仿真系统教员端"图标，选择"辽宁工大柳二变"方案，选中主机并连接成功后，单击"一键启动"按钮，启动系统。

在教员操作界面单击"培训模式启动"按钮，系统进入正常运行状态。当出现变电站主控界面，并且界面中有当前实时的运行数据、电压等级、有功功率值等参数时，说明系统已启动完毕，进入正常运行状态。运行中的系统可以看到 3 个窗口，分别是电气主接线图、户外配电装置窗口和二次系统继电保护窗口。

2）阅读分析变电站主控界面信息

操作方法：打开电气主接线图窗口，如图 5.2 所示。

（1）阅读分析 220 kV 柳二变电站的电气主接线图，分析变电站的电压等级，进线及出线回路，变电站中有哪些电气设备，主变压器的容量及台数，变电站的高压侧和低压侧分别采用哪种电气主接线方式，将观察到的信息填入表格。

（2）观察变电站运行监中的各个参数代表的含义，将观察到的信息填入表格。

3）变电站户外配电装置及继电保护装置

操作方法：分别打开户外配电装置窗口和二次系统继电保护窗口，如图 5.3 和图 5.4 所示。

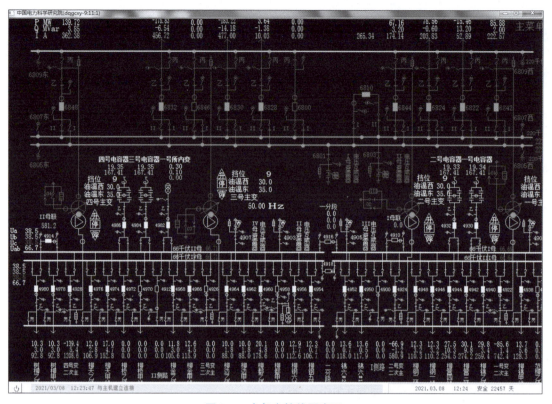

图 5.2 电气主接线图窗口

图 5.3 户外配电装置窗口

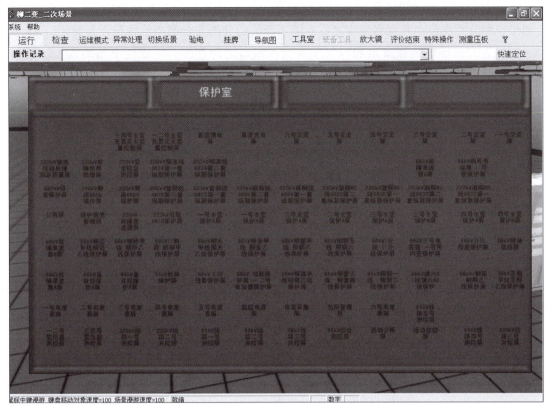

图 5.4　二次系统继电保护窗口

户外配电装置窗口：将户外配电装置窗口中的电气设备与变电站电气主接线图中的电气设备一一对应，明确变电站电气设备的工作原理及作用。熟练使用主菜单中的验电、挂牌、围栏、望远镜、导航图、工具室等，执行以下操作。

（1）对某线路的三相分别进行验电。

（2）对某母线进行验电。

（3）对某断路器的进线和出线验电。

（4）对某隔离开关的进线和出线验电。

（5）对已经分闸的断路器执行挂牌操作。

（6）对即将进行检修的设备增加围栏。

（7）至少使用一次望远镜。

（8）至少使用一次导航图。

（9）打开工具室，查看里面的工具。

二次系统继电保护窗口：观察二次系统继电保护窗口中的各个保护室，打开每个保护室中的控制屏，观察保护屏中的数据，分析该变电站采用了哪些继电保护方案，将观察到的信息填入表格。

4）断路器和隔离开关的就地及远程操作

（1）打开户外配电装置窗口，完成断路器就地操作控制，分别练习断路器的合闸操作和分闸操作，并观察操作之后，断路器的分闸与合闸指示牌是否有变化。

（2）打开二次系统继电保护窗口，完成隔离开关就地操作控制，分别练习隔离开关的合闸操作和分闸操作，并观察操作之后，隔离开关的分闸与合闸指示牌是否有变化。

（3）在户外配电装置窗口和电气主接线图窗口之间切换，完成变电站的遥控、遥信、遥测和遥调等操作。

将以上操作内容填入表 5.1 中。

表 5.1 变电站电气主接线操作记录表

序号	主接线方案	说明	备注
1	电压等级		
2	进线及出线		
3	变电站电气主接线方案		
4	运行参数		
5	电气设备		
6	变电站继电保护方案		
7	"四遥"操作		
8	就地控制操作		

5. 思考题

（1）变电站监控数据有哪些？

（2）线路继电保护方案有哪些？

5.7.2 线路倒闸操作实训

1. 实训目的

通过本实训，让学生了解倒闸操作的规定和过程，掌握倒闸操作流程，正确完成规定的线路倒闸操作。

2. 实训软件

辽宁工业大学电气工程学院虚拟仿真试验室中的"变电站仿真实训"软件。

倒闸实训操作必须由 2 人进行，1 人负责操作，另 1 人负责监护。

3. 实训内容

（1）进行线路停电操作，操作内容为"渤柳 2#线由运行转为冷备"。

（2）用仿真系统进行断路器和刀闸的操作，如果操作错误，分析操作错误的原因。

（3）完成线路停电操作。

4. 实训步骤

1）启动仿真系统

操作方法：双击"变电站仿真系统教员端"图标，选择"辽宁工大柳二变"方案，选

中主机并连接成功后，单击"一键启动"按钮，启动
系统。

在教员操作界面单击"培训模式启动"按钮，系统
进入正常运行状态。

2）进行倒闸操作

操作方法如下。

（1）断路器分闸。

在"PS6000 柳二变"电气主接线图上单击 220 kV
线路"诚柳线"，进入"诚柳线 6828"间隔图，单击
6828 断路器，如图 5.5 所示。

选择"操作"选项，弹出操作人（教员 1）"身份
确认"对话框，输入用户口令"1"进行确认，如图 5.6
所示。

弹出操作人（教员 2）"身份确认"对话框，输入
用户口令"2"进行确认，如图 5.7 所示。

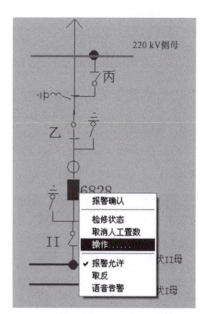

图 5.5　单击 6828 断路器

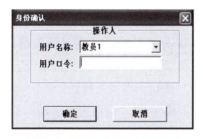

图 5.6　"身份确认"对话框 1

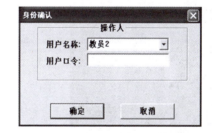

图 5.7　"身份确认"对话框 2

单击"开关量"对话框中的"遥控"按钮，如图 5.8 所示，弹出"遥控操作"对话框，
单击"确定"按钮，如图 5.9 所示。等待断路器分闸成功。

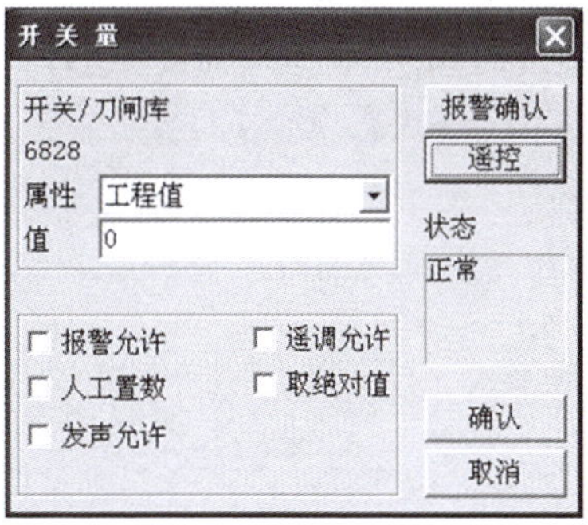

图 5.8　"开关量"对话框

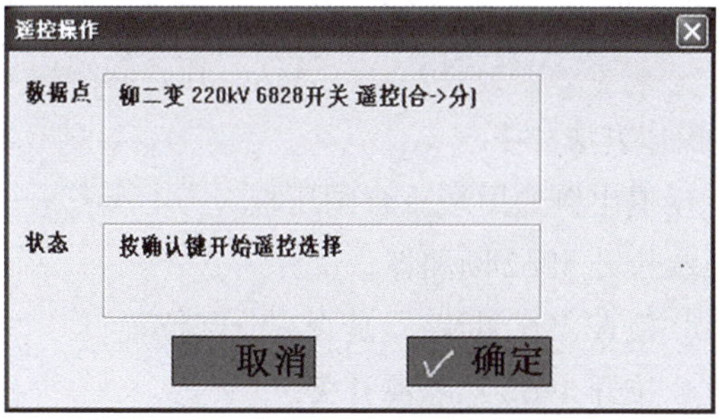

图 5.9　"遥控操作"对话框

（2）拉开刀闸。

在"诚柳线 6828"间隔图中单击线路负荷侧刀闸 6828 乙，用前面介绍的方法将 6828
乙分闸成功后，继续拉开母线侧刀闸 68281，分闸成功后，操作完成。

5. 思考题

（1）倒闸操作时为什么必须由 2 人完成？

（2）请给出本实训项目的理论依据，思考倒闸操作与五防闭锁的关系。

5.7.3 变电站断路器倒闸操作票及倒闸操作实训

1. 实训目的

通过本实训，让学生掌握倒闸操作票的制订规则，掌握变电站倒闸操作票的编写，按照倒闸操作票完成正确的倒闸操作。

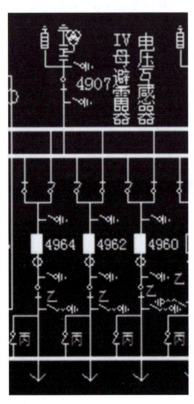

**图 5.10 66 kV 柳桥乙线 4962
断路器线路图**

2. 实训软件

辽宁工业大学电气工程学院虚拟仿真试验室中的"变电站仿真实训"软件。

3. 实训内容

（1）进入变电站仿真系统。

（2）完成 66 kV 柳桥乙线 4962 断路器（线路图见图 5.10，实物图见图 5.11）停电的倒闸操作。

4. 实训步骤

（1）启动仿真系统。

操作方法：双击"变电站仿真系统教员端"图标，选择"辽宁工大柳二变"方案，选中主机并连接成功后，单击"一键启动"按钮，启动系统运行。

在教员操作界面单击"培训模式启动"按钮，系统进入正常运行状态。当出现变电站主控界面，并且界面中有当前实时的运行数据、电压等级、有功功率值等参数时，说明系统已启动完毕，进入正常运行状态。运行中的系统可以看到 3 个窗口，分别是电气主接线图窗口、户外配电装置窗口、二次系统继电保护窗口。

（2）完成 66 kV 柳桥乙线 4962 断路器停电的倒闸操作，线路由运行状态转为检修状态。

操作方法如下。

① 退出柳边甲线重合闸压板。

② 拉开 4962 断路器。

③ 检查 4962 断路器是否在分闸位置。

④ 拉开 4962 乙隔离开关。

⑤ 检查 4962 乙隔离开关是否在分闸位置。

⑥ 拉开 4962 Ⅱ隔离开关。

⑦ 检查 4962 Ⅱ隔离开关是否在分闸位置。

⑧ 检查 4962 Ⅳ隔离开关是否在分闸位置。

⑨ 在 4962 乙隔离开关线路侧验明无电。

图 5.11　66 kV 柳桥乙线 4962 断路器实物图

⑩ 在 4962 乙隔离开关与丙隔离开关之间挂上接地线。

⑪ 检查 4962 乙隔离开关与丙隔离开关之间是否已挂上接地线。

⑫ 将"挂地线一组"标示牌挂入 4962 乙隔离开关与丙隔离开关之间。

⑬ 拉开柳边甲线操作直流小开关。

5. 思考题

（1）倒闸操作的原则是什么？

（2）在本次操作中，为什么要挂接地线？

5.7.4　变压器的倒闸操作和母线的倒闸操作实训

1. 实训目的

（1）理解变压器的倒闸操作和母线的倒闸操作的目的和意义。

（2）掌握变压器的倒闸操作和母线的倒闸操作的正确方法。

2. 实训原理

倒闸操作包括变压器的倒闸操作和母线倒闸操作。

变压器的倒闸操作是指单电源变压器停电时应先断开负荷侧断路器，再断开电源侧断路器，最后拉开各侧隔离开关。送电顺序与此相反，应先合上电源侧隔离开关，再合上负荷侧隔离开关，然后合上电源侧断路器，最后合上负荷侧断路器。双电源或三电源变压器停电时，一般先断开低压侧断路器，再断开中压侧断路器，然后断开高压侧断路器，最后拉开各侧隔离开关，送电顺序与此相反。本项目使用单电源变压器供电，如图 5.12 所示。

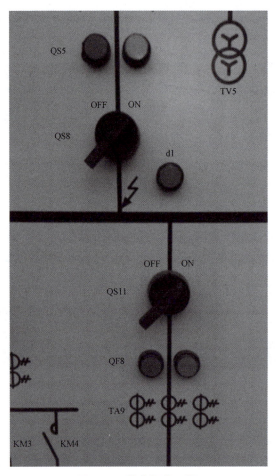

图 5.12　单电源变压器

（1）下面就单电源变压器的倒闸操作进行具体说明。

送电操作顺序：QS5—QS8—QF3—QF5。

停电操作顺序：QF5—QF3—QS8—QS5。

停电操作时，先按下出线断路器 QF5 的分闸按钮，断开断路器 QF5，再按下电源断路器 QF3 的分闸按钮，断开断路器 QF3，然后拉开出线隔离开关 QS8，最后拉开电源隔离开关 QS5。送电顺序正好与之相反，先合上电源隔离开关 QS5，再合上出线隔离开关 QS8，然后按下电源断路器 QF3 的合闸按钮，最后按下出线断路器 QF5 的合闸按钮。这样就完成了一次变压器的倒闸操作。

（2）下面就单母线的倒闸操作进行具体的说明。

送电操作顺序：QS8—QS11—QF5—QF8。

停电操作顺序：QF8—QF5—QS11—QS8。

母线进行送电时，先合上电源隔离开关 QS8，再合上出线隔离开关 QS11，然后按下电源断路器 QF5 的合闸按钮，最后按下出线断路器 QF8 的合闸按钮。停电顺序正好与此相反，先按下出线断路器 QF8 的分闸按钮，再按下电源断路器 QF5 的分闸按钮，然后拉开出线隔离开关 QS11，最后拉开电源隔离开关 QS8。

总结以上的各种倒闸操作，可以发现一个共同的原则：送电操作时，先合上隔离开关，再合上断路器，先电源侧，后出线侧；停电操作时，先断开断路器，再拉开隔离开关，先出线侧，后电源侧。

3. 实训设备

辽宁工业大学供配电试验室中的 QSGPD-GG2A 型工厂供电系统实训装置。

作业人员共 2 人，1 人负责操作，另 1 人负责监护。

4. 实训内容

（1）完成变压器倒闸操作。

（2）完成母线倒闸操作。

5. 实训步骤

1）变压器倒闸操作

操作方法如下。

（1）启动软件。双击桌面上的"力控电力版"图标，出现如图 5.13 所示界面，运行工厂供电及配电自动化监控系统。

图 5.13　自动化监控系统运行界面

（2）登录。单击"进入系统"按钮，出现登录画面。单击"用户名"右侧的下拉菜单，选择"QS"选项，输入口令"111"，单击"确定"按钮，进入试验界面。

（3）变压器倒闸操作。如图 5.14 所示，在主接线图中完成变压器倒闸操作，方法是单击左下角的"变压器倒闸"按钮。

送电操作顺序：QS5—QS8—QF3—QF5。

停电操作顺序：QF5—QF3—QS8—QS5。

注意：在做倒闸试验的时候，一定要先确认所有的断路器和隔离开关处于断开位置。

（4）如果倒闸出现错误，那么倒闸报警由绿色变成红色。

2）母线倒闸。

（1）操作方法。如图 5.14 所示，在主接线图中完成母线倒闸操作，方法是单击左下角的"母线倒闸"按钮。

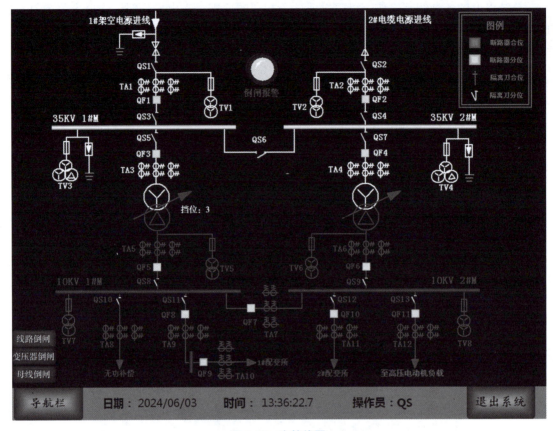

图 5.14 主接线图

注意： 在做倒闸试验之前把所有的断路器和隔离开关处于断开位置。

送电操作顺序：QS8—QS11—QF5—QF8。

停电操作顺序：QF8—QF5—QS11—QS8。

（2）如果倒闸出现错误，那么倒闸报警由绿色变成红色。

6. 思考题

（1）变压器停电时，变压器两侧断路器及隔离开关的操作顺序如何？

（2）母线送电时，母线两侧的断路器及隔离开关的操作顺序如何？

5.7.5 线路短路故障分析实训

1. 实训目的

通过本实训，让学生了解线路有可能出现的故障及故障原因；了解线路各种故障现象，能够根据故障现象分析故障类型；掌握短路故障的类型，了解不同的短路故障的现象，能够根据报警现象、继电保护装置动作情况及故障录波情况分析判断短路故障类型。

2. 实训软件

辽宁工业大学电气工程学院虚拟仿真试验室中的"变电站仿真实训"软件。

3. 实训内容

（1）教员设置线路短路故障，柳二变 220 kV 线路营柳线单相瞬时接地故障。

（2）学生查看并分析短路故障现象，判断故障点和故障类型。

4. 实训步骤

1) 启动仿真系统

操作方法：双击"变电站仿真系统教员端"图标，选择"辽宁工大柳二变"方案，选中主机并连接成功后，单击"一键启动"按钮，启动系统运行。

在教员操作界面单击"培训模式启动"按钮，系统进入正常运行状态。当出现变电站主控界面，并且界面中有当前实时的运行数据、电压等级、有功功率值等参数时，说明系统已启动完毕，进入正常运行状态。运行中的系统可以看到 3 个窗口，分别是电气主接线图窗口、户外配电装置窗口、二次系统继电保护窗口。

2) 教员设置故障

操作方法：教员操作界面，在柳二变电气主接线图上单击"营柳线"潮流值，然后选择下拉菜单中"设置故障"选项，如图 5.15 所示。弹出"故障设置"对话框，选择故障类型后单击"发送"按钮，短路故障设置成功，如图 5.16 所示。

图 5.15　设置故障

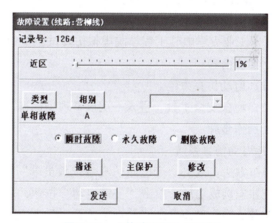

图 5.16　"故障设置"对话框

3) 学生操作内容

（1）观察变电站主控室的电气主接线图中断路器的分闸情况，查看停电的线路，分闸的断路器由绿色变为紫色并闪烁。

（2）观察变电二次场景中的继电保护室，查看哪个线路的继电保护室中的哪个控制屏中有跳闸动作。在该控制屏观察跳闸时间，是否有自动重合闸，自动重合闸的时间，自动控制屏上信号灯变化及液晶屏上显示的信息。分析短路故障所在的线路，判断发生动作的继电保护装置。

（3）查看监控系统报警窗口中故障信息和报警信息，查看各间隔图中光字牌变化，查看继电保护装置动作的先后顺序及位置。

（4）查看变电站一次设备现场的断路器、刀闸运行状态。

根据上述各步骤获得的信息，判断故障点和故障类型。将各步骤信息和分析结果记录在表 5.2 中。

表 5.2 线路短路故障信息及分析结果记录表

序号	短路故障	故障点和故障类型	备注
1			
2			
3			

5. 问题

（1）进行短路故障分析时，必须依据哪些信息分析判断？

（2）请给出本实训项目的理论依据，思考电力系统短路故障的危害。

5.7.6 设备巡视实训

1. 实训目的

通过本实训，让学生认识和熟悉变电站主要电气设备，了解设备巡视目的和范围，了解不同电气设备巡视的具体项目，掌握设备巡视过程。

2. 实训软件

辽宁工业大学电气工程学院虚拟仿真试验室中的"变电站仿真实训"软件。

3. 实训内容

（1）启动仿真系统。

（2）配备安全工具，进入一次设备现场巡视。

4. 操作步骤

1）启动仿真系统

操作方法：双击"变电站仿真系统教员端"图标，选择"辽宁工大柳二变"方案，选中主机并连接成功后，单击"一键启动"按钮，启动系统运行。

在教员操作界面单击"培训模式启动"按钮，系统进入正常运行状态。当出现变电站主控界面，并且界面中有当前实时的运行数据、电压等级、有功功率值等参数时，说明系统已启动完毕，进入正常运行状态。运行中的系统可以看到 3 个窗口，分别是电气主接线图窗口、户外配电装置窗口、二次系统继电保护窗口。

2）打开户外配电装置窗口

户外配电装置窗口如图 5.17 所示。

3）选择安全工具

单击户外配电装置窗口菜单栏中的"工具室"按钮，如图 5.18 所示。弹出"选择工具"对话框，如图 5.19 所示。选择需要的安全工具，单击"确定"按钮。

4）进入现场巡视

（1）变压器的巡视项目如下。

① 变压器是否渗漏油。

② 变压器本体外观是否异常。

③ 变压器的冷却系统是否有异，风扇运行是否正常，出风口和散热器是否有异物或积污。

④ 变压器的绝缘套管外观是否完整无损坏，是否有裂纹，是否有放电的痕迹。

⑤ 变压器套管各引线接头是否有锈蚀或因温度过高而发红的现象。

图 5.17　户外配电装置窗口

图 5.18　户外配电装置窗口菜单栏

⑥ 主变压器端子箱是否密封良好，整洁无严重积垢。

（2）高压断路器的巡视项目如下。

① 断路器机构箱内各元件是否异常。

② 断路器套管引线接头是否完好，是否有锈蚀或因温度过高而发红的现象。

③ 断路器绝缘瓷瓶部分是否整洁干净，是否有严重积垢，是否有破损裂纹，是否有闪络痕迹。

④ 断路器分合闸指示与机构的机械位置指示、主控室的电气指示是否一致。

（3）隔离开关的巡视项目如下。

① 隔离开关的传动机构是否可以正常工作。

② 隔离开关的绝缘瓷瓶部分是否整洁干净，是否有严重积垢，是否有破损裂纹，是否有闪络痕迹。

③ 隔离开关的电动操作箱密封性是否完好。

④ 隔离开关的接地线是否有锈蚀及断裂。

图 5.19　"选择工具"对话框

⑤ 隔离开关的分合闸指示与机构的机械位置指示、主控室的电气指示是否一致。

（4）特殊巡视项目如下。

注意天气情况，如果遇到下雨、大雪或发生着火、跳闸等特殊事故，应按照特殊巡视的规则进行巡视。

（5）学生进入设备现场进行巡视，将巡视结果记录在表 5.3 中。

表 5.3　现场巡视结果记录表

序号	巡视设备	巡视结果	备注
1			
2			
3			
4			
5			

5. 思考题

（1）简述设备巡视目的。

（2）请给出本实训项目的理论依据，思考分析设备危险巡视点，并给出理由。

5.7.7　设备异常处理实训

1. 实训目的

通过本实训，让学生了解设备异常现象，掌握设备异常处理方法，学会处理设备异常。

2. 实训软件

辽宁工业大学电气工程学院虚拟仿真试验室中的"变电站仿真实训"软件。

3. 实训内容

（1）教员设置设备异常，柳二变 220 kV 线路诚柳线 6828 开关瓷瓶破裂和设备接地线生锈。

（2）学生进行设备巡视，发现设备异常，并进行汇报和处理。

4. 操作步骤

1）启动仿真系统

操作方法：双击"变电站仿真系统教员端"图标，选择"辽宁工大柳二变"方案，选中主机并连接成功后，单击"一键启动"按钮，启动系统运行。

在教员操作界面单击"培训模式启动"按钮，系统进入正常运行状态。当出现变电站主控界面，并且界面中线回线路中有当前实时的运行数据、电压等级、有功功率值等参数时，说明系统已启动完毕，进入正常运行状态。运行中的系统可以看到 3 个窗口，分别是电气主接线图窗口、户外配电装置窗口、二次系统继电保护窗口。

2）教员设置故障

操作方法：在教员操作界面双击"外观异常"按钮，如图 5.20 所示，打开外观异常设置界面。

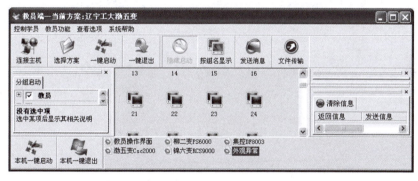

图 5.20　教员操作界面

设置异常设备所属变电站、电压等级、场景单元等，然后单击"加入异常"按钮，如图 5.21 所示。可加入单个异常，也可加入多个异常，加入异常完毕，选中要发送的异常，单击"立即发送"按钮，如图 5.22 所示，弹出"选择发送对象"对话框，选择要发送的学员机，单击"确定"按钮，弹出"异常设置发送成功"对话框，发送成功。

3）学生巡视设备

操作方法：学生选择巡视用安全工具，准备进入一次设备现场。

学生进入一次场景中进行设备巡视，如果发现设备异常，应及时汇报并按照设备故障处理原则进行操作。

图 5.21　加入异常

图 5.22　发送异常

（1）如果变压器、断路器、隔离开关等设备的外观出现异常，可以双击异常设备，弹出"设备巡视"对话框，双击有异常缺陷的设备，如"支持瓷瓶"，如图 5.23 所示，弹出"巡视条目"对话框，如图 5.24（a）所示。将巡视结果、缺陷等级等详细情况填入，再选择合适的处理方法，单击"报告缺陷"按钮，如图 5.24（b）所示，完成该设备异常的巡视处理。

完成上述操作后，立即将已确认出现异常的设备停电退出运行，并进行安全隔离。

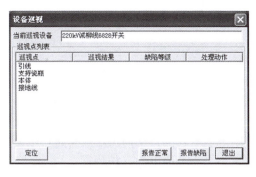

图 5.23　选择有异常缺陷的设备

（2）如果发现断路器或隔离开关等设备着火，应迅速将故障开关与带电部分隔离，切断着火断路器的各侧电源及控制电源，然后进行灭火，并将具体情况填写进设备巡视报告上报。

（3）如果发现变压器、断路器、隔离开关（或互感器）内部有严重放电声或爆裂声，或严重漏油，应立即将设备停止运行并实行安全隔离，上报故障处理报告。

继续进行一次场景设备巡视，发现其他设备异常并进行处理。将发现的设备异常情况和处理方式记录在表 5.4 中。

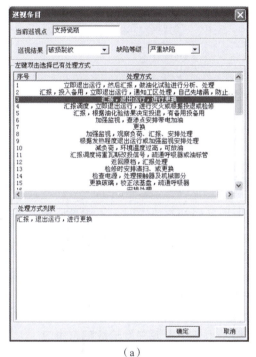

（a）

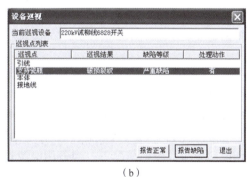

（b）

图 5.24　故障处理

表 5.4　设备异常情况及处理方式记录表

序号	设备异常	处理方式	备注
1			
2			
3			
4			

5. 思考题

（1）断路器有可能出现的异常现象有哪些？

（2）请给出本实训项目的理论依据，思考设备异常对电路系统运行的影响。

5.7.8 进线备用电源自动投入实训

1. 实训目的

(1) 了解进线备用电源自动投入的原理及工作方式。

(2) 掌握微机进线备用电源自动投入装置的使用方法。

2. 实训原理

备用电源自动投入装置就是当工作电源因故障断开以后，能自动而迅速地将备用电源投入工作，或将用户切换到备用电源上去，从而使用户不至于被停电的一种装置。

在变电所中，分段母线上可以由同一线路或变压器供电，如图 5.25 所示，正常情况下，变电所两段母线（Ⅰ母和Ⅱ母）由工作线路 1 供电，分段断路器闭合。当线路 1 发生故障时，继电保护动作，将线路 1 断开，然后电源自动投入装置动作将线路 2 断路器投入，使接在两段母线的用户由线路 2 重新得到供电，如图 5.25 所示。

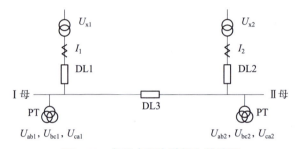

图 5.25　备用电源自动投入线路图

根据运行经验，备用电源自动投入装置只有满足下列基本要求时，才能更好地发挥它的作用。

(1) 备用电源自动投入装置必须在具有备用电源的工作母线失去电压时动作。

(2) 备用电源自动投入装置只应动作一次，以免在母线或引出线上发生持续性故障时，备用电源多次投入到故障元件上去，造成更严重的事故。

(3) 备用电源自动投入装置应在工作电源确认断开后，再将备用电源投入。其目的是在工作电源发生故障的情况下，当备用电源投入后，由备用电源来供给故障点电流。

(4) 当电压互感器的熔断器熔体熔断时，备用电源自动投入装置不应动作。

(5) 当备用电源无电压时，备用电源自动投入装置不应动作。

3. 实训设备

辽宁工业大学供配电试验室中的 QSGPD-GG2A 型工厂供电系统实训装置。

作业人员组合共 2 人，1 人操作，另 1 人监护。

4. 试验步骤

1) 按要求连接线路

进线备用电源自动投入接线图如图 5.26 所示。1#进线电压互感器为 TV7，TV7 连接微机保护装置本侧三相电压检测；2#进线电压互感器为 TV6，TV6 的 A、B 连接微机保护装置被投侧电压（辅助电压），按照接线图将断路器的线圈和装置上的线圈对应相连，最后将微机保护装置上的 WC+ 和 WC− 分别与直流电源的输出母线相连。

2) 参数设置

(1) 微机保护测控装置面板指示灯说明。

微机保护测控装置面板如图 5.27 所示。此类型的面板指示灯共有 6 个，从上往下依次排列顺序如下。

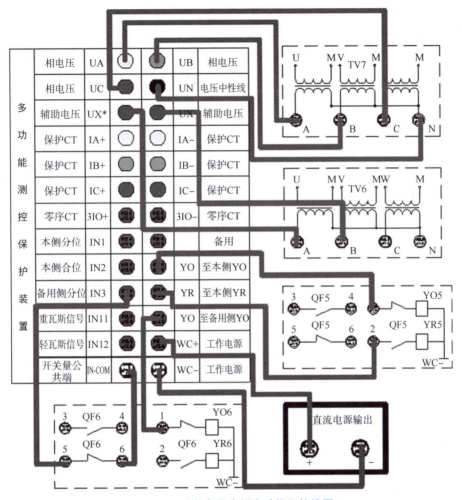

图 5.26　进线备用电源自动投入接线图

① 运行：表示装置的运行状态，正常运行时为绿色且不停闪烁。

② 电源：表示装置输出电源是否正常，正常运行时为绿色且常亮。

③ 报警：表示装置检测有报警事件发生，正常运行时不亮，出现报警事件时显示红色。

④ 事故：表示装置检测的设备有事故发生，正常运行时不亮，出现事故状态时显示红色。

⑤ 合位：表示装置所控制的断路器在合闸位置。在合闸位置时显示红色。

⑥ 分位：表示装置所控制的断路器在分闸位置。在分闸位置时显示绿色。

（2）设置"保护投入"，操作方法如下。

① 按下"确定"键，选择"保护投退"选项，当光标（黑影部分）处于"保护投退"

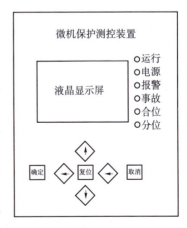

图 5.27　微机保护测控装置面板

选项上时，按"确定"键进入"保护投退"菜单，如图 5.28 所示。

② 进入"保护投退"菜单后，按"▼"键直至显示如图 5.29 所示的界面。

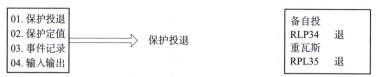

01. 保护投退	
02. 保护定值	→ 保护投退
03. 事件记录	
04. 输入输出	

图 5.28 进入"保护投退"菜单

备自投	
RLP34	退
重瓦斯	
RPL35	退

图 5.29 "保护投退"界面

操作说明如下。

按"►"键，则"退"变成"投"，按"确定"键，则显示"PASSWORD1：**0**000"。

按"▲"键，则"**0**000"变成"**1**000"。

按"确定"键，则"退"变成"投"，"备自投"投入运行，操作完成的界面如图 5.30 所示。

（3）设置"保护定值"，方法如下。

① 设置完"保护投退"后，按面板上的"取消"键，返回之前的选择界面按"▼"键，把光标移动至"保护定值"选项。

② 当光标处于"保护定值"选项上时，按"确定"键，进入"保护定值"菜单，如图 5.31 所示，按"▼"键，直至显示如图 5.32 所示界面为止。

备自投	
RLP34	投
重瓦斯	
RPL35	退

图 5.30 "保护投退"
操作完成

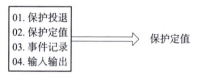

01. 保护投退	
02. 保护定值	→ 保护定值
03. 事件记录	
04. 输入输出	

图 5.31 进入"保护定值"菜单

备自投有压	
UDZ3	36:040.00
备自投无压	
UDZ4	37:030.00

分合备自投延时	
tdz4	38:040.00
电动机启动时间	
tqd	39:000.00

图 5.32 "保护定值"界面

③ 当光标在"备自投有压"菜单下时，按 2 次"►"键，将光标移动到第二个"0"上，即显示为"36：0**0**0.00"。

按"▲"键 4 次（或者按"▼"键 6 次）后，则变成"36：0**4**0.00"。

按"确定"键，则显示"PASSWORD1：**0**000"，按"▲"键 1 次，则"**0**000"变成"**1**000"，按"确定"键，则将参数"备自投有压"设置为 40 V，然后分别设置"备自投无压值"为 30 V，"时间定值"为 2 s，"电动机启动时间"为 0 s。

（4）开启主电源和控制电源。

依次合上 QS1、QS3、QS5、QS8、QS11、QS2、QS4、QS7、QS9、QS12，再按下 QF1、QF3、QF5、QF8、QF9、QF2、QF4、QF10、QF7 的合闸按钮。

微机参数设置好以后，让微机充电 30 s 左右，微机液晶屏显示"充电 1"，表示充电完成。

（5）断开 QS8，模拟 1#线路断电，观察 QF5 和 QF6 的动作情况。

5. 思考题

（1）进线备用电源自动投入装置在什么情况下动作？

（2）进线备用电源自动投入装置动作为什么不是立即动作而有延时？

5.7.9　变压器电流速断保护实训

1. 实训目的

（1）加深对变压器电流速断保护原理的理解。

（2）掌握传统变压器电流速断保护和微机保护的整定方法。

2. 实训原理

对于容量低于 10 MV·A 的变压器，应装设电流速断保护，用于监视变压器绕组、套管及引出线上的故障。电流速断保护的过电流保护时间大于 0.5 s。对于容量较小的变压器，可以在电源侧装设电流速断保护，与瓦斯保护互相配合，就可以作为变压器的主保护，能够保护变压器内部和电源侧套管及引出线上的全部故障。变压器电流速断保护原理如图 5.33 所示。

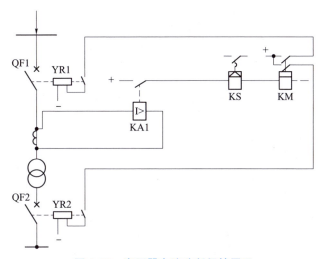

图 5.33　变压器电流速断保护原理

变压器电流速断保护的优点是接线简单、动作迅速。当其作为变压器内部故障的保护时，存在以下缺点。

（1）当系统容量不大时，保护区延伸不到变压器内部，灵敏度可能不满足要求。

（2）在无电源的一侧，从套管到断路器之间的故障，由过电流保护作用于跳闸，因此切除故障时间长，影响系统安全运行。

3. 实训设备

辽宁工业大学供配电试验室中的 QSGPD-GG2A 型工厂供电系统实训装置。

作业人员组合共 2 人，1 人操作，另 1 人监护

4. 试验内容

按变压器电流速断保护试验接线图（见图 5.34）接好线后，将变压器负载选择开关置于正常侧。将电流速断投入，设定好动作电流值和时间定值。打开电源开关，启动电源，合上两侧断路器，在确保试验接线和微机保护装置中的设置无误后，按下变压器短路按钮 d2，设置变压器三相短路并投入运行，观测保护动作情况。

注意：如果保护不动作，马上按短路按钮 d2，退出短路运行，检查接线和微机中的参

数设定。

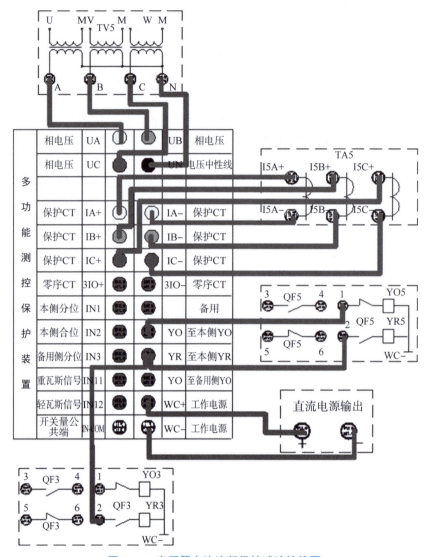

图 5.34　变压器电流速断保护试验接线图

5. 试验步骤

（1）按照要求连接电路。

（2）根据预习准备，计算获得的动作参数整定值，对各段保护进行整定。将电流速断投入，其他整定退出，将速断整定值设定为 1 A。

（3）设置"保护投入"，操作方法如下。

① 按"确定"键，选择"保护投退"选项，当光标处于"保护投退"选项上时，按"确定"键，进入"保护投退"菜单，如图 5.35 所示。

② 进入"保护投退"菜单后，按"▼"键，直至显示如图 5.36 所示界面。

操作说明如下。

按"▶"键，则"退"变成"投"，按"确认"键，则显示"PASSWORD1：0000"。

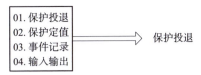

01. 保护投退
02. 保护定值
03. 事件记录
04. 输入输出
⇒ 保护投退

图 5.35　进入“保护投退”菜单

速断
RLP01　退
速断方向
RLP02　退

图 5.36　“速断保护投入”界面

按“▲”键 1 次，则“0000”变成“1000”。

按“确定”键，从“退”变成“投”，则“速断”投入运行，如图 5.37 所示。

速断
RLP01　投
速断方向
RLP02　退

图 5.37　“速断”投入运行

(4) 设置“保护定值”，操作方法如下。

① 设置完“保护投退”后，按面板上“取消”键，返回之前的选择界面，按“▼”键，把光标移动“保护定值”选项上。

② 当光标处于“保护定值”选项上时，按“确定”键，进入“保护定值”菜单，如图 5.38 所示，按“▼”键，直至使光标出现在“电流速断定值”下的数字“03”上，如图 5.39 所示。

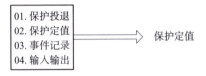

01. 保护投退
02. 保护定值
03. 事件记录
04. 输入输出
⇒ 保护定值

图 5.38　进入“保护定值”菜单

电流速断定值
Idz0　03：　001.00
限时速断定值
tdz1　04：　999.00

图 5.39　设置保护定值

③ 按“►”键 3 次，将光标移动到第三个“0”上，即显示为“03：000. 00”。

按“▲”键 1 次（或者按“▼”键 9 次）后，则变成“03：001. 00”。

按“确定”键，则显示“PASSWORD1：0000”，按“▲”键 1 次，则“0000”变成“1000”，按“确定”键，则参数“电流速断定值”设置为 1 A。

图 5.40　短路故障设置位置图

(5) 给线路送电，操作方法如下。

合上主电源和控制电源，并且合上 QS1、QS3、QS5、QS8、QS11、QF1、QF3、QF5、QF8、QF9。

(6) 检验运行效果。

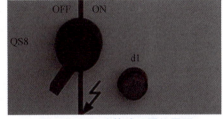

按下短路按钮 d1，如图 5.40 所示，观察 QF3 和 QF5 的动作情况。

6. 思考题

(1) 变压器电流速断保护的适用范围如何?

(2) 电流速断保护和瓦斯保护一起，能不能构成完整的变压器主保护？如果能，它的保护范围有多大？如果不能，则存在哪些缺陷?

5.7.10　变电站“五防”操作系统实训

1. 实训目的

(1) 理解“五防”的概念。

(2) 学会使用模拟屏进行模拟预演。

（3）练习通过计算机钥匙解锁并进行倒闸操作。

（4）了解变电站倒闸操作流程。

2. 实训原理

以"五防"内容为依据，学习断路器倒闸操作，完成本实训项目。

3. 实训设备

辽宁工业大学电气工程学院电力系统虚拟仿真试验室中的防误闭锁系统实训装置。

4. 实训内容

操作任务：10 kV 线路出线 1015 开关由运行转检修，完成倒闸作业。

操作内容如下。

（1）通过开票系统，进行倒闸操作票开票，倒闸操作任务为"10 kV 线路出线-1015 开关由运行转检修"，进行倒闸操作票开票。

（2）根据操作票，在模拟屏上预演操作。

（3）预演结束后，输入计算机钥匙。

（4）计算机钥匙解开"五防"锁后，模拟现场倒闸操作。

（5）操作结束后，回传给模拟屏。

5. 实训步骤

1）启动 CAOS3000 防误闭锁系统

操作方法：双击"防误闭锁操作平台 CAOS3000"图标，微机"五防"学习系统主界面如图 5.41 所示，进入开票系统，单击"登录"按钮，输入学生姓名或学号即可。

图 5.41 微机"五防"学习系统主界面

按下"设置"按钮，将"10 kV 线路出线-1015"间隔设置为如图 5.42 所示状态，开关在合位、刀闸在合位、乙刀闸在合位、其他设备在分位。设置完成后，"设置"按钮弹起。

2）完成倒闸操作票开票

操作方法如下。

（1）单击"新建"按钮，输入操作任务"10 kV 线路出线–1015 开关由运行转检修"，单击"确定"按钮。

（2）在图 5.42 所示的线路图上通过单击图形进行开票，在开票过程中可能出现"五防效验错误"提示信息。

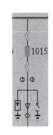

图 5.42　间隔设置

（3）单击图形，完成倒闸操作票开票，完成后单击"结束"按钮。单击"浏览"按钮，可以查看倒闸操作票票面，还可以打印操作票。单击"结束"按钮，可以关闭此界面，在提示是否保存状态的对话框中单击"保存一次状态"按钮，单击"确定"按钮。

3）模拟预演前的"对位"操作

预演操作前，应先校对现场设备状态。按快捷键箱的"对位"键，只设置本试验的开票前状态，操作方法如下。

（1）给模拟盘主机上电，模拟盘显示屏显示主菜单"模拟预演自学通信系统查询"。

（2）在模拟预演前，应检查盘面上设备点的分合位置与实际现场是否一致。如不一致，按操作箱面板上的"对位/浏览"键，模拟盘显示屏应显示"自检对位"。在此状态下，将设备点状态按现场修改。修改后再次按"对位/浏览"键，模拟盘会记忆所设置设备点的状态，显示屏应显示"模拟预演自学通信系统查询"。模拟盘如与后台通信，开关、刀闸、小车、地刀的现场实际状态由后台传给模拟盘。模拟盘与综自后台通信时，模拟盘上设备点位置即使被人为改变，在主菜单状态"模拟预演自学通信系统查询"下，也会自动恢复回现场实际状态。

4）在模拟屏上进行模拟预演操作

操作方法：设备点与现场一致后，按操作箱面板上的"预演"键，进入模拟预演，模拟盘显示屏显示"任务 01 准备预演操作第 001 项"，然后按操作票进行模拟。正确的模拟操作发短音，显示屏相应显示"第###项√"；错误的模拟操作发出语音提示，显示屏相应显示"第###项×"，然后显示"任务 01 准备预演操作第###项"，继续模拟预演。

5）解锁操作

操作方法：模拟操作结束后，按操作箱面板上的"传输"键，将计算机钥匙放到充电座上，并把计算机钥匙设置在"接收信息"状态，预演的操作票按操作顺序存入计算机钥匙中。此时，显示屏上显示"等待回传"，根据钥匙的提示进行解锁操作，并模拟设备操作。

6）回传模拟屏

操作方法：操作结束后，将计算机钥匙放回充电座，选择发送信息，计算机钥匙把操作后的状态回传给模拟屏。当计算机钥匙操作结束后回传，模拟盘上显示最终的现场状态，显示屏上恢复到主菜单"模拟预演自学通信系统查询"。红外通信座和充电座如图 5.43 所示。

红外通信座　　充电座

图 5.43　红外通信座和充电座

6. 思考题

（1）"五防"的内容是什么？

（2）为什么要进行对位和模拟预演？

第6章 电力系统运行与控制

电力系统的有功与无功功率必须时刻与负荷保持平衡，以保证合格的电能质量。对随时可能发生的事故和异常情况，必须及时处理，以防止事故扩大，并迅速恢复正常供电。需要对发电、输电等各环节的电气设备的运行参数进行实时检测，以保证电力系统安全、经济、稳定地运行。

6.1 电力系统运行状态及约束条件

要使电力系统安全、稳定运行，必须满足等式约束条件和不等式约束条件。其中，式（6-1）为等式约束条件，式（6-2）为不等式约束条件。

$$\begin{cases} \sum_{i=1}^{n} P_{Gi} = \sum_{j=1}^{m} P_{Lj} + \sum_{k=1}^{l} P_{Sk} \\ \sum_{i=1}^{n} Q_{Gi} = \sum_{j=1}^{m} Q_{Lj} + \sum_{k=1}^{l} Q_{Sk} \end{cases} \tag{6-1}$$

$$\begin{cases} f_{min} \leqslant f \leqslant f_{max} \\ U_{imin} \leqslant U_i \leqslant U_{imax} \\ P_{Gimin} \leqslant P_{Gi} \leqslant P_{Gimax} \\ Q_{Gimin} \leqslant Q_{Gi} \leqslant Q_{Gimax} \\ S_{ijmin} \leqslant S_{ij} \leqslant S_{ijmax} \end{cases} \tag{6-2}$$

根据是否满足等式约束条件和不等式约束条件，电力系统运行状态可以分为正常状态、警戒状态、紧急状态、崩溃状态、恢复状态。

（1）正常状态：满足等式和不等式约束条件，且参数处于最佳状态。该状态下，电力系统的频率、各点的电压、各元件的负荷均处于规定的允许值范围，当系统由于负荷变动或出现故障而引起扰动时，仍不致脱离正常运行状态。由于电能的发、输、用在任何瞬间都必须保证平衡，而用电负荷又是随时变化的，因此安全状态实际上是一种动态平衡，必须通过正常的调整控制才能保持。

（2）警戒状态：满足等式和不等式约束条件，但不等式约束条件已接近上下限。该状态下系统整体仍处于安全规定的范围，但个别元件或局部网络的运行参数已临近安全范围的阈值。一旦发生扰动，就会使系统脱离正常状态而进入紧急状态。处于警戒状态时，应采取预防控制措施，使之返回正常状态。

（3）紧急状态：不等式约束条件遭到破坏，等式约束条件仍能满足，系统仍能同步运行。该状态下的电力系统受到扰动后，一些快速的保护和控制已经起作用，但系统中某些枢纽点的电压仍偏移，超过了允许范围，或某些元件的负荷超过了安全限制，使系统处于危机状况。紧急状态下的电力系统应尽快采用各种校正控制和稳定控制措施，使之恢复到正常状态。如果无效，就应按照对用户影响最小的原则，采取紧急控制措施，使系统进入恢复状态，再采取恢复控制措施，使系统返回正常状态。

（4）崩溃状态：不等式、等式约束条件同时不满足，系统将解列成几个独立的小系统。在紧急状态下，如果不能及时消除故障和采用适当的控制措施，或者措施不能奏效，电力系统可能失去稳定。在这种情况下，为了不使事故进一步扩大并保证对部分重要负荷供电，自动解列装置可能动作，调度人员也可进行调度控制，将一个并联运行的电力系统解列成几部分，这时电力系统就进入了崩溃状态。进入崩溃状态时，电力系统调度控制应尽量挽救解列后的各个子系统，使其能部分供电，避免系统瓦解。电力系统瓦解是由于不可控的解列而造成的大面积停电状态。

（5）恢复状态：使崩溃后的若干个小系统向并列的大系统运行状态过渡。在恢复状态下，通过继电保护、自动装置和调度人员的调度控制，使故障隔离，事故不再扩大。大体稳定下来以后，可采取措施，使系统进入恢复状态。

6.2　电力系统扰动与可控点

电力系统中"扰动"的概念大多数情况下是指功率的波动，而其中又主要是有功功率波动，即由于负荷的变动、发电机功率的变动或者系统参数的突然改变带来系统功率波动，这是导致电力系统状态发生变化的原因。电力系统扰动分为小扰动和大扰动。其中，小扰动源于负荷和参数的波动，如个别小容量电动机的投切或架空线风吹摆动等；大扰动源于大容量负荷的突变，如大容量负荷的投切、系统主要元件（发电机、变压器、线路）的投切以及短路或断线故障。

电力系统是人类创造的最复杂的工程系统之一，其规模庞大、信息量巨大，对实时性的要求很高，负荷在短时间和长时间内都是在不断变化的，变化趋势具有长期的规律性以及短期的偶然性，而且大部分系统暴露于外部扰动之下。因此，电力系统需要进行实时检测与控制。电力系统的可控点如下。

（1）发电机：调速器、励磁。
（2）变压器：挡位（变比，调节 U）。
（3）断路器：投切发电机、变压器、线路、负荷、电容器、电抗器等。
（4）其他补偿设备：静止无功补偿装置、调相机等。

6.3　电力系统控制

1. 电力系统在正常状态下的控制任务
（1）监视不断变化的电力系统运行状态，包括发电机功率、母线电压、系统频率、线路潮流、系统间交换功率等。

（2）根据日负荷曲线调节运行方式，进行正常的操作控制（如启停发电机、调节发电机功率、调整变压器分接头等），使系统运行参数维持在规定范围内，以满足对负荷正常供电的需要。

（3）在正常运行状态时，应注意和及早发现电力系统由正常运行状态向警戒状态的转变。

2. 电力系统在警戒状态下的控制任务

电力系统在警戒状态下面临的第一个问题是系统中可用功率减小，一旦有计划外负荷逐步增长、燃料供应不足、发电机计划外停运以及某地外界条件（如循环水温度升高等）的变化等，都会使发电机功率减小。第二个问题是系统输出能力下降，如计划外输电线或变压器断开、负荷的不正常分配以及高温等自然现象都会使输电能力下降。因此在警戒状态下，应采取预防性控制措施，如增加和调整发电机功率、切换线路等，使系统尽快恢复到正常状态，避免随后可能因为一个不大的干扰或负荷逐渐增大，使系统进入紧急状态。

3. 电力系统在紧急状态下的控制任务

电力系统在紧急状态下面临的问题是系统在遭受大的干扰或事故时（如短路故障、切除大容量机组等或出现异常现象后的运行状态），可能会无法正常运行，致使电力供需失去平衡，某些保证系统安全性的不等式约束条件遭到破坏（如线路潮流或系统其他元件的负荷超过或低于允许值），直接影响对负荷的正常供电。

电力系统在紧急状态下采取控制的主导思想如下。

（1）使系统恢复到警戒状态乃至正常状态。及时、正确地采取一系列紧急措施，如果不及时采取措施，或者措施不够有效，就会使系统的运行条件进一步恶化，或者使故障扩大和发展，从而有可能使系统失去稳定而解列成几个子系统，大量切除负荷及发电机组，导致大面积停电和全系统崩溃。

（2）选择性切除故障，防止事故扩大。迅速抑制事故及异常现象的发展和扩大，尽量缩小故障延续时间及其对电力系统其他非故障部分的影响，使电力系统能维持和恢复到一个合理的运行水平。

电力系统在紧急状态下应采取控制措施进行频率的紧急控制，具体措施如下。

（1）频率下降时，基本措施是自动低频减负荷（低频减载）。

（2）频率上升时，基本措施是过频自动切机（高频切机）。

（3）联络线低频解列。

4. 频率紧急控制的判据

按频率值、频率变化率及动作延时综合进行判断，必须防止暂态过程中频率测量的不正确及系统内负荷反馈等问题引起的装置误动作。当系统功率缺额过大（如缺额达20%）时，应装设联络线跳闸或大机组跳闸联切负荷（或联切蓄能电厂的抽水机组），从而有效制止频率的大幅度降低。当系统频率下降不大、频率虽低但不危及系统运行时，不宜切除负荷，一般最高切除频率应该是 49 Hz（充分利用备用容量）。切除负荷对用户的损失应尽可能降到最低，包括增加级数，减少每级的切除负荷量，也可根据频率恢复情况实现被切用户的自动重合闸。低频装置不应该在非有功功率缺额引起的频率变化过渡过程中误动作，如重合闸和备自投过程中的电源消失、同步振荡、失步振荡等。

5. 自动低频减负荷

当电力系统发生突然的有功功率缺额时，主要应依靠低频自动减载装置的动作，切除相应数量的负荷，使保留运行的负荷量与运行中的发电量适应，使系统继续保持安全稳定运行，保证向重要负荷不间断供电，使电力系统在实际可能的各种运行方式下不发生频率崩溃，也不使频率长期悬浮在某一过低（49 Hz 以下）或过高（50.5 Hz 以上）的数值。

1）低频减载的整定原则

（1）与发电机组的低频保护配合。

（2）与联络线的低频解列配合。

（3）大于核电厂冷却介质泵低频保护定值（0.3~0.5 Hz）。

（4）限制系统频率低于 47 Hz 的时间不应超过 0.5 s。

（5）出现过切时，频率值不能超过 51 Hz，避免大机组误跳闸。

2）低频减载装置的配置方案

（1）设有快速动作的基本轮。对于大型电力系统动作的频率级差为 0.2 Hz，每轮动作延时为 0.2 s，一般配置 9~11 级。

（2）设有长延时动作的特殊轮。整定值应考虑使系统不能长期工作在 49 Hz 以下，一般动作频率值与基本轮的第一轮一致，按动作延时，可分为 2~3 级。

（3）为了提高动作的可靠性，应设有频率启动级（相当于保护的灵敏段，定值一般为 49.5 Hz、0.2 s）和频率变化率 df/dt 闭锁（一般整定 5 Hz/s）。

（4）为了在大功率缺额时能快速动作，应设有按频率变化率 df/dt 加快动作的功能，如在第一轮动作时可加速第二或第二、三轮动作。

（5）为了防止过切，在每轮动作的延时过程中，应检查 df/dt 是否变为正值，发现已变为正值应立即停止动作。

（6）第一轮的频率定值应考虑利用系统的旋转备用，一般不大于 49.2 Hz。

（7）对于可能从主网解列出来的地区电网，除了服从主网安排，还应考虑在孤立运行时确保地区电网安全稳定运行的减载措施。

3）过频自动切机

（1）当送电联络线跳闸时，送端电网因功率过剩而使发电机加速，导致电网频率升高。如果频率过高，则会危及电网的安全，过频自动切机是防止频率升高的基本措施。

（2）过频自动切机应根据电网具体情况设置 2~3 轮，动作级差 0.2 Hz，延时 0.2 s。

（3）当系统功率突然过剩太大（达 25%）时，可通过联络线跳闸联切发电机组等措施有效制止频率大幅度上升。

6.4　电力系统频率调节与控制

6.4.1　频率偏差过大的危害性

电力系统频率偏差过大，将会对用户和电力系统造成危害。

（1）频率偏差过大对用户危害：系统频率降低，使电动机转速下降，功率降低，影响用户产品质量和产量；系统频率不稳，电子钟不准，电气测量误差增大，影响电子设备的准确性。

（2）频率偏差过大对发电厂危害是电力系统频率降低，会对发电厂和系统的安全运行带来影响。例如，频率下降时，汽轮机叶片的振动变大，影响使用寿命，甚至产生裂纹而断裂。又如，频率降低时，由电动机驱动的机械（如风机、水泵及磨煤机等）的功率降低，导致发电机功率下降，使系统的频率进一步下降。当频率降到 46 Hz 或 47 Hz 以下时，可能在几分钟内使火电厂的正常运行受到破坏，系统功率缺额更大，使频率下降更快，从而发生频率崩溃现象。再如，系统频率降低时，异步电动机和变压器的励磁电流增加，所消耗的无功功率增大，结果更引起电压下降。当频率下降到 45~46 Hz 时，各发电机及励磁的转速均显著下降，致使各发电机的电动势下降，全系统的电压水平大为降低，可能出现电压崩溃现象。发生频率或电压崩溃，会使整个系统瓦解，造成大面积停电。

6.4.2 频率调整的目标及方法

频率调整的目标是对电网的发电机组功率自动进行二次调整，满足控制目标（频率、交换功率、旋转备用等）的要求，具体方法是按照负荷变化的周期和幅值大小区别对待。一般按照负荷变化规律，将负荷变化分解成 3 种成分。

第一种是随机分量（C 类），其变化幅度很小，周期很短，一般小于 10 s，具有很大的偶然性。

第二种是脉动分量（A 类），其变化幅度较大，周期较长，为 10 s~3 min，属于冲击性负荷，如电炉、冲压机械、电气机车等带有冲击性的负荷。

第三种是持续分量（B 类），其变化幅度大，是缓慢持续变动负荷，周期为 3~20 min。它是由生产、生活和气象等因素引起的负荷变化，有其规律性，可以用来预测如生产、生活、商业、气象等因素影响的负荷。

根据负荷变化的分解成分，频率调整也分为频率一次调整、频率二次调整、频率三次调整，具体频率调整方案如下。

1. 频率一次调整（事后）

（1）调频过程。当电力系统频率偏离额定频率 f_e 时（引起频率变化量在 0.025 Hz 以下），发电机组通过调速系统自动反应，调整有功功率，维持 f_e 稳定，由发电机调速器进行。

（2）适用对象。对应 C 类负荷分量（变化周期在 10 s 以内、变化幅度较小的负荷分量，为随机波动的负荷分量），属于发电机组的一次调节。

（3）特点。

① 依靠调速器调整原动机的输入功率，调整结束后留下频率偏差和净交换功率偏差。

② 一次调频响应速度快，但是只能做到有差调节。

③ 一次调频缺点是由于调速器的有差调节特性，不能将频率偏差调到零，且负荷变动幅度越大，频率偏差越大，因此仅靠一次调频不能满足频率质量的要求。

④ 所有运行中的发电机组都可参加一次调频，取决于发电机组是否已经满负荷发电。

2. 频率二次调整（事后）

（1）适用对象。对应于 A 类负荷分量，变化周期为 10 s~3 min，引起频率变化量为 0.05~0.5 Hz，主要由冲击负荷引起，由发电机调频器进行，自动发电控制（Automatic Generation Control，AGC）系统实现。

（2）调频功能实现。由自动发电控制实现频率调节，即需要调频器参与控制和调整。

（3）特点。使频率偏差为 0 以及净交换功率偏差为 0，二次调频是由平衡节点来承担。

3. 频率三次调整（事先）

（1）适用对象。B 类负荷分量（持续分量，变化周期为 3~30 min，变化缓慢，具有周期规律），属于系统的基本负荷（由生产、生活及气象等因素引起）。

（2）功能实现。在满足电力系统频率稳定和系统安全的前提下，合理利用能源和设备，以最低的发电成本或费用获得更多的、优质的电能。

（3）特点。在满足功率平衡的前提下，按负荷经济分配原则，由调度部门在各个电厂间进行分配。由调度部门根据负荷曲线进行最优分配，责成各发电厂按事先给定的负荷发电。

6.4.3　自动发电控制

自动发电控制系统是建立在以计算机为核心的能量管理系统及发电机组协调控制系统之上，并通过高可靠信息传输系统联系起来的远程闭环控制系统。其控制目标是控制机组的功率，使系统频率和区域间净交换功率维持在计划值，并且在此前提下使系统运行最经济。具体控制目标如下。

（1）维持电力系统频率在允许误差范围之内，频率偏移累积误差引起的电钟与标准钟之间的时差在规定限值之内。

（2）控制互联电网净交换功率按计划值运行，交换功率累积误差在允许范围之内。

（3）在满足电网安全约束条件、电网频率和互联电网净交换功率计划的情况下，协调参与自动发电控制调节的电厂（机组）按市场交易或经济调度原则优化运行。

自动发电控制系统可分为两层：一层为负荷分配回路，另一层为各机组的控制回路。负荷分配回路通过监控系统、通信通道及监控与数据采集系统（Supervisory Control And Data Acquisition，SCADA）获取所需的实时量测数据，由自动发电控制程序形成以区域控制偏差为反馈信号的系统调节功率，根据机组的实测功率和系统的调节功率，按经济分配的原则分配给各机组，并计算出各机组或电厂的控制命令，再通过 SCADA、通信通道及监控系统送到电厂的机组调功装置。各机组的控制回路调节机组功率（二次调节），使之跟踪自动发电控制系统的控制命令，最终达到自动发电控制的目的。因此，自动发电控制器包括负荷分配器和机组控制器：负荷分配器是根据系统频率和其他有关信号，按一定的调节准则确定各机组的有功功率设定值；机组控制器是根据负荷分配器设定的有功功率，使机组在额定频率下的实发功率与设定有功功率一致。

自动发电控制结构分为计划跟踪控制、区域调节控制、机组控制 3 个部分。计划跟踪控制是按计划提供发电基点功率，担负主要调峰任务；区域调节控制是使区域控制误差为零，是自动发电控制的核心，在可调机组之间分配区域控制误差；机组控制是由基本控制回路去调节机组控制误差到零。

6.5　电力系统电压调节与控制

6.5.1　电压偏离原因及危害

电力系统的运行电压水平取决于无功功率的平衡。在电力系统中，常用的无功设备有异步电动机、电热设备、照明灯、家用电器等；无功功率电源有发电机、同步调相机、无功补偿装置。系统中各种无功电源的无功功率应能满足系统负荷和网络损耗在额定电压下对无功功率的需求，否则电压就会偏离额定值。影响电力系统电压偏高或偏低的原因主要有网络结构不合理、无功电源不足、变压器分接头不合理、运行方式不合理等。

在用电设备中，异步电动机电磁转矩与电压的平方成正比，低压运行时会导致电流大、温度高、绝缘老化、寿命缩短，甚至堵转。电炉等电热设备功率大致与电压的平方成正比，低压运行将延长冶炼时间，降低生产效率，使照明设备的工作效率和寿命下降。电压偏移对电力系统影响情况如下。

（1）系统电压降低，发电机定子电流将因其功率角的增大而增大。增大到额定值后，使发电机过热，不得不降低功率。

（2）系统电压过低会使电网的电压损耗和功率损耗增加，影响系统的经济运行。

（3）过低的电压甚至严重影响电力系统的稳定性；系统无功功率不足，电压水平低，某些枢纽变电所母线电压在微小扰动下会迅速地大幅度下降，产生电压崩溃，导致电厂之间失步，系统瓦解，大面积停电。

（4）变压器无功损耗包括励磁损耗、漏抗损耗，其中励磁损耗大致与电压的平方成正比，漏抗损耗与电压的平方成反比。

6.5.2 电压控制策略

在电力系统中，电压控制首先是要求各类用户将负荷的功率因数提高到现行规程规定的数值；然后是挖掘系统的无功潜力，如可以将系统中暂时闲置的发电机改作调相机运行或鼓励用户的同步电动机过励磁运行等；最后是根据无功平衡的需要，增添必要的无功补偿容量，并按无功功率就地平衡的原则进行补偿容量的分配。小容量的、分散的无功补偿可采用静电容电器；大容量的、配置在系统中枢点的无功补偿则宜采用同步调相机、静止无功补偿装置或静止无功发生器。

实现无功功率在额定电压下的平衡是保证电压质量的基本条件，因此电力系统对无功功率的要求是无功发大于供，并有一定的储备。在规划时，满足式（6-3）所示条件；在运行时，满足式（6-4）所示条件。无功电源充足，能满足较高电压水平下的无功平衡的需要，系统就有较高的运行电压水平。无功电源不足，就反应为运行电压水平偏低。

$$\Sigma Q_N = \Sigma Q_G + \Sigma Q_R \tag{6-3}$$
$$\Sigma Q_G = \Sigma Q_D + \Sigma Q_L \tag{6-4}$$

式中，Q_N 为设备电源无功功率；Q_G 为电源无功功率；Q_R 为备用无功功率；Q_D 为负荷无功功率；Q_L 为损耗无功功率。

无功电压控制要考虑以下两个方面。

（1）无功应当做到分层分区平衡，主要是为避免大量无功由输电线路远距离传输，造成大的电压损耗和功率损耗。

（2）无功补偿装置安装应力求实现在额定电压下的无功平衡，并根据这个要求装设必要的无功补偿装置。

6.5.3 电压监测点和中枢点的选择

在电力系统中选择电压监测点时，要选择可反映电压水平的主要负荷供电点，以及某些有代表性的发电厂、变电站。电压中枢点主要选取电网中重要的电压支撑点。对于 220 kV 及以上电网，中枢点变电站设置的数量不应少于全网 220 kV 及以上电压等级变电站总数的 7%~10%。电压中枢点可选择为区域性水、火电厂的高压母线，母线短路容量较大的 220 kV 变电站母线，以及有大量地方负荷的发电厂母线。

6.5.4　电力系统调压方式

电力系统的调压方式有逆调压、顺调压、恒调压，它们各自调压方式的特点及适用范围如下。

（1）逆调压：适用于中枢点到各负荷点线路长、负荷变化较大且变化规律大致相同的情况。最大负荷时，保持中枢点电压比线路额定电压高 5%；最小负荷时，使中枢点电压降至线路额定电压。

（2）顺调压：适用于电压损耗小，负荷变动小，用户允许电压偏移大的情况。最大负荷时，电压不低于线路额定电压的 102.5%；最小负荷时，电压不高于线路额定电压的 107.5%。

（3）恒调压：适用于电压损耗较小，负荷变动较小的情况，中枢点电压保持在比线路额定电压高 2%~5%。

在电力系统中，可通过发电机调压、变压器调压、电容器与电抗器调压、综合调压等方式实现调压。

1. 发电机调压

发电机调压的原理是通过调节励磁电流改变发电机的端电压。如果是孤立发电厂，不经升压直接供电的系统，线路上的电压损失不大，通过改变发电机端电压就可以满足调压要求。对于长线路多级供电的系统，电压变化太大，单靠发电机调压不能满足要求，发电机调压只能满足近处地方负荷的电压要求。发电机调压实现的方法有以下 3 种。

（1）P-Q 曲线范围内调压。当系统中无功电源不足，而有功备用容量又较充裕时，可利用靠近负荷中心的发电机降低功率因数运行，多发无功功率，从而提高系统的电压水平。发电机运行点不应越出 P-Q 极限曲线的范围，一般情况下，端电压的调节范围为 ±5%。

（2）调相运行调压。发电机不输送有功，只输送无功。

（3）进相运行调压。低谷负荷时，利用发动机吸收系统多余的无功，是降低电厂附近电压较为有效的调压方法。

2. 变压器调压

变压器调压是通过适当选择变压器的变比，改变变压器变比进行调压。但是，变压器本身不是无功电源，当系统中无功电源不足时，不能达到调压要求。因此，这种方法只适用于系统无功电源充足情况下。

3. 电容器与电抗器调压

电容器与电抗器调压分为并联电容器补偿调压、并联电抗器补偿调压以及改变线路参数（X）调压，它们各自的原理及特点如下。

（1）并联电容器补偿调压。并联电容器补偿调压通过减少无功流动来直接减少线路有功损耗和电压损耗，从而提高电压。其缺点是随电压波动分组投切，调压是梯形的，电容器无功功率调节性能相对较差。

（2）并联电抗器补偿调压。并联电抗器补偿调压主要用在 35 kV、66 kV、330 kV 和 500 kV 这 4 个电压等级上。

（3）改变线路参数（X）调压。改变线路参数（X）调压是通过串联电容补偿线路参数的方法实现调压，具体原理如下。

在高压电网中，通常电抗 X 比电阻 R 大很多，用串联电容的方法，改变线路电抗以减小电压损耗。

对于负荷功率因数低、输送功率较大、负荷波动大、导线截面积较大的线路，串联电容调压的效果尤其显著。

综上所述，发电机调压简单灵活，无须投资，应充分利用，是发电机直接供电的小系统的主要调压手段。变压器调压只能改变电压的高低，从而改变无功功率的流向和分布，不能发出或吸收无功，只能用于无功充裕的系统。并联补偿调压是无功功率分层分区平衡的主要手段。

4. 综合调压

所谓的综合调压，就是采取几种方式组合实现调压。当无功不足时，根据就地平衡补偿原则，先投入电压最低点附近的无功电源，再考虑分区、分层补偿，投入远处的无功电源和集中补偿的无功电源。当无功充足时，考虑选择变压器分接头进行调整，以充分发挥各种设备的调压效果。无功补偿的原则是分层分区和就地平衡，避免经长距离线路或多级变压器传输无功功率。分层是指主要承担有功功率传输的 220 kV 及以上电网，应尽量保持各电压层间的无功平衡，减少各电压层间的无功串动。分区是指 110 kV 及以下的供电电网，应实现无功分区和就地平衡。总之，分层分区和就地平衡都是为了达到减少无功传输产生的大量功率损耗的目的。

6.6　配电网运行与控制

配电网应具有灵活可靠的网络拓扑结构，具有负荷承载和转供能力，满足分布式电源的接入要求。配电网的一次设备宜配置电动操动机构、电流互感器、电压互感器等，满足配电自动化终端的接入；配电变压器宜配置可调无功补偿装置；在供电距离远、功率因数低的架空线路上，可安装线路有载调压器或可调并联补偿电容器（组）。

配电网的运行状态可分为正常、警戒和故障状态。在正常状态下，配电设备不过载，系统电压处于正常范围；当配电网发生设备过载或系统电压越限时，系统则转入警戒状态；当配电网发生故障时，系统则进入故障状态；当故障处理完成后，配电网恢复至正常状态。配电网运行控制是为保证配电网的供电可靠性、供电质量和经济运行所采取的控制措施，包括运行方式调整、电压无功调节和故障处理等。其原则是通过调度与控制确保配电网安全稳定运行，满足客户的用电需求，提高供电质量和经济运行水平。其目标是保障配电网正常运行，优化配电网运行状态，及时发现、预防和处理各种故障和隐患，充分消纳接入的分布式电源，实现配电网安全、可靠、经济、高效运行。

6.6.1　正常运行状态下运行控制

在正常状态下，运行控制的目标是满足配电网安全约束，优化系统的运行方式，充分消纳接入的分布式电源，保障配电网供电可靠性与电能质量，降低配电网损耗。运行控制的内容包括配电网风险分析、配电网运行方式调整、配电网经济运行、有序用电控制、电能质量控制 5 个方面。

1. 配电网风险分析

配电网风险分析包括配电网系统风险分析和设备风险分析，各自功能如下。

1）配电网系统风险分析

配电网系统风险分析主要分析配电网系统潜在隐患和危害，辨识系统风险，划分风险等级，可分为基准风险分析和基于事件的实时风险分析。其中，基准风险分析主要考虑配电网架构、负荷等级及容量和分布式电源接入等因素；基于事件的实时风险分析是结合基准风险分析结果，考虑配电网线路重（过）载、电压越限、设备停运与异常、社会事件及环境等相关因素以及特殊情况下的较大事故发生的可能性。

2）设备风险分析

设备风险分析是考虑设备台账、历史缺陷、运行状况、环境和负荷等因素，分析配电设备潜在隐患和危害，辨识配电变压器、线段、开关和分布式电源等设备风险，划分设备风险等级。

2. 配电网运行方式调整

配电网运行方式调整是为了满足配电网计划检修、负荷均衡和保供电等需求，通过倒闸操作，维持配电网处于正常状态。

3. 配电网经济运行

配电网经济运行包括负荷及分布式电源功率预测、配电网经济运行调节两个方面。

1）负荷及分布式电源功率预测

（1）负荷预测宜考虑工作日类型、气象、节假日和社会事件等因素对用电负荷的影响，可分为区域负荷预测、母线及馈线的短期和超短期负荷预测。

（2）分布式电源功率预测宜考虑历史功率、历史气象记录、数值天气预报和分布式电源运行状态等，进行短期和超短期功率预测。

2）配电网经济运行调节

配电网经济运行调节可通过运行方式优化、无功优化、有序用电控制以及分布式电源功率调节等方法实现配电网经济运行。

4. 有序用电控制

有序用电控制通过制订错峰用电计划以及限电序位表来调节用电负荷，条件具备时，还应制订分布式电源发电计划，或者通过需求响应调节用电负荷，调节分布式电源功率。

5. 电能质量控制

电能质量控制通过无功补偿、动态电压调节或谐波治理等方法维持电压稳定，抑制或消除谐波，保证供电质量，满足相关标准的要求。配电网侧电压在事故后，应尽快恢复至正常运行水平。

6.6.2 警戒状态下的运行控制

在警戒状态下，配电网运行控制包括调整系统运行方式，采取措施消除电压越限，恢复供电电压到规定允许值范围，消除或降低配电设备重（过）载等异常情况。具体措施如下。

（1）可自动或手动调节变电站无功补偿装置和主变压器有载调压装置，优化变电站母线电压和无功分布。

（2）通过运行方式优化供电半径或调节线路有载调压器，保证线路电压合格。

（3）合理设置配电变压器分接头，投切低压无功补偿装置，保障用户电压质量。

（4）通过运行方式调整、负荷控制以及分布式电源功率调节等手段，均衡馈线负荷，优化配电设备负载。

6.6.3　故障状态下的运行控制

在故障状态下，配电网的运行控制应快速进行故障定位、隔离，恢复非故障区域供电，减少停电范围和时间。其目标是通过故障定位和隔离，缩小故障停电范围，恢复非故障区域供电，减少用户停电时间，提高供电可靠性。

1. 故障定位

采取综合信息手段开展故障研判，判断故障类型，进行故障定位，并统计停电用户和减供负荷。故障定位可通过自动化装置定位或用户报修或人工巡查来实现。

2. 故障隔离

通过自动或人工开断故障段两端的断路器或负荷开关，将故障设备从电网中隔离出来。可采用就地型、集中型和分布式馈线自动化实现故障隔离。

3. 故障恢复

1）非故障区域恢复供电

采用自动化或人工操作手段转供负荷，最大限度地减少失电负荷。

2）运行方式恢复和优化

（1）故障消除后，应恢复至故障前运行方式，在网络架构和配电自动化系统功能具备的条件下，可通过网络重构实现运行方式恢复及优化。

（2）配电网大面积停电时，通过灾害评估采取启动后备电源或应急电源、负荷转供和黑启动等措施，依照用户等级和网络架构逐步恢复供电。

6.7　供配电系统运行监控综合试验

6.7.1　模拟工厂 35（10）kV 配电系统运行监控综合试验

1. 试验目的

（1）掌握配电系统运行监控"四遥"功能。

（2）掌握变压器瓦斯保护原理及接线方式。

（3）掌握变压器微机过电流保护原理及参数整定方法。

（4）掌握三相异步电动机的启动方式及电流速断保护原理。

2. 试验设备、试验任务及内容

本试验基于供配电技术试验平台，模拟工厂 35（10）kV 变配电系统，完成 35 kV 变电所上位机"四遥"、变压器瓦斯保护和过电流保护、电动机电流速断保护，具体试验内容包括以下几个方面。

（1）35 kV 变电所上位机遥测、遥信、遥控、遥调功能实现。

（2）变压器瓦斯保护参数配置及结果分析。

（3）变压器过电流保护参数配置及结果分析。

（4）三相异步电动机的两种启动方式的实现。

（5）三相异步电动机电流速断保护参数配置及结果分析。

3. 试验预习要求

（1）什么是电力系统的"四遥"?

（2）变压器有哪些保护方式?

（3）三相异步电动机一般采用什么方式的保护?

4. 试验操作要求

（1）35 kV 供电系统运行监控的"四遥"功能包括遥测、遥信、遥控、遥调，利用供电系统的上位机及配电自动化监控系统，实现"四遥"功能。

（2）变压器瓦斯保护参数配置及结果分析。实现变压器微机轻瓦斯保护、重瓦斯保护，观察现象并分析结果。

（3）变压器过电流保护参数配置及结果分析。实现变压器微机过电流保护，观察现象并分析结果。

（4）三相异步电动机的两种启动方式的实现。分别实现三相异步电动机额定电压下直接启动、变频启动。

（5）三相异步电动机电流速断保护参数配置及结果分析。完成三相异步电动机微机电流速断保护，观察现象并分析结果。

5. 试验装置说明

（1）试验装置的变压器微机主保护装置具有瓦斯保护功能。在实际应用中，瓦斯保护的主要形式分为本体轻瓦斯保护、有载轻瓦斯保护、本体重瓦斯保护、有载重瓦斯保护。以上瓦斯保护的出口形式不同，在微机保护中，只需把各个瓦斯保护继电器的触点对应接入微机保护的信号输入回路即可。如果保护动作，微机得到相应输入信号，经内部程序的处理后，输出与之相对应的保护动作形式。

（2）本试验中，用试验台上蓝色按钮来模拟瓦斯继电器的常开触点。在试验台的面板上，有红色的按钮，根据接入微机的输入回路不同，一个为本体轻瓦斯保护，另一个为本体重瓦斯保护。按下按钮，触点闭合，表示瓦斯继电器动作。

6. 试验平台启动与操作说明

1）试验平台启动

合上工厂供电系统试验装置主电源开关，开启试验设备。双击桌面上的"力控电力版"图标，出现工程管理器对话框。单击"运行"菜单，出现工厂供电及配电自动化监控系统。单击"进入系统"按钮，出现登录界面。单击"用户名"右侧的下拉菜单，选择"QS"选项，输入口令"111"，单击"确定"按钮，进入 35 kV 变电站一次系统。

2）遥控操作

在 35 kV 变电站一次系统中单击"QF1 断路器"，弹出对话框，选择"是"选项，完成断路器 QF1 的远控合闸操作。分闸时，单击"QF1 断路器"，弹出对话框，选择"是"选项，完成断路器 QF1 的远控分闸操作。按此方法完成试验所需线路上的断路器的合闸以及分闸操作。

3）遥测试验进入

在 35 kV 变电站一次系统中单击右下角的导航栏，出现信息栏界面。单击遥测列表，进入 35 kV 变电站遥测列表界面。

4）遥信试验进入

在 35 kV 变电站一次系统中单击右下角的导航栏，出现信息栏界面。单击遥信列表，出现 35 kV 变电站遥信列表界面，红色部分表示断路器或隔离开关处于合闸位置，绿色部分表示断路器或隔离开关处于分闸位置。改变断路器或者隔离开关的合分位，观察遥信列表的变化。

5）遥调试验进入

在 35 kV 变电站一次系统中单击右下角的导航栏，出现信息栏界面。单击遥调列表，出现 35 kV 变电站遥调列表界面。单击"升压"按钮，完成变压器的有载调压升压操作。每次只能调节 5%，在调节的过程中，注意速度不要太快，在完全完成一次操作以后再进行下一次操作。单击"降压"按钮，完成一次变压器有载降压操作。

7. 试验操作

（1）把两侧的电流互感器二次侧的首末端短接起来，电流互感器的二次侧不允许开路。依次启动电源和直流控制电源，合上两侧断路器，注意负荷选择开关应置正常侧。

（2）把轻瓦斯信号的 1 端和 2 端与微机的轻瓦斯触电信号输入端 IN12、公共信号端 IN-COM 相连，并在微机保护中把轻瓦斯保护投入，其他整定退出。

（3）按"轻瓦斯"按钮，模拟轻瓦斯保护继电器动作，观测保护动作情况。保护动作后，按"轻瓦斯"按钮，使触点返回。按微机主保护装置的"复位"键，使之复位。

（4）把重瓦斯信号的 1 端和 2 端与微机的重瓦斯触电信号输入端 IN11、公共信号端 IN-COM 相连，并在微机保护中把重瓦斯保护投入，其他整定退出。按"重瓦斯"按钮，模拟本体重瓦斯保护继电器动作，观测保护动作情况。试验完成后，断开所有按钮，拆除所有接线。

（5）计算获得的动作参数整定值，对各段保护进行整定。将过电流投入，其他整定退出。将电流定值设定为 1 A，时间定值设定为 5 s。将电流互感器 TA5 与线路保护装置的保护 CT 相连，线圈分别与装置的线圈对应相连，合上主电源和 QS1、QS3、QS5、QS8、QS11、QF1、QF3、QF5、QF8、QF9，按下短路按钮 d1，观察 QF3 和 QF5 的动作情况。试验完成后，断开所有按钮，拆除所有接线。

（6）合上主电源，将 QS2、QS4、QS7、QS9、QS13 拨到"ON"，按下 QF2、QF4、QF6、QF11 的合闸按钮。合上电动机合闸按钮（红色指示灯亮表示处于合闸位置），将启动方式切换到直接，此时电动机将启动。把电动机启动方式切换到变频，根据功能码设定整定参数。外部操作已设置好，如有需要，请参考变频器操作手册。按"HAND"键，旋转增大（减小）频率按钮（顺时针是增大频率，逆时针是减小频率），即可用变频器启动电动机。试验完成后，断开所有按钮。

（7）将电动机电流速断投入，将电流速断定值整定为 1 A。将电流互感器 TA12 与线路保护装置的保护 CT 相连，线圈分别与装置的线圈对应相连。合上主电源，将 QS2、QS4、QS7、QS9、QS13 拨到"ON"，按下 QF2、QF4、QF6、QF11 的合闸按钮，按下短路按钮 d1，模拟电动机短路，观察断路器 QF4 动作情况，并记录动作值。

8. 数据分析及思考

1）试验现象及数据分析

（1）什么情况下，变压器应装设瓦斯保护？

（2）变压器过电流保护整定值如何计算？保护范围是什么？

（3）电动机满足哪些条件可以直接启动？分析电动机电流速断现象和动作情况。

2）思考题

（1）变压器重瓦斯保护动作后，应该进行哪些处理？

（2）变压器速断、过电流保护的差别是什么？

（3）电动机各种启动方式的优缺点分别是什么？

（4）电动机启动电流与电流速断保护怎样配合？

6.7.2　复合电压电流联锁保护综合试验

1. 试验目的

（1）理解电流电压联锁保护的原理，并掌握其整定和计算的方法。

（2）掌握电流电压联锁保护适用的条件。

2. 试验原理

复合电压过电流联锁保护由电压保护装置和电流保护装置两部分组成，其接线原理如图 6.1 所示。在过电流保护的电流继电器 KA 的常开触点回路中串入低电压继电器 KV 的常闭触点，而 KV 经过电压互感器 TV 接至被保护线路的母线上。

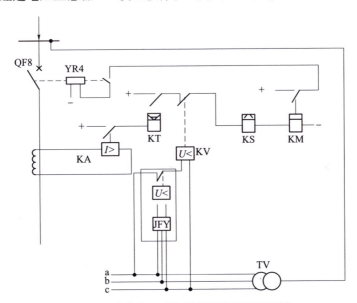

图 6.1　复合电压过电流联锁保护接线原理

当供电系统正常运行时，母线电压接近于额定电压，因此电压继电器 KV 的常闭触点是断开的。这时的电流继电器 KA 即使由于过负荷而误动作，使其触点闭合，断路器 QF 也不致误跳闸。正因为如此，凡装有低电压闭锁的过电流保护动作电流 I_{op}（也包括返回电流）不必按躲过线路的最大负荷电流 I_{max} 来整定，而只需按躲过线路的计算电流 I_{30} 来整定，即

$$I_{op} = \frac{K_{rel}K_w}{K_{re}K_i}I_{30} \tag{6-5}$$

式中，K_{rel} 为保护装置的可靠系数；K_{re} 为低电压继电器的返回系数，一般取 1.25；K_w 为保护

装置的接线系数；K_i 为电流互感器变化。

由于其 I_{op} 的减小，因此能有效地提高过电流保护的灵敏度。

上述低电压继电器 KV 的动作电压 U_{op} 按躲过母线正常最低工作电压 U_{min} 来整定，同时返回电压也应躲过 U_{min}。因此，低电压继电器动作电压的整定计算公式为

$$U_{op} = \frac{U_{min}}{K_{rel}K_{re}K_u} \approx 0.6\frac{U_n}{K_u} \tag{6-6}$$

式中，U_{min} 为母线最低工作电压，取 $(0.85\sim0.95)\,U_n$；U_n 为线路额定电压；K_{rel} 为保护装置的可靠系数，可取 1.2；K_{re} 为低电压继电器的返回系数，一般取 1.25；K_u 为电压互感器的变压比。

当线路发生短路故障时，母线电压剧烈下降。利用这一特征，当电压下降至预先整定的数值时，低电压继电器 KV 接点闭合而作用于跳闸，瞬时切除故障，这就构成了电压速断保护。图 6.2 所示为线路装设瞬时动作的电压速断装置工作原理。由于保护瞬时动作，为了满足选择性要求，它的保护范围必须限制在本线路以内。为此，低电压继电器的动作电压必须低于线路末端短路时母线上的最小残余电压。图 6.2 中的曲线 1 为最小运行方式下线路各点短路时母线上的

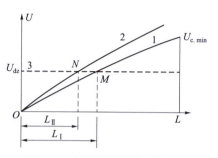

图 6.2　电压速断装置工作原理

残余电压曲线。由图 6.2 可见，短路点距电源端越近，母线残余越低。在系统运行方式变化时，线路同一地点短路时母线上的残压是不同的。在最小运行方式下短路时，母线残压较低；在最大运行方式下短路时，母线残压较高。图 6.2 中的曲线 2 为最大运行方式下线路各点短路时母线残压曲线。为了保证选择性，低电压继电器的动作电压 U_{dz} 应小于最小运行方式下线路末端短路时母线上的残压 $U_{c.min}$，即

$$U_{dz} < U_{c.min} \tag{6-7}$$

写成等式为

$$U_{dz} = \frac{U_{c.min}}{K_k} \tag{6-8}$$

式中，$U_{c.min}$ 为最小运行方式下线路末端短路时，母线上的最小残压；K_k 为可靠系数，一般取 1.2~1.3。

图 6.2 中的虚线 3 表示电压速断装置的动作电压值，它与曲线 2、1 的交点 N、M 给出了在最大、最小方式下电压速断装置的保护范围 L_{II}、L_I。可见，电压速断的保护范围也受运行方式的影响。与电流速断不同的是，电压速断在最大运行方式下保护范围最小，而且无论处于何种运行方式，在保护安装处附近短路时，母线残压总要降为零，电压速断总能动作，即它的保护范围不可能下降为零。

因为母线及母线相连的任一线路发生短路故障时，母线电压都要下降，各线路电压速断装置的低电压继电器均启动。为保证选择性，各线路电压速断保护均加装了电流继电器（如图 6.1 中的 KA）来判断哪条线路发生故障。同时，电流继电器也在电压回路断线时起闭锁作用。只有被保护线路发生故障，在电流作用下电流元件才动作。此外，只有母线电压大大下降，电压元件也动作时，保护装置才发出跳闸脉冲。

3. 试验接线

复合电压电流联锁保护试验接线如图 6.3 所示。

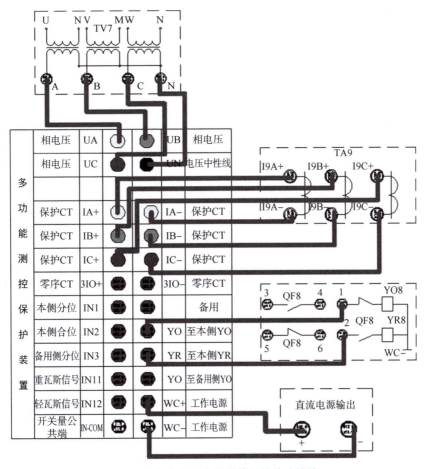

图 6.3　复合电压电流联锁保护试验接线

4. 试验内容与步骤

（1）根据线路模型，按照电流电压联锁保护整定的原则进行计算整定。

（2）按"确定"键，选择"保护投退"选项，当光标处于"保护投退"选项上时，按"确定"键，进入"保护投退"菜单，如图 6.4 所示。

（3）进入"保护投退"菜单后按"▼"键，直至显示如图 6.5 所示界面。

图 6.4　进入"保护投退"菜单　　图 6.5　"过电流保护投入"界面

操作说明如下。

按"►"键，则"退"变成"投"，按"确定"键，则显示"PASSWORD1：0000"。

按"▲"键 1 次，则"0000"变成"1000"。

按"确定"键，保护"过电流"从"退"改成"投"，"过电流"投入运行，如图 6.6

所示。

（4）进入"保护投退"菜单后按"▼"键，直至显示图 6.7 所示界面。

```
过电流
RLP06        投
过电流后加速
RLP07        退
```

```
过流反时限
RLP10        退
复合电压闭锁过电流
RLP11        退
```

图 6.6　过电流投入运行　　　图 6.7　"复合电压闭锁过电流"界面

操作说明如下。

按"▶"键，则"退"变成"投"，按"确定"键，则显示"PASSWORD1：0000"。

按"▲"键 1 次，则"0000"变成"1000"。

按"确定"键，保护"复合电压闭锁过电流"从"退"改成"投"，"复合电压闭锁过电流"投入运行，如图 6.8 所示。

（5）设置完保护投退后，按"取消"键，返回文前的选择界面，并按"▼"键，把光标移动"保护定值"选项。

当光标（黑影部分）处于"保护定值"选项上时，按"确定"键，进入"保护定值"菜单，如图 6.9 所示。按"▼"键，直至光标出现在限时速断定值下的数字 06 上。

```
过流反时限
RLP10        退
复合电压闭锁过电流
RLP11        投
```

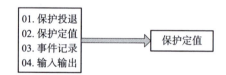

图 6.8　"复合电压闭锁过电流"
投入运行

图 6.9　进入"保护定值"菜单

按"▶"键 3 次，将光标移动到第三个"0"上，即显示为"06：000.00"。

按"▲"键 1 次（或者按"▼"键 9 次）后，则变成"06：001.00"。

按"确定"键，则显示"PASSWORD1：0000"，按"▲"键 1 次，则"0000"变成"1000"，按"确定"键，将参数"过电流定值"设置为 1 A。

（6）按"▼"键直至光标出现在过电流延时下的数字 07 上。

按"▶"键 3 次，将光标移动到第三个"0"上，即显示为"07：000.00"。

按"▲"键 2 次（或者按"▼"键 8 次）后，则变成"07：002.00"

按"确定"键，则显示"PASSWORD1：0000"，按"▲"键 1 次，则"0000"变成"1000"，按"确定"键，将参数"过电流延时"设置为 2 s。完成上述（5）、（6）操作后，"过电流定值"设置界面如图 6.10 所示。

（7）按"▼"键直至光标出现在低压闭锁定值下的数字 08 上。

按"▶"键 2 次，将光标移动到第二个"0"上，即显示为"08：000.00"。

按"▲"键 8 次（或者按"▼"键 2 次）后，则变成"08：080.00"。

按"确定"键，则显示"PASSWORD1：0000"，按"▲"键 1 次，则"0000"变成"1000"，按"确定"键，将参数"低压闭锁定值"设置为 80 V。用同样的方法，把"限时速断延时"设置为如图 6.11 所示。

过电流定值
Idz2　06：　001.00
过电流延时
tdz2　07：　002.00

图 6.10　"过电流定值"设置界面

低压闭锁定值
Udz1　08：　080.00
限时速断延时
Udz2　09：　020.00

图 6.11　"低压闭锁定值"设置界面

（8）将电流互感器 TA9 与线路保护装置的保护 CT 相连，线圈分别与装置的线圈对应相连。

（9）合上主电源，开启试验设备，将运行方式设置为最小。将 QS1、QS3、QS5、QS8、QS11 拨到"ON"，按下合闸按钮 QF1、QF3、QF5、QF8、QF9。

（10）将运行方式设置最小，按下短路按钮 d2，观察 QF8 是否动作。如果动作，把电压互感器 TV7 的 A 相和 B 对调，然后微机复位，重新按下短路按钮 d2，观察是否动作。

（11）拔掉电压互感器的 A 相电压接线，观察保护装置是否动作，观察 QF8 的动作情况，对试验结果进行记录。

注意：此微机的复合电压过电流保护需要满足任何一相电流大于过电流的电流设定值，电压低于低压闭锁定值，并且负序电压要大于负压闭锁定值。

5. 思考题

（1）写出参数整定计算过程。

（2）电流电压联锁保护一般有几种形式？为什么常将低电压启动的过电流保护（这种保护带有一定时限）用于发电机保护中？

（3）电流电压联锁保护中，电流元件与电压元件是什么样的逻辑关系？为什么在电磁继电器实现的电流电压联锁保护中总要装设电压回路断线指示信号？

6.8　电力系统继电保护综合试验

6.8.1　电力系统继电保护试验装置使用说明

电力系统继电保护试验装置由调压器、移相器、多种继电器及测量表计等组成，可以用来进行电流继电器、电压继电器、中间继电器、时间继电器、信号继电器、功率方向继电器、差动继电器、自动重合闸继电器等的继电特性试验。

1. 电源操作说明

（1）当漏电保护器开关关上时，所有指示灯都不亮，试验台上各元件、接线柱、移相器、调压器均不带电，三相调压器和单相调压器必须调在零位，即必须将调节手柄逆时针方向旋转到底。

（2）当漏电保护器合上时，"断开"红色按钮灯亮，表示试验装置的进线已接通电源，但还不能输出电压，此时在电源输出端进行试验电路接线操作是安全的。

（3）当按下"闭合"按钮时，"闭合"按钮指示绿灯亮，调节调压器手柄，可以在三相输出端得到 0~150 V 的线电压，在单相调压输出端得到 0~220 V 的交流电压。

（4）试验时若需要改接线路，请勿带电操作，必须按下"断开"按钮，以切断交流电源，保证试验操作的安全。试验完成，必须将三相调压器、单相调压器两手柄都逆时针调到底，并断开漏电保护器。

（5）本试验装置还可提供直流不可调 220 V 稳压电源，若需得到可调 0~220 V 直流电源，可用可调变阻器分压接法获得。

2. 使用方法

本试验装置测量表为直流电压表、直流电流表、电秒表和相位仪，测量前必须接上 220 V 交流电源，交流电压、电流表不必外接电源。

1）相位仪测量相位方法

（1）在 EPL-15 电秒表、相位仪的测量单元的电压输入端接入电压信号，在电流输入端接入电流信号。

（2）显示屏显示的数据即为引入的电压信号与引入的电流信号之间的相位差。

（3）在进行相位测量时，电压输入信号与电流输入信号不要接错位置，电压信号是并联接入的，电流信号是串联在回路中的。

（4）要注意电压、电流输入信号的极性，极性不对，显示的相位差也不对。

（5）电压输入信号为 0~150 V，电流输入信号为 0~1 A。

2）时间测量方法

本测试装置可测得 0~999 s 的时间，当给出了时间测量的启动信号（启动"+""-"端"短接"）后，显示屏开始计量时间的大小，直到发出停止计数的控制信号计数才停止，不管启动信号是否消失，显示屏都不会停止计数。每次开始计数前，先选择量程（秒量程还是毫秒量程），再按下相应按键，相位仪开始等待计数。图 6.12 所示是 EPL-15 电秒表测试单元的平面布置图。

3. 注意事项

为确保试验时的人身安全与设备安全，必须严格遵守以下操作规定。

（1）接线或拆线都必须在切断电源的情况下进行。

（2）完成接线后，请指导老师检查之后方可接通电源。试验中如发生事故，应立即切断总电源，再检查和处理故障，不可独立带电检查。

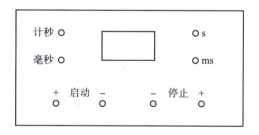

图 6.12 EPL-15 电秒表测试单元的平面布置图

（3）试验前，先检查和选择好测量仪表仪器的量程和最大负荷值，严禁长时间运行在过量程、过负荷状态。

6.8.2 35 kV 配电线路继电保护综合试验

1. 试验目的

（1）掌握配电线路发生故障时动作电流和动作时间的整定值计算方法。

（2）掌握基于电磁型和微机型的继电保护实现方案的设计与实施方法。

2. 试验设备、试验任务及内容

本试验基于电力系统继电保护试验平台，针对 35 kV 单侧电源辐射式系统的结构如图 6.13 所示。

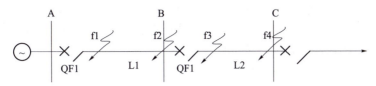

图 6.13　单侧电源辐射式系统的结构

在最大运行方式下及最小运行方式下，f1、f2、f3、f4 点三相短路电流值如表 6.1 所示。可靠系数 $K_{rel}^{I} = 1.3$，$K_{rel}^{II} = 1.1$，$K_{rel}^{III} = 1.1$，自启动系数 $K_{ss} = 1.5$，继电器返回系数 $K_{re} = 0.85$，保护 2 的三段延时 $t_2^{III} = 2$ s。

表 6.1　三相短路电流值

短路点	f1	f2	f3	f4
最大运行方式下三相短路电流/A	6.71	1.56	1.32	0.65
最小运行方式下三相短路电流/A	4.97	1.44	1.23	0.62

3. 试验预习问题

（1）配电线路可能发生的故障类型有哪些？

（2）线路三段式电流保护体系是什么？

（3）什么是继电特性？为什么过电流继电器的返回系数恒小于 1？

4. 试验内容及要求

（1）针对线路 L1 的相间短路故障，对其进行保护配置。

（2）对配置的保护进行整定计算。整定计算保护的动作电流和动作时间，并检验灵敏度，给出详细计算过程。

（3）设计保护实现方案，包括电磁型保护实现方案、微机型保护实现方案。

（4）在试验室的试验台上，对线路 L1 同时完成电磁型保护和微机型保护配置。

（5）针对单侧电源辐射式系统在不同地点发生不同短路类型故障时，记录试验现象，判断是电磁型保护切除故障还是微机型保护切除故障，各种保护的理论动作情况和实际动作情况是否一致，并分析其原因。

5. 思考题

（1）写出试验具体操作步骤。

（2）对试验过程及现象进行具体分析，解释电磁型保护和微机型保护的异同及特点。

6.8.3　自动重合闸前加速继电保护综合试验

1. 试验目的

（1）熟悉自动重合闸前加速继电保护的原理接线。

（2）理解自动重合闸前加速继电保护的组成形式、技术特性，掌握其试验操作方法。

2. 预习思考题

（1）图 6.15 中各个继电器的功用是什么？

（2）在重合闸动作前，是由哪几个继电器及其触点共同作用来实现前加速保护的？

（3）重合于永久性故障，保护再次启动，此时是由哪几个继电器及其触点共同作用，恢复有选择地再次切除故障的？

（4）为什么加速继电器要具有延时返回的特点？

（5）在前加速保护电路中，重合闸装置动作后，为什么 KM2 继电器要通过 KA1 的常开触点，KM2 自身延时返回常开触点进行自保持？

（6）在输电线路重合闸电路中，采用前加速时，KM2 是由什么触点启动的？

（7）分析自动重合闸前加速保护的优缺点。

（8）分析自动重合闸前加速保护试验的原理和判断动作过程，并完成预习报告。

3. 试验原理及试验设备

图 6.14 所示是自动重合闸前加速保护的结构。假定在每条线路上均装设过电流保护，其动作时限按阶梯型原则来配合，那么在靠近电源端保护 3 处的时限就很长。为了能加速切除故障，可在保护 3 处采用前加速的方式，即当任何一条线路上发生故障时，第一次都由保护 3 瞬时动作予以切除。如果故障是在线路 A—B 以外（如 d1 点），则保护 3 的动作都是无选择性的。但断路器 3 跳闸后，就启动重合闸重新恢复供电，从而纠正了上述无选择性的动作。如果此时的故障是瞬时性的，则在重合闸以后就恢复了供电。如果故障是永久性的，则故障由保护 1 或 2 切除，当保护 2 拒动时，则保护 3 第二次就按有选择性的时限 t_3 动作与跳闸。为了使无选择性的动作范围不扩展得太长，一般规定当变压器低压侧短路时保护 3 不应动作。因此，其启动电流还应按照躲开相邻变压器低压侧的短路（d2 点）来整定。

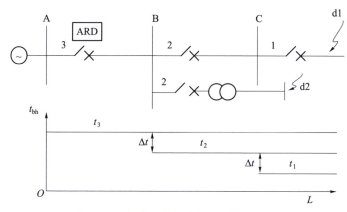

图 6.14　自动重合闸前加速保护的结构

图 6.15 所示是自动重合闸前加速保护的接线原理。当线路发生故障时，由于延时返回继电器 KM2 尚未动作，其常开触点仍断开，电流继电器 KA 动作后，启动时间继电器 KT，经一定延时后其接点闭合，启动出口中间继电器 KM1，使 QF 跳闸，QF 跳闸后，ARD 动作发出合闸脉冲，在发生合闸脉冲的同时，ARD 启动继电器 KM2，使其触点闭合，若故障为持续性故障，则保护第二次动作，经 KM2 的触点直接启动 KM1 而使断路器 QF 瞬时跳闸。自动重合闸前加速保护与后加速保护试验设备如表 6.2 所示。

表 6.2　自动重合闸前加速保护与后加速保护试验设备

序号	设备名称	使用仪器名称	数量
1	控制屏	—	1
2	EPL-04	继电器（一）：DL-21C 电流继电器	1
3	EPL-05	继电器（二）：DS-21C 时间继电器	1

续表

序号	设备名称	使用仪器名称	数量
4	EPL-06	继电器（三）：DZ-31B 中间继电器；DZS-12B 中间继电器	1
5	EPL-07B	继电器（四）：DX-8 信号继电器	1
6	EPL-08	自动重合闸	1
7	EPL-11	交流电压表	1
8	EPL-11	交流电流表	1
9	EPL-12B	光示牌	1
10	EPL-14	按钮及电阻盘	1
11	EPL-17A	三相电源	1
12	EPL-11	直流电源及母线	1

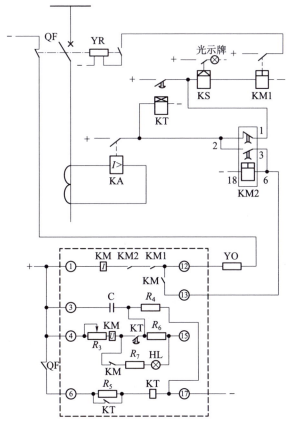

图 6.15 自动重合闸前加速保护的接线原理

4. 试验内容

（1）根据过电流保护的要求整定 KA2 的动作电流值和 KT 的动作时限。

（2）根据速断保护的要求整定 KA1 的动作电流。

（3）根据时间继电器、加速继电器、保护出口继电器的技术参数选择相应的操作电源。

（4）按图 6.15 接线，并请指导老师检查，检查接线无误后，加入直流电源。

（5）等重合闸电容充满电后，在 A 站线路的短路点上接入故障，观察前加速动作情况，加速跳闸后重合启动，ARD 出口接点，DZ 的闭合来启动 KM2，KM2 常闭触点打开。

（6）模拟故障继续存在，但由于 KM2 常闭触点已经打开，所以只能由过电流保护 KM2 和 KT 带时限有选择性地进行跳闸，切除故障。

5. 试验报告

分析前加速保护动作特性，按照试验内容里的要求算出整定值并整理试验数据，并完成试验报告，将试验数据填入表 6.3。

表 6.3 自动重合闸前加速保护与后加速保护试验报告数据表

序号	代号	型号规格	试验整定值或额定工作值	线圈接法	SB 按下时（模拟永久性故障）	SB 断开时（模拟瞬时性故障）	用途
1	KA						
2	KT						
3	KS						
4	KM1						
5	KM2						
6	YR						
7	YO						

6.8.4 自动重合闸后加速继电保护综合试验

1. 试验目的

（1）熟悉自动重合闸后加速保护的原理接线。

（2）理解自动重合闸后加速继电保护的组成形式、技术特性，掌握其试验操作方法。

2. 预习思考题

（1）图 6.17 中各个继电器的功用是什么？

（2）当线路发生故障时，由哪几个继电器及其触点，按正常的继电保护动作时限有选择性地作用于继电器跳闸？

（3）重合于持续故障时，保护再次启动，此时由哪几个继电器及其触点共同作用，实现后加速？

（4）在输电线路重合闸电路中，采用后加速时，加速回路中接入了 KM2 的什么触点？为什么？

（5）分析自动重合闸后加速保护的优缺点。

（6）分析自动重合闸后加速保护试验的原理和整个动作过程，完成预习报告。

3. 试验原理及试验设备

重合闸后加速保护一般又简称为"后加速"。所谓后加速，就是当线路第一次故障时，保护有选择性地动作，然后进行重合。如果重合于永久性故障上，则在断路器合闸后，再加速保护动作，瞬时切除故障，而与第一次动作是否带有时限无关。

后加速保护广泛应用于 35 kV 以上的网络及对重要负荷供电的送电线路上，因为在这些线路上一般装有性能比较完善的保护装置，如阶段式电流保护、距离保护等，因此第一次有选择性地切除故障的时间（瞬时动作或具有 0.5 s 的延时）均为系统运行所允许，而在重合闸以后加速保护的动作（一般是加速第Ⅱ段的动作，有时也可以加速第Ⅲ段的动作），就可以更快地切除永久性故障。图 6.16 所示是自动重合闸后加速保护的结构。

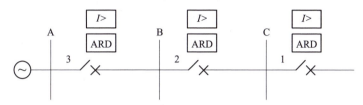

图 6.16   自动重合闸后加速保护的结构

图 6.17 所示是自动重合闸后加速保护的接线原理。当线路发生故障时，首先继电器 KA1 动作，其触点闭合，经 KM1 和 KM2 的常闭触点不带时限地动作于断路器使其跳闸，随后断路器辅助触点启动重合闸继电器，将断路器重合，重合闸动作的同时启动继电器 KM2，其常闭触点打开，若此时线路故障还存在，但因 KM2 的常闭接点已打开，只能由过流保护继电器 KA2 和时间继电器 KT 带时限有选择性地动作于断路器跳闸，再次切除故障。自动重合闸前加速保护与后加速保护试验设备如表 6.4 所示。

表 6.4   自动重合闸前加速保护与后加速保护试验设备

序号	设备名称	使用仪器名称	数量
1	控制屏	—	1
2	EPL-04	继电器（一）：DL-21C 电流继电器	1
3	EPL-05	继电器（二）：DS-21C 时间继电器	1
4	EPL-06	继电器（四）：DZ-31B 中间继电器；DZS-12B 中间继电器	1
5	EPL-07B	继电器（五）：DX-8 信号继电器	1
6	EPL-08	自动重合闸	1
7	EPL-11	交流电压表	1
8	EPL-11	交流电流表	1
9	EPL-12B	光示牌	1
10	EPL-14	按钮及电阻盘	1
11	EPL-17A	三相电源	1
12	EPL-11	直流电源及母线	1

4. 试验内容

（1）根据过流保护的要求，整定 KA 的动作电流和 KT 的动作时限。

（2）由加速继电器、保护出口继电器和时间继电器的参数选择相应的操作电源。

（3）按图 6.17 直流部分接线，并请指导老师检查，检查接线无误后，加入直流电源。

（4）等自动重合闸电容充满电后，用 A 站模拟线路故障，把万能转换开关打在电流保护处，再进行短路调节，给电流继电器 KA 加入一个大于整定值的电流，此时加速继电器 KM2 未启动，因此 KA 启动 KT，KT 经过一定时限启动 KM1，使断路器跳闸，同时经 KS 发信号。

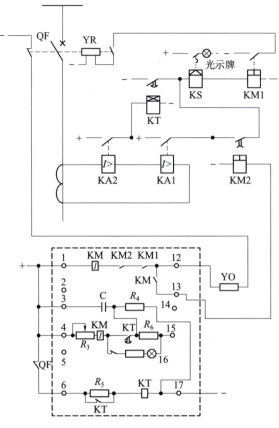

图 6.17　自动重合闸后加速保护的接线原理

（5）断路器跳闸后，重合闸发出合闸脉冲的同时，由 ARD 出口触点启动 KM2，KM2 动作后其延时断开的常开触点闭合，实现后加速。

（6）模拟持续性故障，观察后加速动作情况。此时 KM2 触点已经闭合，KA 动作信号不经过 KT，直接由 KM2 的延时触点传给 KS 和 KM1。

5. 试验报告

按照试验内容里的要求算出整定值并整理试验数据，并填入表 6.5 中。分析后加速动作特性，结合上述思考题写出试验报告。

表 6.5　自动重合闸前加速保护与后加速保护试验报告数据表

序号	代号	型号规格	试验整定值或额定工作值	线圈接法	SB 按下时（模拟永久性故障）	SB 断开时（模拟瞬时性故障）	用途
1	KA						
2	KT						
3	KS						
4	KM1						
5	KM2						

6.9　IPS 运行与控制综合试验

6.9.1　IPS 试验平台说明

互联电力系统（Interconnected Power Systems，IPS）试验平台由 EAL-Ⅱ型电力系统综合自动化试验台、电力系统综合自动化控制柜和发电机组等组成。

1. EAL-Ⅱ型电力系统综合自动化试验台

该试验台主要由输电线路单元、微机线路保护单元、监测仪表单元、指示单元、设置单元、外围设备接口单元等组成，具体情况说明如下。

1）输电线路单元

输电线路单元采用双回路输电线路，每回输电线路分两段，并设置有中间开关站，可以构成 4 种不同的联络阻抗，还可以通过连接多个试验台进行组网运行。输电线路分"可控线路"和"不可控线路"，线路有 XL1、XL2、XL3、XL4，可以切换成不同的线路，在线路 XL1 和 XL3 之间可设置故障，该线路为可控线路，其他线路不能设置故障，为不可控线路。单机-无穷大系统电力线路的结构如图 6.18 所示。

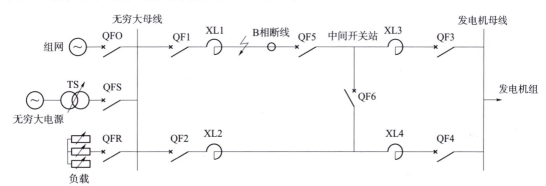

图 6.18　单机-无穷大系统电力线路的结构

（1）不可控线路的操作。

操作"不可控线路"上断路器的"合闸"或"分闸"按钮，可投入或切除线路。按下"合闸"按钮，红色按钮指示灯亮，表示线路接通；按下"分闸"按钮，绿色按钮指示灯亮，表示线路断开。操作绿色按钮表示启动，操作红色按钮表示断开。

（2）可控线路的操作。

在可控线路上预设有短路点，并装有微机线路保护装置，可实现过流保护，并具备自动重合闸的功能，通过控制 QF1 和 QF5 来实现。QF1 和 QF5 上的两组指示灯亮或灭分别代表 QF1 和 QF5 的 A 相、B 相和 C 相的 3 个单相开关的合或分状态。

（3）中间开关站的操作。

中间开关站是为了提高暂态稳定性而设计的。不设中间开关站时，如果双回路中有一回路发生严重故障，则整条线路将被切除，线路的总阻抗将增大 1 倍，这对暂态稳定是很不利的。设置中间开关站，即通过开关 QF6 的投入，在距离发电机侧线路全长的 1/3 处，将双回路并联起来，XL1 上发生短路，保护将 QF1 和 QF5 切除，线路总阻抗也只增大 2/3，与无中间开关站相比，这将提高暂态稳定性。中间开关站线路的操作同不可控线路，QFS、QF1、QF2、QF3、QF4、QF5、QF6 有相对应的继电器实现模拟操作。

（4）试验台面板左下方还设置了可改变的负载，可以通过负载切换开关来切换负载 LD1、LD2、LD3，QFR 是控制总负载开关，要投入负载时，先闭合 QFR。

（5）短路故障的设置。

试验台面板右下方有短路类型设置模块，由短路类型设置按钮，要设置短路，只需按下相应的按钮。可以设置单相对地、两相对地、相间短路和三相短路故障。

2）微机线路保护单元

微机线路保护单元采用微机线路保护装置，主要实现线路保护和自动重合闸等功能，配合输电线路完成稳态非全相运行和暂态稳定等相关试验项目。

3）监测仪表单元

监测仪表单元采用模拟式仪表，测量信号为交流信号，包括 3 只交流电压表、3 只交流电流表、1 只频率表、1 只三相有功功率表、1 只三相无功功率表和 1 只功率因数表。同时，相应的数据在触摸屏上也有显示，可以在准同期系统上显示压差、频差和相差。

仪表测量电量参数包括发电机定子电压、电流和频率，输电线路发电机侧（送端）和无穷大系统侧（受端）的有功功率、无功功率和功率因数，开关站电压，无穷大系统侧电压和频率。

注意：各仪表请不要超量程使用，以免损坏设备。

发电机电压表量程为 0~450 V，发电机频率表量程为 45~55 Hz，A、B、C 各相电流表量程为 0~10 A，有功功率表量程为 0~3 kW，无功功率表量程为 –1~3 kVar，功率因数表量程为超前 0.5~滞后 0.5，系统电压表量程为 0~450 V。调节电压表下方的凸轮开关，可实现线电压显示值和相显示值之间的切换。

4）指示单元（指示灯）

指示灯指示相应的接触器的断开或闭合状态，红色表示闭合状态，绿色表示断开状态。

5）设置单元

设置单元主要实现短路故障类型设置。

6）外围设备接口单元

外设接口分布在试验台的右侧和背面，右侧为电源插头，背面有 3 个航空插头，4 芯航空插头为组网连接插头，26 孔芯航空插头为微机保护连接插头，26 针芯航空插头为控制柜连接插头。

2. EAL–Ⅱ型电力系统综合自动化控制柜

该控制柜主要由测量仪表单元、原动机控制单元、发电机励磁单元、准同期单元、外围设备接口单元等组成，具体情况说明如下。

1）测量仪表单元

测量单元采用指针式测量仪表，包括 1 只直流电压表、2 只直流电流表和 1 只交流电压表。可测量电量参数包括原动机电枢电流、发电机励磁电压、发电机励磁电流和电源电压。

2）原动机控制单元

以 QSTSXT–Ⅱ微机调速系统为例，其具体功能包括以下几个方面。

（1）提供原动机电枢电压。

（2）并网前，测量并调节原动机转速；并网后，调节原动机的有功功率输出。

（3）具有三相电源相序判断、电源欠压、电源过压、电源过流、电枢过压、电枢过流、过速、失磁 8 种保护措施。

注意：由于保护操作是停机，因此有些保护在并网时应退出。

电源电压表量程为 0~450 V，原动机电枢电流表量程为 0~25 A，发电机励磁电压表量程为 0~300 V，发电机励磁电流表量程为 0~10 A。

3）发电机励磁单元

以 QSLCXT-Ⅱ微机励磁系统为例，其具体功能包括以下几个方面。

（1）提供发电机励磁电压。

（2）采用 PI 调节器调节，具有恒 U_g（发电机端电压），恒压精度为 $0.5\%U_{gN}$（发电机额定电压）。

（3）能够测量三相电压、电流、有功功率、无功功率、励磁电压和励磁电流等电量参数；具有恒 α 角、恒励磁电流 I_e、恒发电机电压 U_g 调节功能；具有过励限制、欠励限制、伏赫限制、调差和强励功能；具有在线修改控制参数的功能。

4）准同期单元

以 QSZTQ-Ⅱ微机准同期系统为例，它能实时显示发电机电压、系统电压、压差、频差，并网后显示实测导前时间和功角；具有在线整定和修改频差、压差允许值和导前时间等参数的功能；具有波形观测孔，可观察三角波的位置、发电机电压波形、系统电压波形和矩形波波形等，能控制并网合闸接触器。

5）外围设备接口单元

外设接口分布在控制柜的背部的下面，共有两个接口，26 孔芯航空插头为微机保护连接插头，26 针芯航空插头为控制柜连接插头。机组的连接线直接从接线柱上接出去。

3. 发电机组

直流电动机和同步发电机经联轴器软连接后，固定在底盘上，机组的底盘装有 4 个轮子和 4 个螺旋式的支撑脚，构成可移动式机组，方便移动。同时，发电机组还装有光电编码器，电动机参数可以查看铭牌商标。

6.9.2　IPS 互联系统运行与控制综合试验

1. 试验目的

通过试验，掌握电力系统并网、解列运行控制的方法及步骤；了解电力系统的实时监控；掌握电力系统负荷调整的方法；理解电力系统运行方式；掌握电力系统潮流调控方法；理解遥控、遥测、遥调、遥信的特点及实现；掌握电力系统输电线路微机继电保护的配置及故障分析。

2. 试验设备、试验任务及内容

本试验基于 IPS 试验平台，组建包括 4 台发电机组和一个无穷大系统的 3 节点小型电力系统，实现电力系统的并网和解列运行控制、负荷调整、运行方式控制、潮流控制、"四遥"及继电保护功能，具体试验内容包括以下几个方面。

（1）电力系统并网、解列运行控制。

（2）电力系统的实时监控。

（3）电力系统负荷（有功功率、无功功率）调整。

（4）电力系统运行方式及改变控制。

（5）电力系统潮流监测及调控。

（6）"四遥"功能实现。

（7）电力系统输电线路微机继电保护的配置及故障分析。

3. 预习要求

（1）熟悉 IPS 互联试验平台的组成结构、功能与操作。

（2）发电机需要满足什么条件实现并网运行？满足什么条件可以解列操作？

（3）电力系统都有哪些方式可以实现系统潮流控制？其措施与主要参数的关联度有何对应关系？

（4）电力系统"四遥"指的是什么？其具体含义是什么？

（5）电力系统对继电保护装置的基本要求是什么？其具体含义是什么？

4. 试验内容及操作要求

（1）电力系统组网、解列运行控制。1#、2#机组采用本地控制，3#、4#机组采用远程控制。

（2）电力系统的实时监控。通过设备分机和监控调度总机分别实现。

（3）电力系统负荷调整。实现有功功率、无功功率调控，实现远程和本地调控。

（4）电力系统运行方式及改变。分别实现机组投切、负荷投切、线路投切控制。

（5）电力系统潮流控制。完成负荷投切、功率调整、运行方式改变等潮流调整。

（6）电力系统"四遥"功能，即遥控、遥测、遥调、遥信功能的实现。

（7）电力系统输电线路保护。完成微机继电保护的配置、参数设置、故障分析。

5. 试验系统设置与启动

1）组网模式设置

一次系统模拟屏和线控柜的运行切换开关切换到组网模式。

2）试验系统启动与设置

（1）打开4台电力系统综合自动化试验平台的电源开关，闭合线路断路器，闭合系统电源开关。

（2）打开电力系统监控平台的电源开关。

（3）打开变电站自动化试验系统控制电源开关。

（4）打开无穷大系统电源开关（380 V），使一次系统模拟屏 220 kV 母线带电运行。

（5）打开线路控制柜电源开关，闭合线路断路器。

3）IPS 互联系统机组的启动与设置

先把总机的计算机、各个机组旁的计算机、变电站自动化试验系统的计算机都开机，再把4台电力系统综合自动化控制柜的微机调速系统、微机励磁系统、微机准同期系统的电源打开，将 1#、2#机组设置为本地控制，3#、4#机组设置为远程控制。

4）IPS 互联系统监控软件的启动

（1）将各机组监控软件打开，并进入运行状态。单击进入系统，选择登录用户"ENGI-NEER"，输入密码"111"，单击"确认"按钮，登录成功。

（2）把总机的监控软件打开，并进入运行状态。单击进入系统，选择登录用户"ENGI-

NEER"，输入密码"111"，单击"确认"按钮，登录成功。

（3）将变电站自动化试验系统上的 QF 与 QS 全部断开，并将变电站自动化控制系统监控程序打开并进入运行状态。单击进入系统，选择登录用户"QS"，输入密码"111"，单击"确认"按钮，登录成功。把线路控制柜微机的监控软件打开并登录。

6. 试验过程

1）IPS 互联试验系统组网、解列控制

（1）机组启动。

1#、2#机组采用本地控制（各种调速方式、励磁方式、同期控制方式），3#、4#机组采用远程控制（3#机组分机控制实现，4#机组总机控制实现）。

（2）组网控制。

启动调速系统，达到 1 500 r/min。启动励磁系统，达到线电压 380 V（相电压 220 V），同期并网。并网成功后，将电力系统综合自动化控制柜上的 QFG 开关闭合。

（3）解列控制。

调整机组输出有功功率和无功功率接近为零，解列系统。先停机运行，再灭磁操作，停止调速系统运行，关闭机组电源开关。

2）电力系统的实时监控

进行电力系统的实时监控功能试验，观察已经全部联网后各个系统的实时数据及状态，包括分机监控和总机监控，完成记录数据（机组数据、线路数据）。

3）电力系统负荷调整（有功功率、无功功率调控；远程、本地调控）

（1）有功功率调控。增加（或减少）其有功功率，一般有功功率增加（减少）的范围是 300~400 W。

（2）无功功率调控。增加（或减少）其无功功率，一般无功功率增加（减少）的范围是 10~30 Var。

（3）电力系统运行方式及改变（机组投切、负荷投切、线路投切）。

观察并记录机组、线路参数变化。

（4）电力系统潮流控制，包括负荷投切、功率调整、运行方式改变后潮流变化。

在总机上单击运行界面最上面的"潮流分布"菜单，观察潮流，对潮流图上的数据进行记录并进行分析。

（5）电力系统"四遥"功能实现。

① 遥控。等全部并上网后，从总机进入 QSDLZ-BDZ2 变电站，在此界面对 QF 进行合闸操作，观察变电站自动化控制系统试验台上 QF 的变化以及变电站自动化控制系统旁计算机上运行的力控组态软件的变化。

② 遥信。将变电站自动化控制系统试验台上的 QS 合上，观察总机上力控组态软件的变化。

③ 遥测。当部分（或全部）QF、QS 闭合后，单击总机的智能仪表，并记录数据。

④ 遥调。选择菜单栏上的遥调列表，选择变电站有载调压，通过控制升压、降压来控制有载调压。

（6）电力系统输电线路保护。

通过线路控制柜实现（微机继电保护的配置、参数设置、故障分析），观察并记录数据。

7. 数据分析及思考

1）试验数据分析

各种情况下系统潮流的变化趋势；各运行参数的关联程度；不同调控目标下的控制方式的有效性及优先级如何；系统故障后继电保护动作情况分析。

2）思考题

（1）发电机并网前后的数据是否一样？若有差距，是什么导致的？并网前后的调速控制和励磁控制现象是否一样？为什么？

（2）各个从机以及变电站的数据与总机上的数据进行比较有没有差距？假如有，试分析原因。

（3）潮流的流向有两条不同输电线路可供选择流向时，在两条线路上分配功率应遵循什么原则？

参考文献

[1] 张华，杨成，朱涛，等．电力变压器现场运行与维护［M］．北京：中国电力出版社，2015．

[2] 国家电网公司．电气设备及运行维护［M］．北京：中国电力出版社，2010．

[3] 崔景春．高压交流断路器［M］．北京：中国电力出版社，2016．

[4] 赫尔曼·科赫．GIS（气体绝缘金属封闭开关设备）原理与应用［M］．钟建英，林莘，张友鹏，等，译．北京：机械工业出版社，2017．

[5] 王世祥．电压互感器现场验收及运行维护［M］．北京：中国电力出版社，2015．

[6] 黄绍平．成套电器技术［M］．北京：机械工业出版社，2017．

[7] 高楠楠，郑远平．断路器 避雷器 电力电缆试验与分析［M］．北京：中国电力出版社，2012．

[8] 吴靓．电气设备运行与维护［M］．北京：中国电力出版社，2012．

[9] 苏涛，王兴友．高压断路器现场维护与检修［M］．北京：中国电力出版社，2011．

[10] 崔景春．高压交流隔离开关和接地开关［M］．北京：中国电力出版社，2016．

[11] 崔景春．高压交流金属封闭开关设备：高压开关柜［M］．北京：中国电力出版社，2016．

[12] 崔景春．气体绝缘金属封闭开关设备［M］．北京：中国电力出版社，2016．

[13] 兰成杰，王政．送配电线路运行与检修［M］．北京：中国电力出版社，2004．

[14] 国家电网公司．国家电网公司电力安全工作规程习题集线路部分［M］．北京：中国电力出版社，2016．

[15] 雷冬云．配电线路［M］．北京：中国电力出版社，2012．

[16] 王抒祥．电网检修安全［M］．成都：电子科技大学出版社，2013．

[17] 国家电网公司．国家电网公司电力安全工作规程（线路部分）［M］．北京：中国电力出版社，2009．

[18] 丁毓山，金开宇．职业技能鉴定培训教材：送电线路［M］．北京：中国水利水电出版社，2003．

[19] 国家电网公司．带电作业操作方法：第2分册 配电线路［M］．北京：中国电力出版社，2011．

[20] 丁毓山．送电线路工［M］．北京：中国水利水电出版社，2003．

[21] 上海市电力公司．10 kV架空配电线路带电作业指导书［M］．北京：中国水利水电出版社，2007．

[22] 河南省电力公司配电带电作业培训基地．配电线路带电作业标准化作业指导［M］．北京：中国电力出版社，2012．

［23］杨尧，胡宽．输配电线路运行与检修［M］．北京：中国电力出版社，2014.

［24］亢金强．浅谈城市配电网安全运行管理［J］．科技创新与应用，2012（27）：160.

［25］赵先德．输电线路基础［M］．北京：中国电力出版社，2006.

［26］国家电网公司．城市电网安全性评价查评依据：2011年版［M］．北京：中国电力出版社，2011.

［27］黄威，陈鹏飞，吉承伟．防雷接地与电气安全技术问答［M］．北京：化学工业出版社，2014.

［28］陈景彦，白俊峰．输电线路运行维护理论与技术［M］．北京：中国电力出版社，2009.

［29］现代电气工程师实用手册编写组．现代电气工程师实用手册下［M］．北京：中国水利水电出版社，2012.

［30］崔政斌，冯永发．电力企业安全技术操作规程［M］．北京：化学工业出版社，2012.

［31］刘宏新．班组安全一本通［M］．北京：中国电力出版社，2017.

［32］鞠志涛，李超．送电线路［M］．北京：中国水利水电出版社，2010.

［33］郑健超，蓝增珏，陈效杰，等．中国电力百科全书：输电与配电卷［M］．2版．北京：中国电力出版社，2001.

［34］张全元．变电站综合自动化现场技术问答［M］．北京：中国电力出版社，2008.

［35］张全元．变电运行现场技术问答［M］．北京：中国电力出版社，2021.

［36］李坚．电网运行及调度技术问答［M］．北京：中国电力出版社，2004.

［37］华北电业管理局．变电运行技术问答［M］．北京：中国电力出版社，1997.

［38］华东电业管理局．电气运行技术问答［M］．北京：中国电力出版社，1997.

［39］全国电力工人技术教育供电委员会．变电运行岗位技能培训教材［M］．北京：中国电力出版社，1997.

［40］李豪夫．电力系统高电压试验的分析［J］．电气技术与经济，2019（02）：19-21.

［41］国家电力调度通信中心．电网调度运行实用技术问答［M］．北京：中国电力出版社，2000.

［42］国网河北省电力有限公司．特高压变电站运行维护技能培训教材［M］．北京：中国电力出版社，2021.

［43］张华，朱涛，才忠宾．变电站设备运行实用技术问答［M］．北京：中国电力出版社，2013

［44］国网宁夏电力有限公司培训中心．智能变电站运行与维护［M］．北京：中国电力出版社，2020.

［45］吴广宇，张冠军，刘刚．高电压技术［M］．2版．北京：机械工业出版社，2017.